はじめの一歩の
生化学・分子生物学

第3版

著／前野正夫・磯川桂太郎

【注意事項】本書の情報について

　本書に記載されている内容は，発行時点における最新の情報に基づき，正確を期するよう，執筆者，監修・編者ならびに出版社はそれぞれ最善の努力を払っております．しかし科学・医学・医療の進歩により，定義や概念，技術の操作方法や診療の方針が変更となり，本書をご使用になる時点においては記載された内容が正確かつ完全ではなくなる場合がございます．また，本書に記載されている企業名や商品名，URL等の情報が予告なく変更される場合もございますのでご了承ください．

■正誤表・更新情報

本書発行後に変更，更新，追加された情報や，訂正箇所のある場合は，下記のページ中ほどの「正誤表・更新情報」からご確認いただけます．

https://www.yodosha.co.jp/yodobook/book/9784758120722/

■本書関連情報のメール通知サービス

メール通知サービスにご登録いただいた方には，本書に関する下記情報をメールにてお知らせいたしますので，ご登録ください．

・本書発行後の更新情報や修正情報（正誤表情報）
・本書の改訂情報
・本書に関連した書籍やコンテンツ，セミナー等に関する情報

※ご登録には羊土社会員のログイン/新規登録が必要です

ご登録はこちらから

第3版　序

　本書は，「イラストを多く取り入れ，本文はできる限り平易・簡潔に記載する」というコンセプトで，斬新かつ大胆な「目で見る教科書」として，その初版が1999年4月に刊行された．それ以来約18年が経過し，この度改訂第3版を出版することとなった．この間，記載内容のアップデートや新情報提供のため，2008年2月には改訂第2版を出版している．今回は，その後9年間での新情報や本書の読者層のニーズに沿った増補を含めた改訂である．

　本書は，読者が生化学・分子生物学の基礎知識や考え方を容易に理解できるようにイラストを多く取り入れており，これが本書の大きな特徴である．そこで，今回の改訂においても，イラストの一層の充実を図った．読者の理解の手助けになるように，細部も含めてイラストの手直しをするとともに，配色を2色からオールカラーに増やして「目で見る教科書」のイメージを強調した．こうした充実が，読者の理解をより一層促進させることを願っている．

　今回の改訂で際立ったもう1つの点は，全体の章立ての変更と新情報を含む大項目および中項目を新たに書き起こしたことである．具体的には，辞書的に引いて使えるよう目次階層を整理し，3部9章構成とした．章を連続番号とすることで，他章を参照しやすくなっている．また，新情報においては大項目として，1章に「G 組織の維持・再生と幹細胞」，9章に「E 薬物代謝」と「G 臓器と関連する血液検査」の3項目を増補した．中項目では，1章Bに「Ⅷ オートファジー」，5章Bに「Ⅳ 翻訳後修飾」と同章Cに「Ⅷ エピジェネティックな調節」，6章Dに「Ⅵ 遺伝子検査の機器・ツール」，7章に「ⅩⅤ CRISPR/Casによるゲノム編集」，8章Cに「Ⅱ 血糖値調節のメカニズム」の6項目を追加した．これは，本書の読者層が幅広いことに特段の配慮をしたことの表れである．

　本改訂版が，生化学・分子生物学の基礎知識を学習するすべての皆さんの役に立つことを心から願っている．

　結びに，これまで多くの大学や専門学校等で教科書あるいはサブテキストとして採用されてきた本書の初版を出版する機会を18年前に与えていただいた長谷川幸代氏に重ねて感謝申し上げるとともに，今回の改訂第3版の出版にあたり，鮮やかなイラストの配色と，終始適切なご助言とご尽力をいただいた羊土社の関係各位，とくに間馬彬大氏と田頭みなみ氏に謝意を表します．

2016年11月

著者を代表して
前野　正夫

初版　序

　近年，科学技術の進歩によって，生命現象のいろいろな謎が分子レベルで解明できるようになり，多くの新事実が次々と明らかにされている．これらの分野の最先端の知識量は日々増産されており，それに伴って生化学や分子生物学を学ぶ一部の学生諸君にとっては，知識の詳細を理解するのに苦慮しているようにも思われる．特に受験科目に生物学を選択しなかったなどの理由で，高校生時代に生物学を深く学ぶ機会が少なかった諸君にとっては，これらの内容を十分に理解するのがかなり困難なようである．

　本書は，医学，歯学およびそれらの関連領域を学ぶ学生諸君が，生化学・分子生物学の基礎知識を身につけるための第一歩となるように編成された教科書である．すなわち本書は，基礎医学を学ぶ上で必要・簡潔にして十分，しかもこれらの分野の新鮮な基礎知識や考え方が容易に理解できるように，イラストを多く取り入れてやさしく解説されている．

　第1章「生体の構成要素」では，生命の単位である細胞の構造と機能，ならびに細胞を構成する化学成分についての要点を簡潔に記した．第2章「タンパク質の機能と遺伝のしくみ」では，まず人体の機能発現に直接必要なタンパク質に焦点をあて，タンパク質を機能別に分類して生命現象との関連をやさしく解説した．また，この章では，タンパク質の合成すなわち遺伝情報を担う遺伝子にも焦点をあて，遺伝情報の継承のしくみから最新の遺伝子操作までを分かりやすく解説した．第3章「生命現象と代謝」では，まず人体の各臓器の機能とそこで行われるエネルギー代謝を中心とした代謝の概要を解説した後，さらに生体内で起こる三大栄養素とヌクレオチドの代謝の要点を簡潔に記した．以上のように，本書は，生物学の分野に含まれる基礎知識から，生化学・分子生物学の必須知識までを無理なく理解できるように構成されている．

　本書が医学部や歯学部で学ぶ学生諸君だけではなく，生化学，分子生物学あるいは栄養学などを学ぼうとするすべての人々にも役立つことを願っている．

　終わりに，本書の執筆にあたって参考にさせていただいた多くの文献や成書の原筆者各位に深く感謝申し上げます．また，本書の出版を薦めていただき，完成するまでに終始ご助力をいただいた羊土社の長谷川幸代氏に心から謝意を表します．

1999年3月

著者を代表して
前野　正夫

はじめの一歩の 生化学・分子生物学 第3版

目次

- 第3版　序 .... 前野 正夫
- 初版　序 .... 前野 正夫

第1部　生体の構成要素

1章　生命の単位 —細胞—　　磯川 桂太郎　12

A　細胞膜の構造 14
- I 細胞膜の構成成分　14
- II 膜タンパク質の役割　15
- III 細胞膜の非対称性　15
- IV 細胞膜の流動性とその制御　16

B　細胞の核と膜系の細胞小器官 17
- I 細胞内膜系の起源　17
- II 細胞の核　18
- III 小胞体　19
- IV ゴルジ体　20
- V 分泌小胞とリソソーム　20
- VI 細胞膜の動的な恒常性　21
- VII ミトコンドリア　21
- VIII オートファジー　22

C　細胞骨格および関連する諸構造 24
- I アクチンフィラメント　25
- II 中間径フィラメント　26
- III 微小管　26

D　細胞接着 29
- I 接着と結合　30
- II 細胞間結合　30
- III 細胞-マトリックス間結合　32
- IV 接着分子　33

E　細胞周期とその調節 35
- I 細胞周期の過程　35
- II 細胞周期調節系　36
- III 調節系に影響を及ぼす機構　36

F　細胞の死 38
- I アポトーシスとその他の細胞死　38
- II アポトーシスによる細胞死の意義　39
- III アポトーシスの機構　41

G　組織の維持・再生と幹細胞 42
- I 幹細胞の概念　43
- II 細胞寿命と組織の維持　44
- III 分化の階層性　46
- IV 脱分化とリプログラミング　46

2章 細胞の化学成分　　　　　　　　　　　　　　　　　前野 正夫　49

- **A 無機質** ―生命現象の潤滑剤― ………………………………………… 50
  - I 水 ―生命現象を支える媒体― 50
  - II 主な無機質 51
- **B タンパク質** ―細胞の基礎物質― …………………………………… 54
  - I アミノ酸 54
  - II タンパク質の構造 55
  - III タンパク質の分類 57
  - IV タンパク質の特性 57
- **C 核酸** ―遺伝情報の担い手― ………………………………………… 58
  - I ヌクレオチドとヌクレオシド 59
  - II DNAの構造 59
  - III RNAの構造 60
- **D 糖質** ―生命現象のエネルギー源①― ……………………………… 61
  - I 単糖類 61
  - II 二糖類 63
  - III 多糖類 63
- **E 脂質** ―生命現象のエネルギー源②― ……………………………… 65
  - I 脂肪酸 65
  - II 中性脂肪 65
  - III リン脂質 66
  - IV 糖脂質 66
  - V コレステロールとステロイド 67
  - VI プロスタグランジン 67

第2部　タンパク質の機能と遺伝のしくみ

3章 生物体の機能とタンパク質　　　　　　　　　　　　　　　　　　70

- **A 酵素** ―生体触媒― ……………………………………………前野 正夫　71
  - I 酵素とその作用 71
  - II 補酵素とビタミン 73
- **B ホルモン** ―血流を介する遠隔調節機構― ………………磯川 桂太郎　76
  - I 内分泌と外分泌 77
  - II ホルモンの分類と名称 77
  - III ホルモンの特徴 78
  - IV 内分泌とシナプス型分泌 78
  - V 内分泌器官の階層と調節 79
  - VI ホルモンの機能 81
- **C 収縮性タンパク質** ―筋収縮のメカニズム― ……………磯川 桂太郎　82
  - I アクチンとミオシン 83
  - II 滑走と収縮 83
  - III 筋細胞の収縮／弛緩とCa^{2+} 84
  - IV 神経系による筋収縮の制御 84
- **D 輸送タンパク質** ………………………………………………磯川 桂太郎　86
  - I 輸送タンパク質の必要性と意義 87
  - II 血漿と血漿タンパク質 87
  - III 血漿中の輸送タンパク質 88
  - IV 細胞膜の輸送タンパク質 88
- **E 受容体タンパク質** ……………………………………………磯川 桂太郎　91
  - I 受容体とリガンド 92
  - II 細胞間の情報伝達様式 92
  - III 細胞内受容体 92
  - IV 細胞膜受容体 93
  - V 細胞内情報伝達とリン酸化カスケード 95

F 防御タンパク質 —免疫の主役— .... 前野 正夫 96
- I 免疫とは 96
- II 免疫担当細胞とそのはたらき 97
- III 抗体，補体，サイトカイン 99
- IV MHC分子と抗原提示 100
- V 粘膜免疫 100
- VI 免疫と疾患 101
- VII 臓器移植と免疫抑制剤 102
- VIII 炎症と化学伝達物質 103

G 構造タンパク質 —細胞外マトリックスの主成分— .... 前野 正夫 104
G-1 結合組織
- I 線維性タンパク質 105
- II 線維間マトリックス成分 106
- III マトリックス成分の分解 107

G-2 骨と軟骨
- I 骨，軟骨，歯の組成 108
- II 骨の形成と吸収 109

4章 遺伝子とその継承　　　　　　　　　磯川 桂太郎 112

A 遺伝情報を担う物質 113
- I 核酸の構造 114
- II 遺伝情報を担うDNA 114
- III DNAの二重らせんと相補性 115

B DNAの複製 117
- I DNA複製の基本的な機構 118
- II DNA複製フォーク 118
- III DNAの不連続的な合成 118
- IV DNAプライマーゼ 119

C DNA，染色体，ゲノム 120
- I DNAと遺伝子の関係 121
- II DNAの存在様式 121
- III 染色体 122
- IV ゲノム 123

D 遺伝するDNA・遺伝しないDNA 124
- I 生殖細胞系列と体細胞系列 125
- II 体細胞分裂とゲノムの分配 125
- III 減数分裂による配偶子の形成 125
- IV 減数分裂におけるゲノムの分配 126
- V 遺伝的多様性 127
- VI クローン動物 128

5章 遺伝子DNAの発現とタンパク質合成　　磯川 桂太郎 129

A DNAからRNAへの転写 130
- I RNAポリメラーゼ 130
- II RNAの合成 130
- III mRNA 131
- IV rRNA 132
- V tRNA 133
- VI ncRNA 134

B RNAからタンパク質への翻訳 136
- I 遺伝コード 137
- II 翻訳ミスの校正 138
- III シグナルペプチド 139
- IV 翻訳後修飾 140

C 遺伝子発現の調節 142
- I 遺伝子発現の調節段階 142
- II 転写調節のためのスイッチ 143
- III 転写調節因子 143
- IV 大腸菌のラクトースオペロン 144
- V 真核細胞での転写調節 144
- VI 転写調節因子それ自身の調節 146
- VII 特殊化した細胞をつくり出すしくみ 147
- VIII エピジェネティックな調節 147

6章 変化するDNA　　　磯川 桂太郎　151

A 変化と変異 …… 152
- I DNAの複製過誤と損傷　153
- II DNAの修復機構　153
- III DNAの変異　154
- IV 変異の影響と意義　154

B DNAの変化と進化 …… 155
- I 遺伝的な組換え　155
- II 動く遺伝子　155
- III 遺伝子の重複と遺伝子ファミリー　156
- IV エキソンのシャッフリング　156
- V 分子進化の時計　156

C 腫瘍とがん …… 157
- I 発がんの機構　157
- II がん遺伝子　158
- III がん原遺伝子　158
- IV がん原遺伝子からがん遺伝子への変化　159
- V がん抑制遺伝子　160

D 遺伝病 …… 161
- I 染色体異常　161
- II 狭義の遺伝病（分子病）　161
- III 多因子遺伝病　162
- IV 遺伝子治療　163
- V 遺伝子診断（DNA診断）　163
- VI 遺伝子検査の機器・ツール　165

7章 遺伝子の操作　　　磯川 桂太郎　166

- I DNAを切り貼りする　167
- II DNA断片を分離する　167
- III DNA分子を見えるようにする　167
- IV 特定のDNAやRNAを検出する　168
- V DNAを増やす　169
- VI DNAの塩基配列を読む　169
- VII 遺伝子の図書館をつくる　170
- VIII 遺伝子を釣りあげる　171
- IX 遺伝子情報を蓄える　172
- X タンパク質をつくらせる　172
- XI 遺伝子を細胞に入れる　173
- XII 遺伝子を動物に入れる　173
- XIII 動物の中の特定の遺伝子を改変・破壊する　173
- XIV mRNAをだまらせる　174
- XV CRISPR/Casによるゲノム編集　175

第3部 生命現象と代謝

8章 生命現象を支える臓器と栄養素　　　前野 正夫　178

A 臓器のはたらき …… 179
- I 脳　179
- II 筋肉　180
- III 脂肪組織　181
- IV 肝臓　181
- V 腎臓　182
- VI 血液　184

B 細胞の活動を支える物質 …… 185
- I エネルギーの通貨としてのATP　185
- II ATPの構造　185
- III ATPの合成と分解　186
- IV 酵素によるエネルギー変換　186

C 栄養素の消化と吸収 187
- I 糖質の消化と吸収 188
- II 血糖値調節のメカニズム 188
- III タンパク質の消化と吸収 189
- IV 脂質の消化と吸収 190

9章 生体分子の代謝
前野 正夫 **191**

A 糖質の代謝 192
- I 糖質の主な分解過程とATPの生成 193
- II 糖新生系 196
- III グリコーゲンの合成と分解 197
- IV 五炭糖リン酸回路（ペントースリン酸回路） 197

B 脂質の代謝 199
- I 脂質の分解 200
- II 脂質の合成 202

C タンパク質の代謝 204
- I アミノ酸の分解 204
- II 尿素回路 206
- III アミノ酸の生合成 207
- IV タンパク質の生合成 207
- V 生体成分合成へのアミノ酸の利用 208

D ヌクレオチドの代謝 210
- I ヌクレオチドの生合成 210
- II ヌクレオチドの分解 212

E 薬物代謝 213
- I 薬物の生体内動態 213
- II 薬物代謝の段階 214
- III 薬物代謝を行う組織・臓器 214
- IV 薬物代謝に影響を及ぼす要因 215

F 生活習慣病 216
- I 糖尿病 216
- II 脂質異常症 216
- III 高血圧症 217
- IV 動脈硬化症 217
- V 虚血性心疾患 218
- VI 脳血管疾患 219
- VII 肥満症 219
- VIII メタボリックシンドローム 220

G 臓器と関連する血液検査 222
- I 肝・胆・膵機能検査にかかわる血液成分 222
- II 腎機能検査にかかわる血液成分 226
- III 心機能検査にかかわる血液成分 227

● 付録 229

● 索引 231

Column

- 幹細胞と再生医療 13
- ミトコンドリアDNAが明かす人類の起源 22
- 接着複合体（junctional complex） 29
- リン酸化とは…？ 37
- 幹細胞と再生医療 47
- 食塩の過剰摂取と高血圧 51
- 筋肉におけるCa^{2+}とMg^{2+}の関係 52
- プラークとは 64
- 環境ホルモン!? 80
- 血液って液体？ 88
- 能動輸送と受動輸送 90
- キナーゼ活性には… 94
- 樹状細胞 97
- ゲノムプロジェクト 112
- メンデルの法則 114
- 抗生物質 138
- ホメオティック遺伝子 144
- DNAの変異によらない遺伝や進化の要因か！？ 149
- 対立遺伝子 162
- いわゆる血液サラサラは健康の源 184
- ゆっくりとした運動を長時間するとどうして体脂肪が減るの？ 201
- プリン体と痛風 212
- 従来の抗がん剤と分子標的薬の違い 215
- 飢餓時や糖尿病患者の血中に脂肪酸とケトン体が増加する理由 217
- 脂肪肝になるメカニズム 218
- 肥満には2つのタイプがある 220

第1部

生体の構成要素

　ヒトという個体を順次バラバラにしていくと，まず，心臓，肝臓などといった個体にとって直接的に意義のある機能をもった"器官"という単位になり，次に，同種の細胞の集団である"組織"という単位となり，最後に"細胞"という生命として最小の単位になる．1665年にコルク樫の樹皮を観察して，"細胞"のスケッチをはじめて描いたのは英国のフック（Hooke）だが，動物も植物もすべて細胞という基本的な単位からできているという考え方が世に出されたのは，さらに約150年後の19世紀のはじめであり，ドイツの2人の学者シュワンとシュライデン（Schwann & Schleiden）による．以来約200年間で，私たちは，ヒトという個体を構成する200種類以上，総数約60〜70兆個といわれる細胞について，多くの知識を積み重ねてきた．

　細胞をさらにバラバラにしていくと，もはや生命とはいえないが，分子あるいは元素という単位になる．現在では，生命現象を分子レベルで説明することが，不十分ながら可能になりつつあり，細胞の機能を理解するためには，細胞を構成する個々の分子に関する知識も重要である．

　そこで第1部では，まず，構成分子を意識しながらも，特に細胞というレベルでの解説を行い，次に，細胞レベルでの現象を理解するために必要な個々の生体分子についてまとめていくことにする．

第1部 生体の構成要素

1章 生命の単位 —細胞—

the unit of living structure -cell-

コギト・エルゴ・スム（我想う故に我在り）という言葉によって，デカルトは明らかな存在というものを表現したが，細胞も存在するためには，自己と自己以外を明確に区分する必要がある．このために必須の構造が細胞膜である．ここではまず，細胞膜そのものについて，続いて，細胞膜で囲まれた細胞内に存在する諸構造がどのような形と機能をもっているのかを学ぶ．さらに，細胞が他の細胞や細胞外基質とどのように接着・協調しているのか，また，細胞分裂による増殖とアポトーシスをはじめとする細胞死の両面から細胞のライフサイクルについてみていくことにする．

概略図　個体の中の細胞

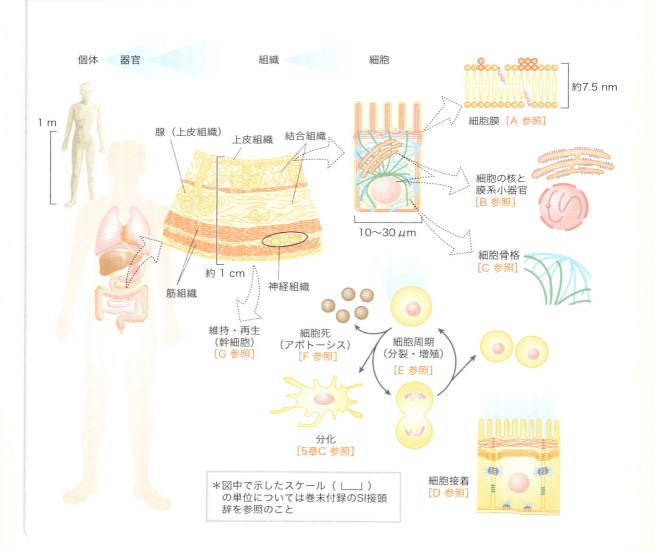

＊図中で示したスケール（⊢⊣）の単位については巻末付録のSI接頭辞を参照のこと

はじめの一歩の生化学・分子生物学　第3版

生物のなかには，たった1つの細胞からなる単細胞生物もいるが，多くは複数の細胞からなる多細胞生物である．多細胞生物であるヒトの個体は，心臓，胃，肝臓などの特定の構造と機能をもった部品（**器官**）からなっている[※1]．

器官は，構造上・機能上の合目的性のある細胞の集まりであるいくつかの**組織**からなり立っている．一般に，組織（tissue）は，**上皮組織**，**結合組織**（骨，軟骨，血液を含む），**筋組織**，**神経組織**の4つに分けられる．

また，各組織を構成する**細胞**はそれぞれに特徴があるが（図1），ヒトの細胞は，総数約60〜70兆個[※2]で200種類以上ともいわれる．臓器や組織のはたらきを正しく理解するには，関連する細胞の形態と機能を詳しくみていく必要がある[※3]．

発生の初期では，細胞はもっぱら分裂を繰り返して増殖するが，ある時点で特定の機能や運命をもつ細胞へと**分化**を遂げる（5章 図C-6参照）．一方，分裂しつつも未分化な状態に留まる細胞もある．こうした細胞は，種々の細胞に分化する潜在能を保持するため，分化した細胞（枝や葉）を育むもとになる幹の細胞という意味で**幹細胞**（stem cell）と呼ばれる．発生初期はもとより，成体の組織中でも，幹

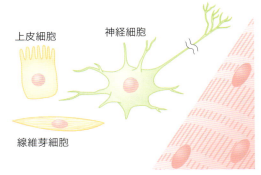

図1 ● 種々の形態を示す細胞

細胞の存在が知られている（下のコラム「幹細胞と再生医療」参照）．

成体組織を構成する分化を遂げた細胞では，例えば，肝臓の細胞のように，細胞周期（**本章E参照**）に従って，本来の機能を営む時期と増殖するための分裂をする時期を繰り返す細胞も多いが，中枢神経の細胞や心筋細胞のように，最終的な分化を遂げると，もはや分裂しないものもある．また，細胞は，外的な侵襲により壊死に陥ることもある一方で，遺伝子レベルで制御された生理的な死に至ることもある（**本章F参照**）．

> **Column　幹細胞と再生医療**
>
> 幹細胞は，自己複製能と多分化能とを合わせもつ細胞である．初期胚の内細胞塊（受精卵が分裂を繰り返してまもなくできる細胞の集まり）の細胞は，高い増殖能と分化能をもち，全能性を示す胚性幹細胞（ES細胞：embryonic stem cell）であるとされる．事実，ヒト以外の動物では，ES細胞によるクローン動物の作製も行われている．一方，おとな（成体）の組織中にも，分化能がやや限定されるものの組織特異的な成体幹細胞がある．また，骨髄中の間葉系細胞は，ES細胞に近い潜在能をもつ幹細胞であるとされる．再生医療では，細胞を利用して，失われた組織や臓器の物理的・機能的な回復を図るが，幹細胞を視野に入れた再生というアプローチは，これまでの臓器移植や人工臓器を補完あるいは置き換える可能性がある（iPS細胞については，**本章G参照**）．再生には，細胞を取り出して分化や増殖を誘導後にからだに戻す方法や，生体内に分化や増殖を誘導する物質を注入する方法が試行されている．熱傷部への再生皮膚の適用，鼻の形態再建のための再生軟骨の移植，幹細胞注入による血管再生などに加え，心筋組織，歯，神経系などほぼすべての組織・臓器についての再生が目指されている．

[※1] 関連する器官は，呼吸器系，消化器系，内分泌系などというようにグループ分けされている（8章 概略図も参照のこと）．例えば，鼻腔，咽頭，喉頭，気管，肺などは呼吸器系に分類される．

[※2] 近年，ヒト細胞の総数は37兆2,000億ほどだとする見解がある．

[※3] 臓器や組織を構成する細胞の形態（と機能の関連）を扱うのが組織学であり，種々の成書がある．この点を素晴らしい図を交えながら一般向けに解説している書物として，『細胞紳士録』藤田恒夫，牛木辰男 著（岩波新書）がある．

A 細胞膜の構造
structure of cell membrane

細胞膜は，細胞内と細胞外を区画する"仕切り"として機能するが，コンクリート塀のように一切を遮断する仕切りではなく，物質や情報のやりとりをするための窓口であり，細胞の"顔"でもある．細胞膜には表と裏があり，また，細胞膜それ自体も刻一刻とダイナミックに変化している．

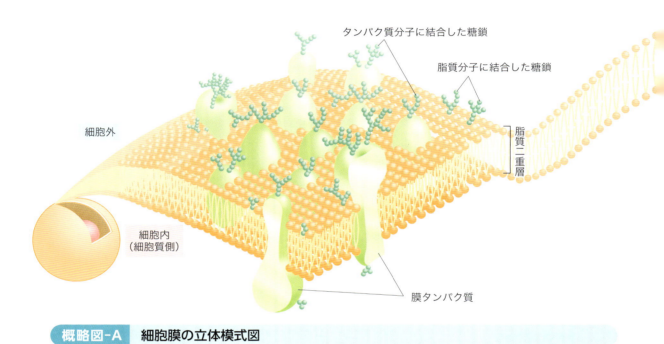

概略図-A 細胞膜の立体模式図

I 細胞膜の構成成分

細胞膜は，脂質，タンパク質，糖からなる．これらのなかで，二重の分子層を形成して細胞内・外を区画する"仕切り"の主体となっているのは，細胞膜の総重量の約50％を占める脂質であり（**脂質二重層**），物質や情報のやりとりなどをつかさどるために脂質二重層内にモザイク状に存在しているのが，残りの大部分を占めるタンパク質である．糖は，脂質やタンパク質分子に結合した形で存在し，これらの分子に機能的なバリエーションを与えている．

細胞膜の脂質は，リン脂質，コレステロール，糖脂質に大別され，これらの分子はいずれも親水性の頭部と疎水性の尾部をもっている．脂質二重層では，尾部が向かい合い"仕切り"としての疎水性のバリアとなっている一方で，表面には親水性の頭部が並び，細胞内と細胞外それぞれの環境に"馴染む"ことができるようになっている（図A-1）．

脂質二重層だけでは，物質や情報のやりとりといった細胞が生きるために必要な営みができない．これを実現しているのが**膜タンパク質**と総称されるタンパク質であり，その大部分は糖が結合した糖タンパク質である[※1]．膜タンパク質には，脂質二重層の片側だけに存在するものや，脂質二重層には入り込まず他の膜タンパク質と緩やかに結合しているものもあるが，最も典型的な膜タンパク質は，脂質二重層

[※1] ここでは言及しないが，糖タンパク質とは異なるプロテオグリカン（3章G II 参照）と呼ばれる糖-タンパク質複合体の一部も機能的に重要な細胞膜の構成成分となっていることが多い．

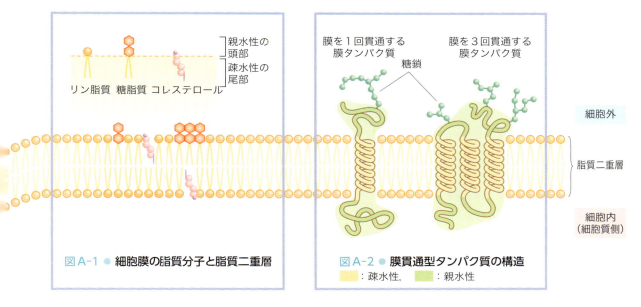

図A-1 ● 細胞膜の脂質分子と脂質二重層

図A-2 ● 膜貫通型タンパク質の構造
　：疎水性，　：親水性

を貫通するタイプのものであり，膜を2回以上貫通しているものも少なくない（図A-2）．こうした膜貫通型のタンパク質では，実際に膜を貫通している部分のアミノ酸配列が，脂質二重層内の疎水性の領域と馴染むために，疎水性の性質を帯びており，また細胞内外に突出した部分では，親水性の性質を帯びている．

II 膜タンパク質の役割

　膜タンパク質を機能的な面からながめると，膜タンパク質のさまざまな姿がみえてくる（図A-3）．免疫を担当するリンパ球という細胞には，機能的にも発生的な面からも性格の異なるB細胞とT細胞があるが，これらは顕微鏡でみても何ら区別ができない（3章F参照）．しかし，細胞膜の外側に突出した膜タンパク質の種類が異なっている．つまり，この場合，どのような膜タンパク質をもつかが細胞の"顔"として役立っていることがわかる．また，**疎水性のバリア**である脂質二重層を貫くトンネルチャネルを必要に応じて開通させ，細胞内外での物質交換を実現させる膜タンパク質もある．一方，成長因子（本章EⅢ参照）などは細胞膜を通過することはないが，細胞膜の外側に頭を出した膜タンパク質に結合し，それによって生じる膜タンパク質の立体的な構造の

細胞の顔としての膜タンパク質

物質交換のチャネルとしての膜タンパク質 [3章D]

情報伝達を仲介する膜タンパク質 [3章E]

細胞間結合や細胞外構造との接着を担う膜タンパク質 [本章D]

図A-3 ● 膜タンパク質の役割

変化などで二次的に細胞内へ刺激が伝達される．このような膜タンパク質は，受容体と呼ばれる．さらに，膜タンパク質のなかには，隣接する別の細胞の膜タンパク質と結合することによって細胞と細胞を結びつけたり，細胞外のタンパク質と結合するものもある．

III 細胞膜の非対称性

　膜貫通型のタンパク質は，当然のことながら，細胞外に突出した部分と細胞内に突出した部分では機能的な役割が異なる．また，脂質二重層の片側だけ

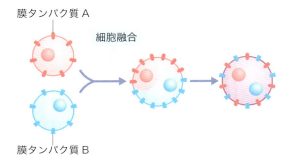

図 A-4 ● 膜の流動性を示す実験

図 A-5 ● 膜タンパク質の移動制御

に存在する膜タンパク質も存在する．したがって，細胞膜の構成分子のうち，タンパク質に限ってみても，細胞膜の表と裏には違いがある．特に，膜タンパク質は，多くの場合，糖が結合した糖タンパク質という形で存在するが，これらの糖は，膜タンパク質の細胞外に突出する部分に多く結合しており，細胞質に面する部分では相対的に乏しい．

脂質分子は，一層に並んで単分子膜をなし，これが2つ合わさって二重層となる．その外側半分と内側半分では違いがある．例えば，外側の単分子膜ではホスファチジルコリン，内側の単分子膜ではホスファチジルエタノールアミンといったリン脂質が豊富であり，糖脂質は外側の単分子膜にのみ存在している（図A-1）．

したがって，**細胞膜は非対称**，つまり，細胞外に面する側と細胞質に面する側という，いわば表と裏が明らかに異なっているのである．

IV 細胞膜の流動性とその制御

細胞膜の脂質二重層を構成している各脂質分子は，実は，回転したり，単分子膜内を側方に移動できる[※2]．脂質二重層にこうした性格があるため，膜タンパク質も，基本的には，細胞膜中を移動できる．例えば，図A-4のように，AおよびBという異なる膜タンパク質をもつ2つの細胞を人為的に融合させた場合，AとBは，融合直後は別々に分布するが，しばらくすると，混ざり合って均等に分布するようになる．このように，モザイク状に存在する膜タンパク質が脂質二重層中を移動できることから，概略

図-Aのような細胞膜構造の模式図は「流動モザイクモデル」と呼ばれる．

流動性は，非対称性とともに，細胞膜の基本的な特徴である．しかし，その流動性は，細胞膜の脂質が実際どのような脂質分子からなっているか，それら相互の割合はどのようであるか，などによって変化する．タンパク質分子の移動も無秩序に生じるわけではない．膜タンパク質が相互に凝集したり，細胞質側あるいは細胞外の別のタンパク質との結合（**アンカーリング**）によって移動の制御がなされている（図A-5）．また，膜タンパク質によって帯状の細胞間結合が形成されると，他の膜タンパク質がその帯状の細胞間結合を越えて移動できなくなり（**フェンス効果**），**細胞極性**[※3]の維持に役立っている．

まとめ

- 細胞膜は，タンパク質がモザイク状に分布する脂質二重層からなり，細胞膜の糖成分は糖脂質あるいは，膜タンパク質に結合した形で存在する．
- 物質や情報の交換といった細胞膜の主要な機能は，多くの場合，膜貫通型タンパク質として存在する膜タンパク質によって担われている．
- 細胞膜には，表と裏があり（非対称性），構成分子が膜内で移動することができる（流動性）という特徴がある．また，この膜の流動性を制御する機構も存在する．

※2　側方拡散と呼ばれる脂質分子の単分子膜内での側方移動は，ある実験では2μm/sec，つまり1秒間で桿状の大腸菌の端から端まで移動するほどであるといわれる．

※3　多くの細胞には，頭部と側面・底部などといった方向性があり，これを細胞の極性という．頭部と側面・底部では，膜タンパク質の種類に違いがあるので，例えば，消化管上皮細胞あるいは血管内皮細胞のように，物質の摂取・移送という意味で果たす役割も異なる．

B 細胞の核と膜系の細胞小器官
nucleus and organelle

細胞の内と外とを区画する細胞膜と同じ構造・特徴をもった膜が細胞内にも存在している（細胞内膜系）．この内膜系によって細胞は，その限られた大きさのなかで，細胞の代謝機能を支える種々の酵素反応の場ともなる膜の面積を十分にもつことができる．同時に，細胞内に存在する膜で囲まれた"区画"は，細胞の核あるいは固有のはたらきをもった細胞小器官として機能している．

概略図-B 典型的な動物細胞の模式図

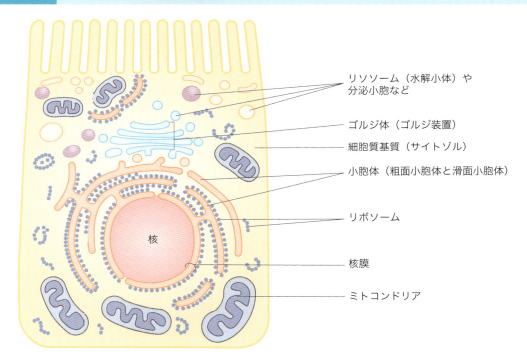

- リソソーム（水解小体）や分泌小胞など
- ゴルジ体（ゴルジ装置）
- 細胞質基質（サイトゾル）
- 小胞体（粗面小胞体と滑面小胞体）
- リボソーム
- 核膜
- ミトコンドリア

I 細胞内膜系の起源

細胞の核や**細胞小器官**の基本的な性状，あるいは，これらを作っている細胞内膜系の動的な恒常性などは，進化的な視点にたった仮説に基づく内膜系の起源から考えると理解しやすい．

ヒトをはじめ多くの脊椎動物のからだを構成している真核細胞の祖先と考えられる太古の**原核細胞**[※1]では，遺伝子DNAでさえ細胞質内にむき出しのまま存在していたと思われる（図B-1a）．進化のある時点で，細胞膜が細胞内に陥入し，DNAを保護するようにこれを包み込むようになった．さらに，陥入した細胞膜の一部が拡がり扁平な小胞体と呼ばれる小器官が生じたが，これらの内膜系はその後，陥入部でもともとの細胞膜との連絡を絶ったと思われる（図B-1b, c）．したがって，真核細胞の核膜は，二重の膜からなっており，核膜孔と呼ばれる細胞質と

[※1] 原核細胞では，遺伝情報を担うDNAが核膜で囲まれずに，細胞質内にむき出しのまま存在している．真核細胞では，DNAは特別なタンパク質と結合してヌクレオソームという構造をとり，さらに核膜に囲まれて，細胞内に大切に保管されている．真核細胞は，太古の原核細胞に由来すると考えられ，ヒトを含む多細胞生物の多くは，真核細胞から構成されている．現存する原核細胞には，大腸菌をはじめとする細菌や，藍藻類，マイコプラズマなどがある．

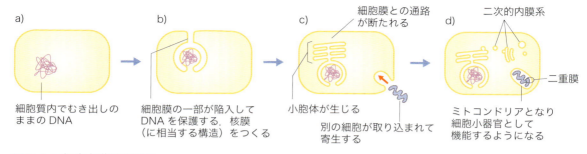

図B-1 ● 細胞内膜系の起源

の交通部がある．また，二重の核膜に挟まれた内腔と小胞体の内腔は連続している．

進化の過程で，これら"一次"的な内膜系の一部が膨らみ，そしてちぎれて小胞ができたり，そうした小胞が癒合し，より大きな膜系構造ができたりして，"二次"的な内膜系が生じたとみられる（図B-1d）．ゴルジ体，リソソーム，分泌小胞などはこうした二次的な内膜系に相当すると考えられる．一方，ミトコンドリアと呼ばれる細胞小器官は，進化の過程で真核細胞に取り込まれた別の細胞であると考えられており（図B-1c, d），もとの細胞の細胞膜と，取り込まれる際に巻き込まれた細胞膜とからなる二重の膜によって囲まれた細胞小器官となっている．

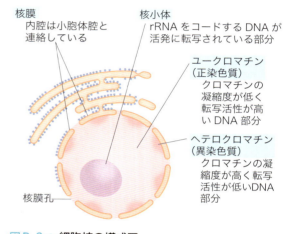

図B-2 ● 細胞核の模式図

II 細胞の核
nucleus

細胞の体積の約10％を占めている真核細胞の**核**[※2]は，二重の細胞膜（内膜と外膜）からなる核膜をもつ．特に核の内部（**核質**）が**核膜孔**によって細胞質と直接交通している[※3]点で，膜系の細胞小器官とは性格が大きく異なる（図B-2）．その顕著な例が，細胞分裂の時にみられる．分裂時には，核内のDNAを新たに生じる2つの細胞に分配するために，核膜は消失し，核質は核周囲の細胞質と混じり合うことになる．核以外の膜系の細胞小器官では，その内容物が細胞質と混じることはない．ではなぜ真核細胞では，分裂時には混じり合うような核の内容物を，あえて核膜によって区画しておく必要があるのだろうか．それは，真核細胞特有の事情とかかわっている．

ヒトのからだを構成している真核細胞では，1つの細胞に入っているDNAの長さは約2 mもある．しかもこれらの細胞の内部には，細胞の形態保持や運動のために必須の線維構造（細胞骨格，**本章C参照**）が錯綜している．遺伝情報を記録している長いDNAが細胞質中にむき出しのまま存在すれば，引きちぎられてしまう危険性が高い．また，複雑に進化している真核細胞では，多様なタンパク質を必要とし，そのための情報を記録している遺伝子も，組み合せによって多様性を生み出せるようにDNA上でいく

※2　核は細胞の基本的な構造の1つであり，どのような細胞にも存在するが，ヒトの血液中の赤血球では核がみられない．これは骨髄で赤血球が生じる過程で，脱核という現象によって核が二次的に失われるためである．

※3　核膜孔は，実際には核1つあたり約3,000個程あり，おのおのの直径は約9 nmである．自由に出入りできるごく小さな物質を除いては出入りが制御されており，選択的な物質の輸送が行われている．

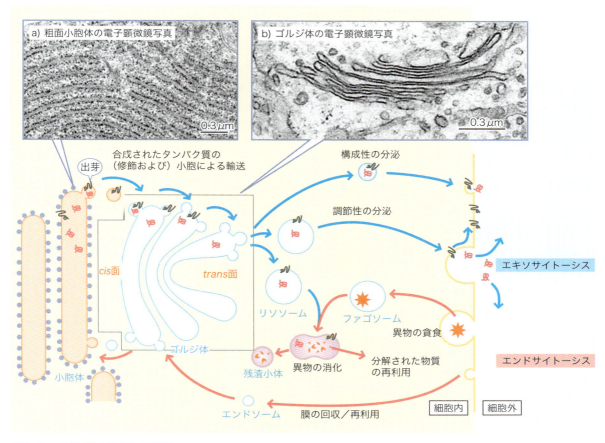

図 B-3 ● **細胞膜の動的な恒常性**

つもに分散している．真核細胞では後述するスプライシングという機構（5章A参照）によって，こうした分散した遺伝情報をつなぎ合わせてはじめてタンパク質合成のための鋳型となるmRNAをつくるので，途中の未完成の鋳型を細胞質中のタンパク質合成系から隔離しておく必要もある．

III 小胞体
endoplasmic reticulum：ER

小胞体には，タンパク質の合成を触媒するリボソームと呼ばれる顆粒が多数付着した**粗面小胞体**（rER：図B-3a）とこれらが付着していない**滑面小胞体**（sER）とがある．

リボソームが付着したrERは，当然のことながら，**タンパク質合成の場**となっており[※4]，合成されたタンパク質，すなわち遺伝情報に従って数珠状につなげられたアミノ酸の鎖は，rERの膜を1回以上貫通した形ででき上がる（図B-3中の で示すタンパク質）かあるいはrERの内腔にたまる（図B-3中の で示すタンパク質）．

小胞体はまた，**脂質合成の場**でもあり，どのような細胞であっても，細胞膜を構成する脂質のほとんどは小胞体でつくられる．脂質合成を触媒する酵素は小胞体の膜に存在し，リボソームの有無とは関係がないため，rERでもsERでも脂質は合成される．特に，ステロイドホルモンを産生する副腎皮質細胞

※4　小胞体に付着せず細胞質中に浮遊しているリボソーム（遊離リボソーム）もタンパク質合成の場となっている．rER上のリボソームで合成されるタンパク質は主に，膜タンパク質，分泌タンパク質，リソソーム内の分解酵素などとなるが，遊離リボソームで合成されたタンパク質は細胞質中で利用される．タンパク質の構造，合成については，それぞれ3，5章を参照のこと．

などでは，その材料となる脂質分子であるコレステロールの合成が，タンパク質の合成に比べて活発であるため，細胞質内にはsERが著しく発達している．

小胞体はタンパク質や脂質の合成とは別のもう1つの重要な役割を果たす場合がある．これは横紋筋細胞[※5]でみられる．横紋筋細胞のsERは特に**筋小胞体**と呼ばれ，筋小胞体内にプールされたCa^{2+}が細胞質内へ放出されたり，再取り込みされたりすることによって，横紋筋細胞の収縮が制御されている（3章C参照）．

IV ゴルジ体
Golgi apparatus

細胞の種類にもよるが，**ゴルジ体**は1つの細胞に1〜数百個存在し，おのおのは4〜6枚の扁平な囊（ふくろ）が積み重なった構造をしている（図B-3b）．ゴルジ体は全体として一方が凸面（*cis*面）で，もう一方が凹面（*trans*面）となっており，それぞれの囊はお互いに物理的には連絡していない．しかし，機能的には，それぞれの囊には連絡があり，また，役割分担も異なっている．

小胞体上のリボソームで合成され，rERの膜を1回以上貫通した形となった膜タンパク質あるいはrERの内腔にたまったタンパク質は，小胞体の膜の一部が膨れてちぎれる**出芽**（budding）という過程によって小胞に取り込まれ，さらにその小胞がゴルジ体の*cis*面に融合することによってゴルジ体へ輸送される（図B-3）．ゴルジ体を構成する囊と囊との間でも同様な方法によって，順次*trans*面へと輸送される．

ゴルジ体の各囊を経過する過程で，タンパク質に結合した**糖部分がさまざまな修飾を受ける**．すなわち，*cis*面から*trans*面へ至る各囊の膜それぞれには，タンパク質に糖分子を付加したり切断したりする種々の異なった酵素が存在しているのである[※6]．

V 分泌小胞とリソソーム
secretory vesicle & lysosome

ゴルジ体で種々の修飾を受けた糖タンパク質は，出芽と類似する機構によって，小胞にパッケージングされる．そのタンパク質が，①ホルモン，成長因子，消化酵素などである場合は分泌小胞としてパッケージングされ，さらに細胞外に**分泌**（エキソサイトーシス）される（図B-3）．②細胞が取り込んだ異物や古くなった細胞小器官などを分解するプロテアーゼ，グリコシダーゼ，リパーゼ，ホスホリパーゼなどの加水分解酵素である場合は，**リソソーム**としてパッケージングされる小胞になる．忘れてならないのが，rERでの合成時から膜に組み込まれた状態のままゴルジ体を順次経過してきたタンパク質（図B-3中の ）である．これらの大部分は，分泌小胞の膜の構成タンパク質として細胞表面に運ばれ，細胞表面の膜タンパク質となる[※7]．また，その一部は，リソソームの膜タンパク質となる．

リソソームは，内部に蓄えた酵素で加水分解されない膜をもち，また，この膜にあるポンプがプロトン（H^+）を細胞質側から取り込む．このため，リソソーム内のpHが低く保たれ，加水分解酵素がはたらきやすい環境になっている．細胞外からリソソームへ送られる物質の大半は**エンドサイトーシス**によって細胞内に取り込まれるが，大きな粒子（細菌や細胞の断片など）は貪食（ファゴサイトーシス）によって取り込まれる．前者はエンドソームと呼ぶ小胞となりこれがリソソームに成熟することで，後者は貪食胞（ファゴソーム）と呼ぶ小胞となり，リソソームと融合することで，その内容物が消化される（図B-4）．消化・分解によって得られた物質は，細胞内で再利用される．

※5 筋細胞には，体肢・体幹に存在しその個体の意思の下で動く（収縮する）骨格筋細胞，心臓の筋肉である心筋細胞，消化管の壁をつくっている平滑筋細胞の3種類があり，横紋筋細胞は前2者をさす．日常生活のなかの例でいえば，ビーフステーキは骨格筋，焼き鳥屋で食べる"ハツ"は心筋，焼肉屋でお目にかかる"ミノ"は平滑筋である．

※6 実は，小胞体で合成されたタンパク質には，すでに基本的なタイプの糖が付加されているが，これを種々の酵素によって修飾し，多様性を生み出すのがゴルジ体の役割である．

※7 典型的な分泌小胞は，腺細胞などの活発な分泌（調節性の分泌）を行っている細胞でのみみられるが，すべての細胞は程度の差はあれ，絶えず持続的な分泌（構成性の分泌）を行っている．

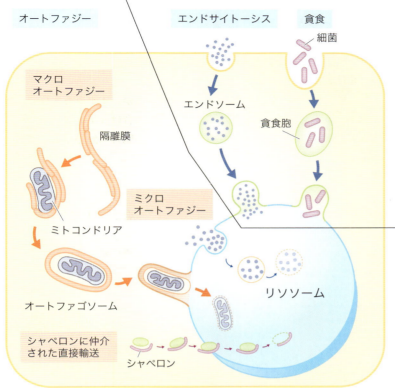

図B-4 ● **貪食，エンドサイトーシス，オートファジー**
エンドサイトーシスによる取り込みには，取り込む物質に対する細胞膜上の受容体を利用した特異的な取り込みと，これを利用しない非特異的な取り込みとがある．本図では，オートファゴソームも癒合したイメージであるので，図中のリソソームは，オート（ファゴ）リソソームともいえる．

VI 細胞膜の動的な恒常性

　小胞による細胞内の物質輸送によって，膜それ自体も1つの小器官から別の小器官へ，さらには細胞表面の膜ともダイナミックに移行し合っている．もしこれがきちんと制御されていないと，細胞表面の膜や特定の小器官の膜が過剰になり"だぶついて"しまう．そこで例えば，活発にエキソサイトーシスが行われている細胞では，分泌小胞の融合によって細胞表面の膜が増加する量に見合った量の細胞膜が，やはり小胞によって細胞内の膜系小器官へ回収・再利用され，膜の動的な恒常性が維持されている（図B-3）．

　同時に，細胞表面の膜も小器官の膜も一時として断裂することがないという点も重要である．例えば，細胞外の異物は，分泌時のエキソサイトーシスとちょうど逆の過程を経る**エンドサイトーシス**によって細胞内の小胞に閉じ込められ，この小胞にリソソームが融合して異物が分解される（図B-3）．この間，異物もリソソームの内容物も細胞質中にさらされることはない[※8]．この意味で，細胞内膜系による小器官はいわば「内なる外界」といえる．実際，そうした観点に立って膜タンパク質に注目し，図B-3をみてみると，細胞表面の膜の表が小器官の膜の内側の面に，細胞表面の膜の裏が小器官の膜の外側の面に対応していることがわかる．

VII
mitochondria

　細胞は主としてグルコースを分解する過程で，細胞の生存に必要なエネルギーを取り出し，これをATP

[※8] 外来の異物はもちろんのこと，リソソームに存在する40種以上もの加水分解酵素が常に小胞内に閉じ込められていることはきわめて重要である．もしこれが細胞質内にこぼれてしまうと，細胞は自分自身を消化・分解してしまうことになる．これはちょうど，個体レベルで，急性膵炎によって膵臓が傷害を受け，多量の消化酵素が体内に漏れると個体の死に至りかねない状況になるのと似た状況だといえる．

（**アデノシン 3-リン酸**）という物質で蓄えかつ利用している．ミトコンドリアは，分子状の酸素を使ってこのATPをきわめて効率よく産生する器官であり，このためにミトコンドリアの二重の膜の内側（内膜）には，**電子伝達系**あるいは**呼吸鎖**と呼ばれる一連の酵素が組み込まれている（9章参照）．

ミトコンドリアは，原始地球上で大気中の酸素が過剰であった頃，私たちのからだを構成する細胞の祖先である原始真核細胞に寄生した細菌に由来すると考えられている．過剰な酸素は細胞にとって有害であり※9，これを消費し有益なATPを産生・提供してくれる細菌は，真核細胞にとって都合がよく，共生関係が生まれたのであろう．事実，現在もミトコンドリアは，その内部に独自のDNAをもっており，もともとは独立した生物（細胞）であったとされる．

VIII オートファジー
autophagy

オートファジー※10は，古くなったり不要となった細胞質の分子や細胞小器官などを分解・消化する**自食**（self-eating）ともいうべき現象である．細胞外から取り込んだ粒子や物質を消化する小胞であるリソソームがここでも活躍する※11．リソソーム系によるオートファジーには3つの経路，すなわち①マクロオートファジー，②ミクロオートファジー，③シャペロンに仲介された直接輸送がある（図B-4）．マクロオートファジーでは，細胞小器官や，過剰あるいは異常なタンパク質が集積した細胞質部分（1μm³ほどの領域）が，隔離膜と呼ばれる小胞体様の二重膜で包まれてオートファゴソームが形成され，隔離膜の外膜がリソソームと融合してオート（ファゴ）リソソームとなって，その内容物が分解される．ミクロオートファジーは，リソソーム膜が袋状に陥入して細胞質成分をリソソームに取り込んで消化する過程で，マクロオートファジーと同様に非特異的なオートファジーだとされる．一方，分解の標的となるタンパク質とこれに結合したシャペロンとが，リソソーム内腔に直接輸送されるオートファジーは特異的である※12．どのタイプのオートファジーでも，分解・消化で生じた分子を細胞は再利用している※13．

自食をタンパク質分解という視点でとらえると，前述のリソソーム系に，ユビキチン-プロテアソーム系を対比させる必要がある．ユビキチンは，分解の標的となるタンパク質のリジン残基に結合する小さなタンパク質（アミノ酸76残基長）である．一方，プロテアソームは細胞質や核内に分布する巨大なタ

Column ミトコンドリアDNAが明かす人類の起源

卵子と精子が融合して受精卵となるとき，精子からは父親の遺伝子のみが受精卵に入るが，卵子からは母親の遺伝子の他にミトコンドリアを含む細胞質成分も受精卵に引き渡される．ミトコンドリアは，父・母いずれとも異なる別の独自のDNAをもっているが，母方のミトコンドリアDNAのみが受け継がれる．このことを利用して，人類の起源を調べようという取り組みが続けられてきた．16,569個の塩基からなるミトコンドリアDNAの類似性から地球上のさまざまな人種の類縁関係を追ったのである．その結果，現在の人類の共通の祖先は20万年ほど前にアフリカで誕生したと考えられている．

※9　細胞にとって酸素は必須であるが，過剰な酸素は有害である．例えば，高濃度の酸素を吸入した場合，未熟児網膜症や，成人でも酸素中毒となることが知られる．

※10　このしくみを分子レベルで解明し，オートファジーの概念の確立に大きく寄与したとして，東京工業大学栄誉教授の大隅良典博士が2016年のノーベル生理学・医学賞を受賞している．

※11　オートファジーの主要な制御因子は細胞内セリン・スレオニンキナーゼのmTORであり，また，オートファジー関連遺伝子（autophagy related genes：ATG）として同定された30以上の因子のうち半数以上はオートファゴソームの形成に関与している．

※12　肝細胞などでは細胞質内タンパク質の約30％にも及ぶ大規模な消化（バルク分解）を，シャペロン仲介型のオートファジーが担っている．

※13　神経細胞や心筋細胞などでは，再利用されなかった分解遺残物が残ったままの小胞（残渣小体あるいはリポフスチン顆粒）が加齢にともなって蓄積する．

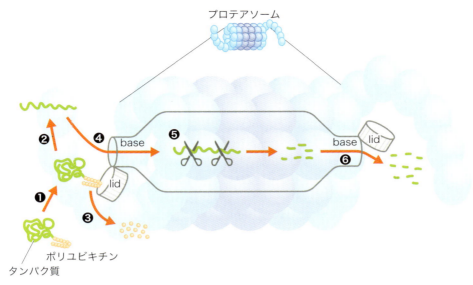

図 B-5 ● **プロテアソーム**
中空樽状の複合体であり，両端に base 基底部と lid 蓋部をもつ．この複合体の内径 2 nm の細い通路に，分解のための目印として複数のユビキチンが結合したタンパク質が通る．①ポリユビキチン化タンパク質の捕捉，②解きほぐす，③ユビキチンを外す，④開口して通す，⑤分解，⑥分解産物の排出．

ンパク質分解酵素複合体（幅約 20 nm，長さ約 44 nm）である．プロテアソームの形状は，例えるならば，底にも飲み口とキャップが付いたペットボトルであり，その形状は，分解の目印としてユビキチン化されたタンパク質を認識，分解するというプロテアソームの役割に実によく適っている（図 B-5）．

ユビキチン化された個々のタンパク質分子を選択的に認識するプロテアソーム系による分解と，細胞小器官や，ある領域に分布する大量かつ多様な分子を非特異的に分解するマクロオートファジーによるリソソーム系の分解とでは，その特徴や目的には違いがある．しかし，リソソーム系でもシャペロン仲介型の特異的な分解が知られている．したがって，オートファジーは，古くなったり不要となったものの分解と再利用という役割だけでなく，細胞質環境の再構築による細胞機能（増殖・分化や細胞死）の制御などにも役立っているといえる[※14]．

まとめ

- 私たちのからだを構成する真核細胞では，膜で囲まれた細胞核があり，DNA の保護，スプライシングの場の提供などに役立っている．
- 細胞内膜系は，細胞小器官と呼ばれる多数の区画をつくっており，種々の細胞機能を支える酵素反応を独立に扱えるようになっている．
- 小胞体はタンパク質および脂質合成の場であるとともに，筋収縮と関連する Ca^{2+} プールとしても機能し，ゴルジ体は糖の修飾の場を提供している．
- リソソームは細胞外から摂取したものおよび細胞内の不要陳旧物を消化する器官として，ミトコンドリアは細胞内のエネルギー産生器官として機能している．
- 自食（オートファジー）には，リソソーム系に加えて，ユビキチン-プロテアソーム系がはたらいている．
- エンドサイトーシスあるいはエキソサイトーシスで特に顕著であるように，細胞内膜系および細胞表面の細胞膜はダイナミックに移行し，動的な恒常性が維持されている．

※14　マウスの実験では，食餌制限を行ってオートファジーが亢進すると，損傷した細胞小器官や老化した細胞が除去され，長命化，加齢にともなう認知能力低下の抑止，機能的幹細胞の増加などが認められている．

C 細胞骨格および関連する諸構造
cytoskeleton

　細胞骨格と総称される細胞内の線維系は，従来は建物の支柱のように，単に構造上の骨組みであって動きのない静的なものであると考えられていた．しかし現在，これらの線維は，支柱としてはたらくことはもちろんであるが，細胞内の物質輸送，細胞そのものの形態変化や運動，組織の形態形成などにも貢献し，ダイナミックに変化する構造であることがわかっている．細胞骨格を構成する3種類の線維系の概要を概略図-Cにまとめた．これら線維系はそれぞれ独立なのではなく，構成分子相互あるいはこれらと結合する種々のタンパク質を介することによって，細胞内に三次元的なネットワークを形成している．しかも，そうした網目構造に，細胞小器官のみならず，細胞質のリボソームや可溶性酵素さえも結合していると考えられる．つまり，細胞内の諸構造や分子の大部分は，細胞骨格によって適性に配置され，そうした配置は必要に応じてダイナミックにコントロールされると考えられている．

概略図-C　細胞骨格を構成する線維系

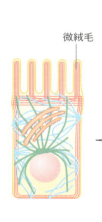

微絨毛

アクチンフィラメント
径約 6〜8 nm
　アクチンからなる

中間径フィラメント
径約 8〜10 nm
　ケラチン，ビメンチン，デスミン，
　核ラミン，ニューロフィラメントタンパク質，
　グリア線維酸性タンパク質からなる

微小管
径約 22 nm
　チューブリンからなる

I アクチンフィラメント
actin filament

アクチンフィラメントは，その名が示す通り，アクチン（actin）と呼ばれる球状のタンパク質が数珠状に繋がった線維である．アクチンは細胞内で最も豊富なタンパク質（全細胞タンパク質の約5％）であるが，実際にフィラメントとなっているのは，そのほぼ半数で，残りは分子状のまま存在している．なぜなら，アクチンフィラメントは一般に，その一端で分子状のアクチンが重合しフィラメントに組み込まれ，もう一端では脱重合し分子状のアクチンに解離するという**動的な平衡**のもとになり立っているためである[※1]．また，フィンブリン，スペクトリンなど多数のアクチン結合性タンパク質が存在し，アクチンフィラメントによる束状あるいは網目状の構造が形成されうる[※2]．

細胞皮層（膜の裏打ち）
cell cortex

細胞質の周辺部，つまり細胞膜の直下には細胞皮層と呼ばれるアクチンフィラメントによる三次元的な網目構造が密な領域がある．これはちょうど，ドーム型テントの支柱のように，細胞膜（テントの生地）に"張り"を与えて細胞（テント）の形態を維持するとともに，以下に述べるアクチンフィラメントを基本とする種々の構造の母体にもなっている（概略図-C，図C-1）．

偽足
pseudopodium

細胞の多くは細胞表面に微細な突起をもっているが，特に運動性の高い組織では偽足（あるいは仮足）と呼ばれる顕著な突起を進行方向に伸ばしこれを手掛かりに前進する[※3]．この偽足は，細胞皮層の一部で，脱重合に比べ重合が著しく加速されてアクチン

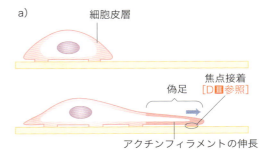

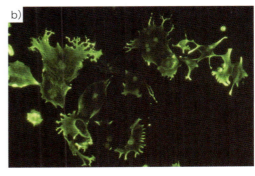

図C-1 ● 偽足の伸長と細胞の移動
a) 細胞皮層のアクチンフィラメントによる偽足形成を示す模式図（細胞の側面観）
b) 蛍光標識された抗体で染め出された培養内皮細胞．微細な細胞質突起（偽足）を多数出している複数の培養細胞を上から眺めた顕微鏡像

フィラメントが伸長することによって形成されると考えられている（図C-1）．

微絨毛
microvilli

栄養物の吸収活動が活発な小腸の上皮や，多量の原尿[※4]から水や電解質をさかんに再吸収する腎臓の近位尿細管上皮などでは，概略図-Cでも描かれているような微絨毛と呼ばれる突起が細胞表面に多数存在し，吸収活動にかかわる細胞膜の表面積拡大に役立っている．安定したアクチンフィラメントの束が，微絨毛の軸となっている（図C-2）．

[※1] むろん，重合・脱重合を制御する機構もあり，それがために，例えば微絨毛ではアクチンが比較的安定な軸部分を形成している．

[※2] ミオシンと呼ばれる分子もアクチン結合性タンパク質の1つである．アクチンフィラメントとII型ミオシンの相互作用によって筋収縮が生じるが，これについては3章Cであらためて触れる．

[※3] 実際には，偽足は多方向に伸ばされ，その中で都合のよい手掛かりが得られたものを利用して細胞は移動する．これはちょうど，岩場を登る時，いくつかの手掛かりを繰り返しまさぐった後に，安定した岩角を掴んで，体を引き上げるのに似ている．

[※4] 腎臓では，血液から1日に約150L以上の水分が原尿として濾過されるが，その後，尿細管などで再吸収され，実際に排泄される尿は1.5L程度である（8章AV参照）．

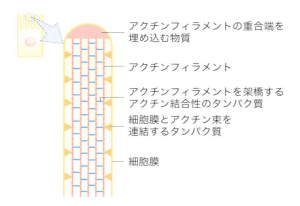

図C-2 ● 微絨毛の構造

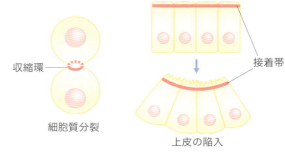

図C-3 ● 細胞質分裂と上皮の陥入

収縮環・接着帯
contractile ring・adhesion junction

　細胞分裂の最終段階で細胞質が二分する部位に現れる収縮環のアクチンフィラメントや，接着帯（本章 図D-2参照）と呼ばれる帯状の細胞間結合装置の細胞質側に走行するアクチンフィラメントは，Ⅱ型ミオシンと協調して収縮する．これによって細胞膜が内側に引っ張られ，図C-3のように，収縮環では細胞質分裂が，接着帯のアクチンフィラメントでは上皮細胞層の陥入といったような形態形成が引き起こされると考えられる．

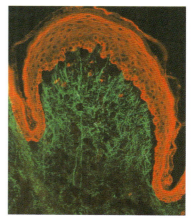

ケラチン染色で上皮細胞の中間径フィラメントが染まるので（表皮）上皮層が赤い．上皮下の細胞外線維（図中の緑）を産生する線維芽細胞はケラチンをもたず赤く染まらない．

図C-4 ● ケラチン染色で赤く染まった上皮細胞

Ⅱ 中間径フィラメント
intermediate filament

　アクチンフィラメントと後述の微小管との中間的な太さ（径）の線維であるとして命名された**中間径フィラメント**（図C-4）は，細胞骨格の他の2つの線維系とは異なり線維状の分子がひねり合わさったロープ状の線維である．中間径フィラメントを構成する分子は，概略図-Cにも示されているように何種類かがあり，これらの多くは細胞の種類との関連性が存在する[※5]が，核ラミンのように細胞の種類と関連しないものや，中間径フィラメントをもたない細胞もある[※6]．しかし，中間径フィラメントに共通することは，細胞骨格の他の2つの線維と比べてきわめて安定であり，また仲介となる他のタンパク質の助けを借りずとも，細胞内の多様なタンパク質や構造と結合できる特徴をもつ点である．機能的には不明の点も多いが，核周囲に豊富であり，またデスモソーム（本章 図D-3参照）と呼ばれる細胞間結合とも繋がっているため，少なくとも細胞質内での核の位置決めをし，これを機械的に支持していると考えられている．

Ⅲ 微小管
microtubule

　微小管は，**チューブリン**（tubulin）と呼ばれるタンパク質が数珠状に繋がったフィラメント13本から

※5　ケラチンは上皮性細胞，ビメンチンは間葉系の細胞，デスミンは筋細胞（本章B 脚注※5参照），グリア線維酸性タンパク質は神経膠細胞の一部，ニューロフィラメントタンパク質は神経細胞に主として認められる．

※6　中間径フィラメントは，多細胞動物の細胞のみで存在すると考えられるが，中枢神経系内の髄鞘を形成する細胞ではみられない．

なる管（チューブ）状の線維であり，アクチンフィラメントと同様に極性がある．つまり，線維の一端で重合が，もう一端で脱重合が生じる動的な平衡のもとになり立っており，重合・脱重合のバランスを制御する機構もある．微小管は，中心体あるいはこれに類似する基底小体と呼ばれる細胞内の構造から細胞質内に広く伸び出し，重合・脱重合の制御や**モーター分子**との相互作用によって，細胞内でのダイナミックな輸送や構造の局在化に役立っている．

紡錘糸
spindle fiber

細胞分裂では，染色体という形にパッケージングされたDNAを，分裂の結果生じる2つの細胞に正しく分配する必要がある．これは，細胞の両端に移動した中心体から伸び出した**紡錘糸**と呼ばれる微小管が染色体に付着して，その染色体をずるずるとそれぞれの中心体の方へ引きずっていくことによって達せられる．この一連の過程は，チューブリンの重合による微小管の伸長と，脱重合による短縮によって実現されている（図C-5）．

細胞内の輸送
intracellular transport

キネシンと呼ばれるモーター分子の多くは，微小管上を重合端へ向けて移動することができる．一方，**ダイニン**と呼ばれるモーター分子は逆方向に移動できる．細胞内の小胞などの構造は，これらモーター分子と結合することによって，細胞内の微小管による"線路"に沿って運搬される．この線路は比較的安定な微小管からなる．例えば，神経細胞ではときに1mにも及ぶ長い**軸索突起**（細胞質突起）を出しているが，核の周囲の小器官で合成された神経伝達物質は小胞にパッケージングされ，長い軸索突起中の微小管の線路に沿って，突起の先端部まで輸送され（軸索輸送），分泌される（図C-6）．

細胞小器官の局在化
localization of cell organelle

一般に，小胞体は細胞の辺縁部まで広がっている．これは，小胞体に結合したモーター分子キネシンが，中心体から扇状に伸びた微小管に沿って移動しよう

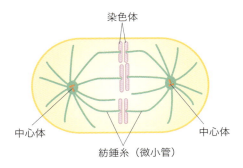

図C-5 ● 染色体を移動させる紡錘糸（微小管）
細胞分裂中期の細胞が左右2つの（娘）細胞に分裂しつつある時の模式図で，2つの細胞に分配されるべき染色体が赤道面と呼ばれる中央部に並んでいる（本章 概略図-Eも参照）．

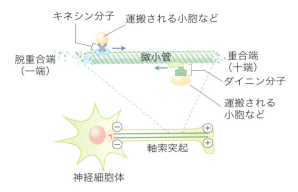

図C-6 ● モーター分子の移動と軸索輸送

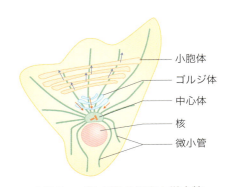

図C-7 ● 小胞体・ゴルジ体の局在と微小管
「Molecular Biology of the Cell（3rd ed.）」（Bruce A, et al, eds），Fig.16-26, Garland, 1994をもとに作成．

とすることによって，小胞体が細胞の辺縁へ絶えず押し広げられるためであると考えられる．一方，多くの場合，細胞核の近くに留まるゴルジ体は，ダイニンとの結合によって，小胞体とは逆の方向，つまり核近傍へ絶えず押し戻されているものと考えられる（図C-7）．

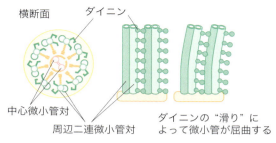

図C-8 ● 線毛・鞭毛の軸部の構造と屈曲のメカニズム

線毛と鞭毛
cilia & flagellum

　線毛も鞭毛も，アクチンフィラメント束を軸とする微絨毛と同様に細胞質の突起状構造ではあるが，微絨毛とは異なり運動能がある．線毛と鞭毛とでは運動様式が異なるが[※7]，その基本構造は類似しており，基底小体から伸び出した微小管が特定のパターンで配列し，軸部分の構造となっている．これら微小管に結合したモーター分子であるダイニンが，隣接の微小管上を"滑る"ために生じる微小管の屈曲が，線毛や鞭毛の運動力となっている（図C-8）．ヒトでは，線毛は気管や卵管の細胞に豊富で，それぞれ痰の排出や卵子の輸送に役立っている（図C-9）．また，オタマジャクシのような形をしている精子のしっぽの部分が鞭毛であり，その動きによって精子は推進力を得る（4章 図D-2参照）．

図C-9 ● 気管粘膜表面の走査電子顕微鏡像
多数の線毛が粘膜の細胞表面に存在していることがわかる．

> **まとめ**
> - 細胞骨格は，アクチンフィラメント，中間径フィラメント，微小管という3種の線維系によって構成され，これらは細胞内に三次元的なネットワークを形成している．
> - 細胞骨格は，細胞の構造的な支柱にとどまらず，細胞の運動や収縮，形態形成，極性維持，細胞内の物質輸送，細胞分裂などの種々の細胞機能と密接に関連し，線維系自体もダイナミックに変化している．

[※7] 例えていうならば，線毛の運動は平泳ぎのときの腕の動きであり，鞭毛の運動はバタフライのときの足の動きである．

D 細胞接着
cell adhesion

　生命の単位は細胞である．したがって，多細胞生物では細胞が互いに接する状況があり，細胞と細胞を接着あるいは結合するためのしくみがある．また，多細胞生物は細胞のみの集合体ではなく，細胞の周りを満たしている細胞外領域にも大きな意義がある．細胞外領域を利用して，物質や情報の交換をすると同時に，細胞外マトリックス（3章Gも参照）を産生し，結合組織や骨・軟骨などの組織構築も担っている．となれば，細胞と細胞外マトリックスが接着・結合するためのしくみも必要になる．細胞間あるいは細胞-マトリックス間の接着を直接的に担うのは細胞膜の膜タンパク質である．極論すれば，細胞接着とは，そうした膜タンパク質が隣り合う細胞の膜タンパク質や細胞外マトリックスと結合することにすぎない．しかし，細胞はそのしくみを，細胞の運動や細胞内諸構造の安定化，細胞相互の認識や細胞内のシグナル伝達，さらに，細胞膜や細胞外環境の区画化にも利用している．

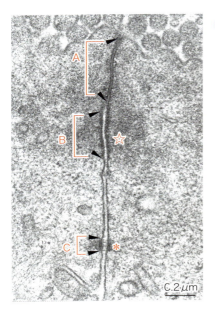

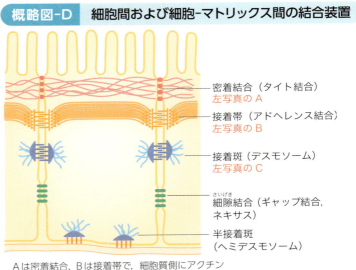

概略図-D　細胞間および細胞-マトリックス間の結合装置

- 密着結合（タイト結合）　左写真のA
- 接着帯（アドヘレンス結合）　左写真のB
- 接着斑（デスモソーム）　左写真のC
- 細隙結合（ギャップ結合，ネキサス）
- 半接着斑（ヘミデスモソーム）

Aは密着結合，Bは接着帯で，細胞質側にアクチン線維の集積（☆）がみられる．Cは接着斑で，細胞質側に中間径フィラメントの集積（＊）がみられる

Column　接着複合体（junctional complex）

　密着結合，接着帯，デスモソームは，しばしば3つ1セットで存在する（概略図-D）．小腸吸収上皮細胞の頂端部がその典型で，3者がその特徴を補完し合う複合体になっている．この複合体は，隣接細胞を結びつけることはもちろんであるが，密着結合が上皮のバリア機能や上皮細胞の極性保持のためのフェンス機能を発揮し，接着帯は細胞形態を保つとともに細胞内へのシグナル伝達を担う．また，デスモソームは，結合に機械的強度を付与し，細胞骨格に対してのアンカーにもなる．なお，これらは，zonula occludens（密着結合），zonula adherens（接着帯），macula adherens（デスモソーム）とも表記される．zonulaは小さな帯，maculaは小さな斑，occludensは隙間なくぴったりと付いた状態，adherensは近接している状態を意味する．それぞれの結合装置の特徴がよく表現されている．

I 接着と結合
adhesion & junction

　細胞間，細胞−マトリックス間の物理的な結びつきは，接着もしくは結合と表現される．結合は，どちらかといえば，安定性のある強固な結びつきに対して用いられ，また，接着は，細胞が結びつく初期段階や結びつきが動的に変化する場合に用いられる．しかし，使い分けは必ずしも明確ではない．近年は，接着という用語が幅広く用いられる傾向にあり，接着を担う膜タンパク質は**接着分子**（adhesion molecule）と呼ばれる．

　接着分子は，膜の裏打ち構造，細胞骨格などとともに，電子顕微鏡などでみることのできる構造体を形成することがあり，次でもそうした接着構造（結合装置）について解説する．結合装置は比較的安定した構造であると考えられるが，機能的な要請によってダイナミックな構造的な改変や消長も生じる．

II 細胞間結合
cell to cell junction

密着結合（タイト結合）
tight junction

　隣接する細胞の細胞膜を帯状に密着して結びつける結合である．膜貫通型接着分子の**クローディン**（claudin）〔および**オクルディン**（occludin）〕の細胞外部分が結合することで，隣接細胞間で細胞膜がぴたりと付いた状態となる．接着分子は線状に配列して幾重にも並ぶ（ストランドの形成，図D-1）．このため，上皮層の組織側から外表面側へ向かって細胞間を通り抜ける物質移動「漏れ」あるいはその逆方向の「侵入」が阻止される（**バリア機能**）．また，他の膜タンパク質は，ストランドを越えて移動できなくなるため（**フェンス効果**，本章 図A-5参照），細胞膜の区域化が生じ，細胞極性の維持が図られる．密着結合は，体表面や消化管内腔に面する上皮，血管内皮などに存在している．

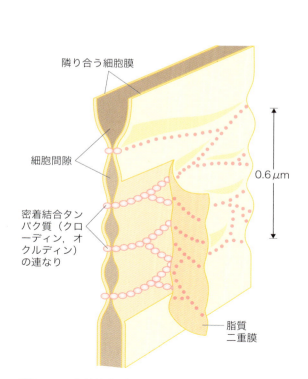

図D-1 ● 密着結合（タイト結合）

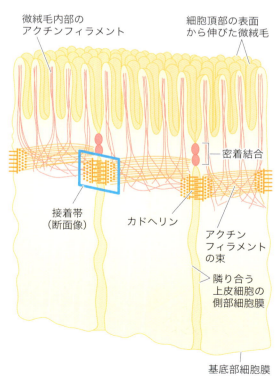

図D-2 ● 接着帯（アドヘレンス結合）

接着帯（アドヘレンス結合）
adherens junction

隣接する上皮細胞の細胞膜を帯状に近接させる結合で，細胞質側に帯状に走行するアクチンフィラメント束をともなう（図D-2）．関与する接着分子は**カドヘリン**（cadherin）であり，その細胞外部分が互いに結合するが，結合部の細胞膜は約15～20 nmほど離れている．カドヘリンの細胞質側ドメインには，α-，β-カテニン，α-アクチニン，ビンキュリンなどを介し，アクチンフィラメントが係留されている．接着帯は，接着複合体（29頁のコラム参照）の維持に重要な役割を果たしている．

接着斑（デスモソーム）
desmosome

隣接する細胞を強固に結びつける斑状の結合装置で，細胞質側のプラーク状構造を介して中間径フィラメントが係留されている．関与する接着分子は**デスモグレイン**（desmoglein）や**デスモコリン**（desmocollin）などのデスモソーム型カドヘリンで，細胞外部分で隣接細胞の同一タイプの分子と結合し，細胞質側はプラーク状構造と結合する（図D-3）．機械的強度を要求される表皮有棘層の細胞間や心筋細胞間に存在する．プラーク状構造に係留される中間径フィラメントは，**表皮細胞（上皮）ではケラチンフィラメント**（本章 図C-4参照），心筋細胞ではデスミンフィラメントである．

細隙結合（ギャップ結合，ネキサス）
gap junction, nexus

イオンや低分子量（＜10 kDa）の分子を通過させることのできるトンネル状構造（**チャネル**）で，隣接する細胞間を連絡する結合．**コネキシン**と呼ばれるタンパク質6分子が集まり，中央部に孔のある膜貫通構造（半チャネル）をつくり，これが，隣接細胞の同様な半チャネルと結合して機能的なチャネルができる（図D-4）．中央部の孔は機能に応じて開閉する．強度的には弱いが，Ca^{2+}をはじめとする無

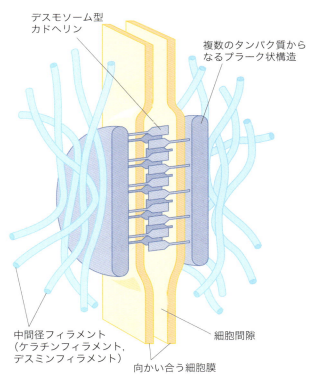
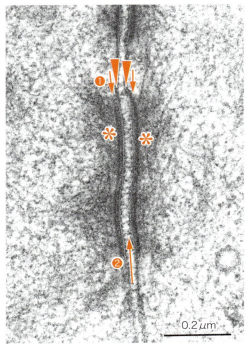

図D-3 ● 接着斑（デスモソーム）
▶は2つの細胞の向かい合った細胞膜で，❶の→はプラーク状構造，✳は中間径フィラメントの集積である．❷の→はカドヘリン分子の細胞外突出部による構造である．

図 D-4 ● 細隙結合（ギャップ結合）

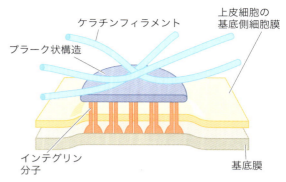

図 D-5 ● 半接着斑（ヘミデスモソーム）

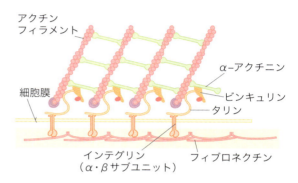

図 D-6 ● 焦点接着（フォーカルアドヒージョン）

機イオンなどのやりとりに基づく情報交換や電気的カップリングを担う重要な結合装置である．その効率は，チャネルの開閉に加えて，チャネルがどれほど多数集合するかによって変わる．

ニューロン間あるいは神経-筋細胞間（運動終板：3章C Ⅳ参照）のシナプス構造も，広義には，ギャップ結合と同様に，情報や電気的刺激を伝える連絡型細胞間結合であるといえる．

Ⅲ 細胞-マトリックス間結合
cell to matrix junction

半接着斑（ヘミデスモソーム）
hemidesmosome

上皮細胞をその直下にある基底膜の細胞外マトリックス分子と結びつける斑状で比較的強固な結合である．形態的には，半切されたデスモソームのような構造であり，接着分子，細胞質側のプラーク状構造，中間径フィラメントの3要素からなる（図D-5）．接着分子は，**インテグリン**と呼ばれる膜貫通型タンパク質で，細胞外マトリックス分子と特異的な結合をする（次項のⅣ参照）．インテグリンの細胞質側ドメインは，プレクチンなどを含むプラーク状構造と連絡し，この構造にケラチンフィラメントが係留している．

焦点接着（フォーカルアドヒージョン）
focal adhesion

培養細胞とディッシュ面のマトリックス分子との間に形成される接着構造として焦点接触（focal contact）が見出されたが，現在は，培養下での接着構造と生体内でもみられる同様な構造とを合わせて焦点接着（フォーカルアドヒージョン）と呼ぶ[※1]．関係する接着分子は，ヘミデスモソームの場合と同様にインテグリン分子である．インテグリンには，タリン，α-アクチニン，ビンキュリンなどが結合し，さらにアクチンフィラメントが連なっており（図D-6），この点は接着帯の構造的な構成と類似性がある．

※1 フォーカルアドヒージョンはfocal adhesion plaque（焦点接着斑）と表記されることもあるが，本邦ではデスモソームやヘミデスモソームをそれぞれ接着斑，半接着斑と記載する場合が多いため，本書ではfocal adhesionを焦点接着もしくはフォーカルアドヒージョンと記載する．

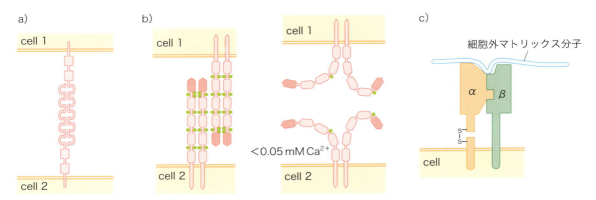

図 D-7 ● 接着分子の結合特性
a) 免疫グロブリンスーパーファミリーに属する接着分子によるホモフィリックな結合．
b) カドヘリンによるホモフィリックな結合（図左）．結合は Ca^{2+} 依存的であるため，その濃度が低い場合（図右）は結合しない．図中の●が Ca^{2+} を表す．
c) インテグリン分子と細胞外マトリックス分子との結合．結合の特性は，インテグリンの α，β サブユニットの組み合わせによって決まる．

IV 接着分子
adhesion molecule

前項までに，カドヘリンやクローディンが細胞間の接着分子として，また，インテグリンが細胞−マトリックス間の接着分子として登場した．これら以外にも，白血球の血管外遊走にかかわる内皮細胞表面のセレクチン，発生や形態形成などで細胞認識にかかわる免疫グロブリンスーパーファミリーの分子群，細胞膜結合型のプロテオグリカンなどが接着分子として機能している[※2]．免疫グロブリンスーパーファミリーには，N-CAM（neural cell adhesion molecule）をはじめ複数の接着分子が属し，**ホモフィリック**な（同一タイプの分子間での）結合もしくは**ヘテロフィリック**な（同一タイプでない分子間での）結合をするが，その結合能は，カドヘリンやインテグリンとは異なり，Ca^{2+} 依存的ではない（図D-7a）．

カドヘリン
cadherin

カドヘリンは接着帯やデスモソームの構成要素であるが，他のカドヘリン類似分子[※3]とともに生体内のほぼすべての細胞に存在し，発生過程では，細胞接着の最も中心的な役割を果たす．カドヘリンはホモフィリックな結合をするが，その**結合は Ca^{2+} 依存的である**[※4]（図D-7b）．また，カドヘリンと細胞質側のカテニンが関与する細胞内シグナルは，他のシグナル伝達系ともクロストークし[※5]，接着帯の形成や細胞の生存のためのシグナルとなっている．

インテグリン
integrin

インテグリンは α β 2つのサブユニットからなる分子で（図D-7c），ヘミデスモソームや焦点接着の構成要素であるばかりでなく，種々の細胞外マトリックスと特異的に結合できる分子だといえる．サブユニットにはそれぞれ複数のタイプがあり，組み合わ

※2 本書の構造タンパク質の項（3章G）で，接着性タンパク質として解説する分子は，インテグリンが認識・結合する細胞外マトリックス分子であり，接着分子とは異なる．

※3 定型的なカドヘリンおよびそれ以外の分子（例えばデスモソーム型のカドヘリンなど）をカドヘリンスーパーファミリーの分子として扱う．

※4 カドヘリンの発見は，竹市雅俊博士（京都大学，現・理化学研究所）による．カルシウム（calcium）と接着（adhesion）の意からカドヘリン（cadherin）と命名された．

※5 カドヘリン−カテニン系，ネクチン−アファディン系，さらに，インテグリンを介するシグナル伝達でのクロストークが知られる．

せによって結合の特異性が決まる．例えば，α1β1はコラーゲン，α6β4はラミニンと結合し[※6]，またその結合にはCa^{2+}など2価の陽イオンを要する．

マトリックス分子が結合すると，インテグリンの細胞質側ドメインにはタリン（talin）などが結合し，インテグリンの凝集やストレスファイバーの形成，また，FAK（focal adhesion kinase）やSrcなどのチロシンキナーゼの活性化によるシグナル伝達などが生じる．このシグナルは他のシグナル伝達系ともクロストークするため，マトリックス分子に接着していないと成長因子の存在下でも細胞が分裂・増殖できない現象（**足場依存性**：本章EⅢ参照）や，マトリックス分子との接着を失うとアポトーシスが誘導される現象などと深くかかわる．

> **まとめ**
> - 多細胞生物を構成している細胞の形や機能，ふるまいなどは，細胞間や細胞-マトリックス間の接着（や結合）によって制御される．
> - カドヘリンやインテグリンなど，種々の接着分子が存在するが，多くは膜貫通型タンパク質で，ホモフィリックあるいはヘテロフィリックな結合をする．
> - 接着分子は，細胞骨格，細胞外マトリックス分子などとともに結合装置を構成し，細胞内のシグナル伝達系とも共役している．

[※6] 数字はサブユニットの個数ではなくタイプを示す．インテグリン分子が認識・結合するマトリックス分子上のアミノ酸配列には一定の特徴がある（3章G-1 Ⅱ「接着性タンパク質」を参照）．なお，ラミニンというマトリックス分子側からα6β4をみれば，このインテグリン分子は細胞膜上の受容体ともいえるので，「α6β4インテグリンはラミニン受容体である」と表現されることも多い．

E 細胞周期とその調節
cell cycle & its regulation

細胞が分裂によってその数を増加させることはよく知られている．ヒトの場合，消化管の上皮細胞は1日に2回以上も分裂するが，肝細胞のように通常1～2年に1回しか分裂しない細胞もある．しかし，頻度がどのようであっても，分裂それ自体に要する時間は細胞の種類によってあまり違いはない．つまり，細胞は，分裂をしている時期（分裂期）と，その期間はさまざまであるが分裂をしていない時期（分裂間期）を繰り返しており，これが細胞周期と呼ばれる．分裂間期は，分裂と分裂の"間（あいだ）"というはなはだ中途半端で不名誉（!?）な名称となっているが，実はこの期間に，分裂に必要なお膳立てやチェックがなされ，また細胞は細胞本来の種々の機能を果たすのである．ちょうどスポーツ選手にとって，試合当日も重要であるが，試合までの長い日常の日々とトレーニングがより一層重要であるのと似ている．

概略図-E　真核細胞の標準的な細胞周期

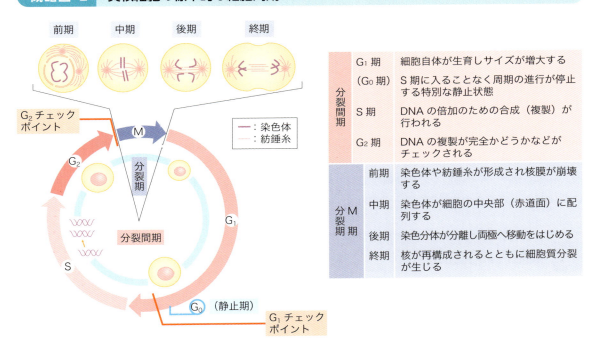

I 細胞周期の過程

概略図-Eで細胞周期を模式的に示した．M期[※1]はほぼ1時間程度であり，またS期とG_2期の合計は，哺乳類の細胞では多くの場合，約12～24時間である．したがって，一周期が細胞の種類によってさまざまである主な原因は，G_1期の長さの違いおよび特にG_0期と呼ばれる足踏み状態に入るかどうかという点にある．G_1期はもっぱら細胞の生育に要する期間である．もし細胞が十分に大きくならずして分裂が繰り返されれば，分裂のたびに細胞のサイズがどんどん小さくなってしまう[※2]．細胞が活発な分裂をせ

[※1] Mは有糸分裂を意味するmitosisの頭文字であり，S期およびG期は，それぞれsynthesis（合成），gap（合成期と分裂期との間の空白）の頭文字である．

[※2] 受精後約10回ほどの卵割と呼ばれるきわめて急速な細胞分裂では，G_1期が欠如したまま細胞周期が進行するため，生じる細胞がどんどん小さくなるが，これは特殊な事例である．

図E-1 ● 調節系分子複合体によるチェックポイントの通過

ず，もっぱら個体内での本来の役割を忠実に果たしているときは，細胞周期あるいは細胞分裂という意味では静止状態ということでG_0期と呼ばれ，ときとして数日から何年にもわたって続く．その顕著な例が，成体における神経細胞や骨格筋細胞で，これらはG_0期に入ったままの状態となり，分裂しない．

II 細胞周期調節系

　細胞周期は，周期の各段階が終了すれば自動的に次の段階に入るというものではなく，**サイクリン依存性タンパク質キナーゼ**（cyclin-dependent kinase：Cdk）および**サイクリン**と呼ばれる2つのグループのタンパク質による独立した調節系によってコントロールされている[※3]．

　サイクリンは細胞周期の経過とともに周期的に増減する分子で，これとCdkとの複合体（調節系分子複合体）は，細胞質内で一定量以上になると活性化され，細胞周期の次の段階で必要となる細胞質内のさまざまなタンパク質を直接あるいは間接的にリン酸化する（次頁コラム「リン酸化とは…？」参照）．つまり，この複合体の量がある閾値以上になること

によって細胞は，細胞周期の中でチェックポイントと呼ばれる"一時停止"の障壁を通過できるようになるのである（図E-1）．

　チェックポイントには，G_1期の後半にあってDNAの複製開始を調節するG_1チェックポイントと，G_2期からM期に入るところにあって有糸分裂の開始を調節するG_2チェックポイントなどいくつかが知られるが，ヒトを含む動物細胞では，G_1チェックポイントが重要であると考えられている[※4]．

III 調節系に影響を及ぼす機構

　Cdkやサイクリンによる細胞周期の調節系は，独立したいわば自律性のある制御系であるので，細胞周期の各過程が完了する前に次のステップに進めてしまう恐れがある．もしそうなると，細胞にとって致死的な影響や思わぬ変異が生じてしまう．このようなことのないように，また，ヒトを含む多細胞生物では特に，組織（同種の細胞の集団）や個体レベルで調和のとれた細胞周期が維持されるように，この中央制御系に影響を及ぼす機構が存在する．

負のフィードバック制御
negative feedback regulation

　細胞周期の調節系の暴走を防ぐために，細胞は種々の負のフィードバックを調節系へ送り，周期の進行をチェックポイントで阻止させる．例えば，細胞分裂時において，染色体を両極に引っ張るための微小管が染色体に付着したかどうかという問題に対して，付着が未完了ならば，「ま～だだよ～」といった意味の負のシグナル（フィードバック）を送るのである．「ま～だだよ～」のシグナルで明らかになっているものとして，例えば**p53タンパク質**がある．DNAが紫外線などの照射によって損傷を受け，これが十分に修復されていないと，細胞質中の

[※3] したがって，この調節系に異常があれば，例えば，DNAの複製が完了していないにもかかわらず細胞分裂に突入するといったことも起こりうる．

[※4] いまだ解明されていない点も多い哺乳類の細胞周期調節系では，7種以上のCdkおよび少なくとも6種類以上のサイクリンのうち，Cdk2-サイクリンE複合体が，G_1チェックポイント通過で重要な役割を果たすとみられる．

p53タンパク質量が上昇し，細胞周期のS期（DNAの複製期）への進行が阻止される．

成長因子
growth factor

培養細胞に添加すると増殖を促すタンパク質分子として見出された成長因子は，たくさんの種類があるが，代表的な成長因子ファミリーを表E-1に示す[※5]．特に哺乳類の細胞は，これらの成長因子が存在しないと，生育を休止しG_0期に入ってしまう．成長因子は10^{-9}～10^{-11}Mというきわめて低濃度で，細胞をG_0期から脱却させる．培養細胞も成体内の細胞も隣接する細胞と完全に接触するほどに増殖すると分裂しなくなる．この現象は従来，接触阻止（contact inhibition）と呼ばれていたが，現在では，増殖した多数の細胞による奪い合いの結果，局所の成長因子が枯渇するためと考えられている．

足場依存性
anchorage dependence

一部例外もあるが，脊椎動物の細胞の多くは一般に，どこかに接着していないと細胞分裂をはじめることができない．細胞が細胞外の構造と接着する部位（本章DⅢ参照）の細胞質側には，細胞骨格であるアクチンフィラメントなどが結合している．したがって，接着によって細胞骨格が組織化されること

表E-1 ● 代表的な成長因子ファミリー

PDGF	platelet-derived growth factor	血小板由来成長因子
EGF	epidermal cell growth factor	上皮細胞成長因子
FGF	fibroblast growth factor	線維芽細胞成長因子
IGF	insulin-like growth factor	インスリン様成長因子
TGF-β	transforming growth factor β	トランスフォーミング成長因子
NGF	nerve growth factor	神経成長因子
IL	interleukin	インターロイキン

が細胞周期の調節と密接にかかわっていると考えられる．

まとめ

- 細胞のライフサイクルとしての細胞周期は，分裂期（M期）と分裂間期（G_1，S，G_2期）からなる．
- 細胞周期は，サイクリン依存性タンパク質キナーゼおよびサイクリンによる独立した調節系によってコントロールされており，周期中にはチェックポイントと呼ばれる調節の要となる時期が複数ある．
- フィードバック制御，成長因子，細胞骨格の構成などの種々の要因が，細胞周期の調節系に影響を与え，多細胞性の個体内で調和のとれた細胞周期が維持されている．

Column　リン酸化とは…？

真核細胞では多くの場合，タンパク質にリン酸を付加したり（リン酸化），これを取り除いたり（脱リン酸化）することによってタンパク質の活性を調節している．付加されたリン酸残基には−（マイナス）の電荷が2個あるので，タンパク質がもともともっていた＋（プラス）電荷を帯びた部分を引きつけたりして，そのタンパク質の立体的な形が変化する（これをコンフォメーションの変化あるいはアロステリック転移などという）．その結果，そのタンパク質がもつ他の物質との結合特性が変化する．リン酸化は，キナーゼ（kinase）と呼ばれる酵素が，ATP分子からリン酸残基を対象となるタンパク質に移すことによって生じ，また逆の反応である脱リン酸化は，ホスファターゼ（phosphatase）という酵素がそのタンパク質からリン酸残基を奪うことによって生じる．哺乳類の細胞では約10％以上のタンパク質がリン酸化されているとみられる．

[※5] 当初，増殖因子と呼ばれた成長因子は，現在では，増殖促進の他にも，運動能亢進，基質合成亢進／抑制などさまざまな細胞機能に影響を及ぼすことがわかっている．また，機能的な視点に立てば，非タンパク質性のステロイドホルモンなども成長因子とみなせる．

F 細胞の死
cell death

　細胞は，放射線や有害物質などの物理化学的要因あるいはウイルスの感染などの病理的要因によって損傷を受け，壊死（ネクローシス）と呼ばれる状態に陥り死滅することがある．かつては細胞の死はすべてこうしたネクローシス（necrosis）によると考えられていた．しかし，やがて，遺伝子レベルで制御された生理的な細胞死の存在が認識され，1970年代初期には，ギリシア語のαπο（apo；剥がれて）とατοσισ（ptosis；落ちる）とからアポトーシス（apoptosis）という言葉が生み出された．細胞分裂（mitosis）との対比においてアポトーシス（あえて訳せば細胞自滅）という命名は，きわめて先見的で，以降，ネクローシスと一線を画する普遍的な細胞死の過程として，アポトーシスは，細胞増殖とともに，多細胞生物の細胞数バランスを調節するいわば正と負の両輪をなす機構だと考えられてきた．ところが，いまや細胞死の概念はさらに拡大している．

概略図-F　アポトーシスとネクローシスの過程の比較

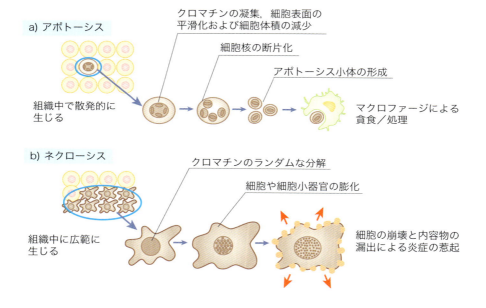

I アポトーシスとその他の細胞死

　遺伝子レベルで内在性にプログラムされた自滅命令にもとづくアポトーシスは，組織中の細胞で散発的に生じ，通常は数時間で終了するもので，概略図-Faのように経過する[※1]．一方，**外的な侵害性の要因によって細胞が受動的に崩壊するネクローシス**は，組織内の比較的広範な細胞集団に生じ，最終的に周辺組織に炎症を引き起こす過程である（概略図-Fb）．従来，アポトーシスとネクローシスとは，遺伝子レベルで制御された過程としての細胞死か否かという対立的な見方で捉えられてきた．けれども，アポトーシスに当てはまらない細胞死の存在や，現象的にはネクローシスだが遺伝子レベルでの制御を受ける細胞死も見出されてきた．これらはいずれも，

※1　細胞は，寿命が尽きた場合だけでなく，病気やケガであっても治る見込みがない程度に重篤であるならば，"自殺して静かに埋葬される"ことを好み，それが個体という細胞社会の秩序の維持にも適しているようである．

遺伝子レベルでプログラムされた細胞死（programmed cell death：PCD）としてのしくみをもつ．アポトーシスもPCDの1つのタイプで，これに，オートファジーをともなう細胞死，ネクロプトーシス型[※2]の細胞死も合わせ，少なくとも3タイプのPCDがある．

アポトーシス
apoptosis

アポトーシスを起こした細胞では，細胞内カルシウムイオン（Ca^{2+}）濃度の上昇やクロマチンのヌクレオソーム（4章C参照）単位での断片化が生じる．また，細胞表面の糖鎖構造が変化し，貪食細胞（マクロファージ）によって認識されやすくなるが，貪食される際にも細胞内容物が細胞外に漏れ出ず炎症性の反応は生じない．

オートファジー細胞死
autophagic cell death

オートファジーをともなう細胞死では，オートファジーの現象（本章B Ⅷ参照）が生じること自体が大きな特徴である．オートファジーは，細胞小器官や生体分子の新陳代謝や分解後の再利用を実現するが，栄養飢餓時には自食によって必要な分子を供給することで，細胞の生存を守るシステムとしてもはたらく．しかし，オートファジーの機構とカスパーゼによるアポトーシスの機構（Ⅲ）とにはクロストークがあるため，深刻な飢餓や行き過ぎたオートファジーでは細胞死が誘導される．

ネクロプトーシス
necroptosis

ネクロプトーシスは，アポトーシスを起こす刺激（例えばTNF[※3]）であっても，ネクローシスと同様な形態的変化が起きる細胞死である．ウイルスなどの外因や遺伝子変異による内的要因でカスパーゼによるアポトーシスの機構に障害が生じ，炎症反応を利用しつつも制御された細胞死である[※4]．

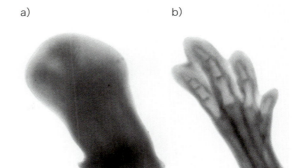

図F-1 ● 発生中のニワトリ胚肢芽先端部

Ⅱ アポトーシスによる細胞死の意義

アポトーシスによる細胞死が実際に種々の組織で果たす役割はさまざまであるが，個体が多数の細胞からなる1つの社会であるという見方をすれば，①細胞分裂とアポトーシスの協調によるバランスのとれた細胞数の維持，②不要となった細胞の選択的な除去，そして③細胞社会にとって好ましくない異常をきたした細胞の抹殺，などがアポトーシスの意義と考えられる．①と②ではアポトーシスが細胞社会の制御系として，③では細胞社会の防御系として機能しているとみなせる．以下，これらの代表的な事例を示す．

変態および形態形成
metamorphosis & morphogenesis

オタマジャクシが成体のカエルに変態を遂げるときに，最も顕著なのは，尾の消失と手足の出現である．尾は骨や筋肉，神経，血管など多彩な組織からなるが，これらを構成する細胞はすべて，約10日弱程という非常に短い期間中に，アポトーシスによる細胞死によって抹殺される．手足の出現がもっぱら細胞の増殖と分化[※5]によることは容易に想像できるが，実はここでもアポトーシスが重要なはたらきを

[※2] アポトーシスの概念が提唱された頃（1970年代初期），すでにプログラム細胞死やネクローシスの概念はあった．しかし，プログラムされたネクローシス，すなわちネクロプトーシスという概念はデグテレヴ（Degterev）らによって2005年頃に生まれた．

[※3] 腫瘍壊死因子と呼ぶ．サイトカインの1つである．詳しくは3章E Ⅰおよびその脚注を参照．

[※4] 外的な要因による細胞死が必ずネクローシスということではない．放射線などによる損傷やウイルスの感染などであっても，可能であるならば，細胞内の自律的な機構が呼び出され，細胞は自らに自滅命令を下すとされる．

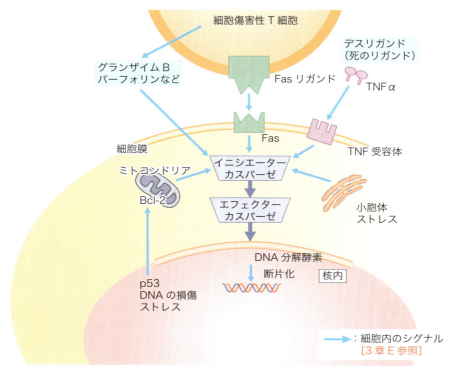

図F-2 ● アポトーシスの機構の概要

している．カエルに限らず脊椎動物の手足の先端部は初期には"うちわ"のような形態をしているが（図F-1a），指と指の間の部分の細胞がアポトーシスによって死滅することで，指が形成される（図F-1b）．また，そうした指間部の細胞が完全には死滅しないように遺伝的に制御されている場合は"みずかき"が形成されると考えられている．

自己反応性Tリンパ球の除去
deletion of autoreactive T cells

免疫系の細胞，例えばTリンパ球（T細胞）は，その個体以外に由来する分子を認識して排除しようとするが，実は，発生過程ではその個体の分子を認識するT細胞も生じる．ところが，こうした自己反応性のT細胞は，発生の初期に胸腺と呼ばれる器官でアポトーシスの機構によって選択的に消去される

のである（ネガティブ選択）．万一，これら自己反応性T細胞が消去されないと，自らの分子をよそ者と誤認してしまい自己免疫疾患と総称されるさまざまな病変が発生することになる．

DNA修復に失敗した細胞の除去
deletion of cells with DNA damage

遺伝情報としてのDNAの塩基配列は，分裂に先だつ複製過程あるいは紫外線などの影響で，誤りが発生したり損傷を受けることがある．細胞はこれらをDNAの修復機構（6章A II 参照）によって正そうとする．しかし，そうした修復に失敗したり，誤りや損傷の程度がはなはだしくて，完全な修復が望めない場合は，問題の細胞は自らにアポトーシスの指令を出す．がん化の可能性もあるような異常な遺伝子をもつ細胞には自爆していただき，将来にわたって禍根を残す恐れのないようにしましょうというしくみであると考えられる．種の保存という観点からも，ただむやみに修復しようとするよりも，より安全な方法である．

※5 発生過程での細胞分裂によって次々に生じる細胞集団は，ある時点でその後の発生学的な運命が決定された（determined）状態になり，さらにその決定に沿った特殊化した性質が形態的・機能的に顕著になることを細胞分化（cell differentiation）という．

III アポトーシスの機構

アポトーシスの機構には不明な点もあるが，その概要は図F-2のようであると考えられている．**カスパーゼ（caspase）**[※6]という一連のプロテアーゼが順次活性化され，これがアポトーシスを惹起するシグナル伝達経路の根幹をなす．カスパーゼ非依存性の経路も知られるが，カスパーゼは線虫[※7]から哺乳類に至るまで広く存在し，ヒトでは10数種が知られる．アポトーシス誘導の初期（＝カスケードの上流）にかかわるCaspase-8などのイニシエーターカスパーゼ群と，アポトーシスの実行段階にかかわるCaspase-3などのエフェクターカスパーゼ群とに大別できる．

細胞外因子がイニシエーターカスパーゼを直接活性化することもあるが，①細胞膜上のFasやTNF受容体への**死のリガンド**（FasリガンドあるいはTNFα）の結合，②パーフォリンによってあいた細胞膜の穴から送り込まれるグランザイムB，③細胞内Ca^{2+}濃度や糖の代謝異常，異常なタンパク質の蓄積などによる**小胞体ストレス**，④DNAに損傷があってこれが修復できない場合のp53による誘導などで[※8]，カスパーゼは活性化される．DNA損傷に起因する場合，ミトコンドリアのBcl-2が関与する制御が加わるため，ミトコンドリアがアポトーシスの司令塔であると表現されることがある．カスパーゼの活性化後，最終的にはDNAやタンパク質の分解酵素によって，**DNA断片化**をはじめとするアポトーシスに特徴的な変化が生じる．細胞の断片化によって生じた**アポトーシス小体**の処理過程では，膜タンパク質や膜表面の糖鎖構造が変化し，細胞内容物の漏出を防ぎ，炎症反応を回避したり，マクロファージから認識されやすくなったりする．

まとめ

- アポトーシス，オートファジーをともなう細胞死，ネクロプトーシスは，プログラム細胞死（PCD）として扱われる．
- アポトーシスは，遺伝子レベルで制御された細胞死を引き起こす過程として，多細胞生物を構成する細胞に普遍的にみられ，アポトーシスと対照的な細胞の死が壊死（ネクローシス）である．
- アポトーシスは，細胞分裂と協調して適正な細胞数を維持したり，不要になった細胞を除去したりする細胞社会の制御系として，あるいは，異常をきたした細胞の抹殺といった細胞社会の防御系として機能している．
- 細胞内外からの誘導で惹起するカスパーゼによるシグナル伝達を根幹とするアポトーシスの機構は，細胞増殖のシグナル伝達とも深くかかわることから，細胞の生と死は，細胞の生理的かつ基本的な２つの側面といえる．

[※6] カスパーゼは，活性部位にシステイン（<u>c</u>ysteine）残基のあるプロテアーゼ（prote<u>ase</u>）群で，<u>アスパラギン酸</u>（<u>asp</u>artic acid）を指標に基質となるタンパク質を分解する．それぞれの名称の下線部を組み合わせて（c-asp-ase），カスパーゼと呼ばれている．

[※7] アポトーシスにかかわるシグナル経路は線虫を用いた研究によって明らかにされた．この功績によって，イギリスのブレナー（Brenner），サルストン（Sulston），アメリカのホロビッツ（Horvitz）らは2002年にノーベル生理学・医学賞を受賞している．

[※8] p53は細胞周期の項（本章EⅢ「負のフィードバック制御」参照）でも触れたように，チェックポイント関連タンパク質としてS期への進行，すなわち細胞の分裂・増殖を阻止するが，同時に，ある条件下ではアポトーシスを積極的に引き起こす．

G 組織の維持・再生と幹細胞
tissue maintenance, regeneration & stem cells

私たちのからだは，全能性（totipotent）をもつたった1つの受精卵が分裂を繰り返して生み出した200種以上，総数37〜70兆個もの細胞からなる組織で構成されている．受精卵からの発生過程では，分裂による細胞数の増加だけでなく，担うべき役割に応じた細胞へと機能的・形態的に特殊化する現象"分化（differentiation）"が生じる．こうした細胞分化は，実際には，複数回にわたって段階的に生じ，ついには終末分化を遂げた状態に至る．分化の各ステップをのぼると，細胞は通常その過程を後戻り（脱分化；dedifferentiation）することができない．個々の細胞には寿命が存在し，可能な分裂回数にも上限がある．寿命をまっとうすることなく，個体レベルでの内的・外的な要因で細胞が失われることもある．こうした状況に対応するため，成体の各組織中には分化する余地を種々の程度で保ったままの細胞（幹細胞；stem cell）が温存されている．幹細胞の存在は，細胞の更新による組織の維持，あるいは，損傷したり失われたりした組織の修復において，きわめて重要であるが，いまや私たちは，生体から取り出した幹細胞を操作したり，人為的な脱分化によって多能性幹細胞を調製する技術も手にしている．

概略図-G　受精卵からの発生と分化

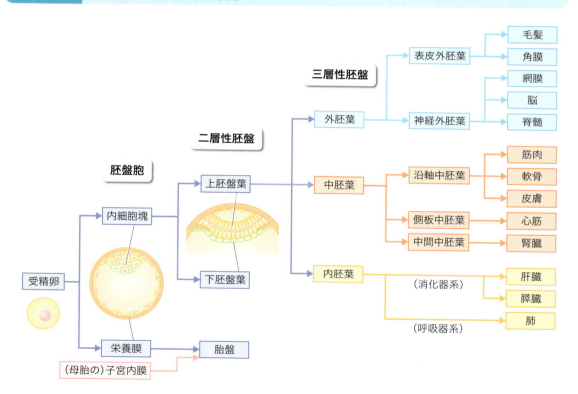

I 幹細胞の概念

私たちのからだを構成している細胞は，分化のステップを何段ものぼってきているが（概略図-G），そのたびに，分化の方向性はより定まり，多様な細胞になりうる能力はしだいに制限される．**幹細胞**は，終末分化を遂げていない細胞で，未分化性を維持する**自己複製能**と**無限増殖能**をもつ細胞である．どれほどの分化能を有しているかは，①**全能性**，②**多能性**，③**多分化能**，④**単能性**などという言葉で表現される．

全能性
totipotency

全能性とは，からだのすべて，つまりは胎児〔あるいはその前段の胚（子）〕とそれを養う胎盤の栄養膜をも形成できる能力で，受精卵がこれを保持している[※1]．

多能性
pluripotency

多能性とは，三層性胚盤を構成する3つの胚葉それぞれに由来する細胞のどれにもなりうる能力で，初期胚の内細胞塊の細胞がこれを保持している（概略図-G）．この内細胞塊から取り出し，その未分化性を保ったまま培養下で増やし樹立した細胞が**胚性幹細胞**（embryonic stem cell：ES細胞）であり，これも多能性を有している．言い換えれば，成体のどのような細胞も，ES細胞から生み出せることになる[※2]．

多分化能
multipotency

多分化能とは，より分化の方向性が限定されながらも（多くは単一の胚葉に由来する）複数種の細胞になりうる能力である．出生後も組織中に長く温存される幹細胞はこの能力を保持していると考えられる．これらは，組織幹細胞，体性幹細胞，成体幹細胞

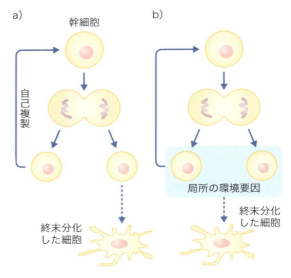

図G-1 ● 幹細胞の非対称分裂
幹細胞の非対称分裂は，本来，未分化性を保持した娘細胞と，分化が進行する娘細胞とが分裂によって決まる（a）．しかし，未分化性を保持した娘細胞が2つ生じた後に，局所の環境要因によって分化する細胞が決まる（いわば結果的な）非対称分裂（b）が，組織幹細胞による組織の維持や修復の過程では生じている．

などと呼ばれ，分化の方向性からは，例えば造血幹細胞，間葉系幹細胞，分布領域からは，骨髄由来の幹細胞，表皮の幹細胞などといった表現がなされる[※3]．

単能性
unipotency

単能性とは，分化の方向性が一方向に定まった幹細胞が示す性質である．単能性幹細胞は，広義に前駆細胞と表現されることがあるが，自己複製能と無限増殖能（後述）をもつ点において前駆細胞とは異なる．

未分化性の維持
retaining in undifferentiated state

分化能（前述）とともに，幹細胞を特徴づける"自己複製能"は，細胞分裂によって生じる娘細胞の少なくとも一方が，親細胞と同じレベルの未分化状態

[※1] 受精卵の卵割によって生じる初期の細胞も全能性を保持する．そうであるからこそ，一卵性の双子が生まれうる．

[※2] 山中伸弥博士によるiPS細胞も，人工多能性幹細胞（induced pluripotent stem cell）という命名が示すとおり，多能性を有する．

[※3] 幹細胞の概念が確立されるはるか以前から，成体の結合組織中に胎生期と同様な未分化状態に留まった細胞が存在することは認知されており，未分化間葉細胞などと呼ばれていた．なお，骨髄由来の間葉系幹細胞は，多能性ともいうべき分化能を示すことが知られる．

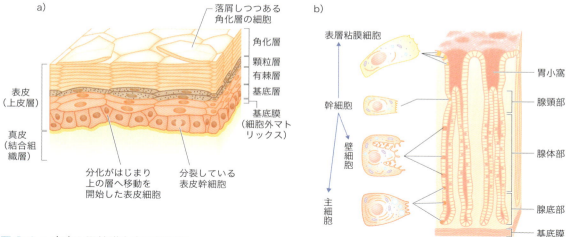

図G-2 ● 表皮と胃粘膜上皮の幹細胞
表皮は基底層に幹細胞があり，分裂後に分化が開始すると，表皮細胞は順次，有棘層，顆粒層，角化層へ移動し，ついには落屑する（a）．胃粘膜上皮では，胃小窩の底に開口する胃腺の腺頸部に幹細胞があり，分裂後，表層へ移動して粘液細胞に分化するもの，胃腺内を下降して胃酸を産生する壁細胞や消化酵素を分泌する主細胞などに分化するものがある（b）．

に留まるという特性である．すなわち，幹細胞は，実質的もしくは結果的に**非対称分裂**を行いうることで，未分化性の維持とさまざまな分化細胞の産生という使命を両立させている（図G-1）．必ず非対称分裂をするのではないため，娘細胞2つが未分化状態に留まればその幹細胞集団は増大し，いずれもが分化を遂げれば当初の幹細胞集団は消失することになる．しかし，実際には，これらのバランスが図られることで，そのとき，その組織で求められる未分化性の維持と必要な細胞の産生・供給とが達せられる．

II 細胞寿命と組織の維持

からだの外表面を覆う表皮の細胞は15〜30日ほどで，赤血球は約120日で寿命を終える．腸の上皮の寿命は非常に短く3〜5日ほどで上皮層から脱落し，1日あたりの脱落総量は300gほどにもなるとされる．したがって，こうした減少分に見合う増殖が生じることが，私たちのからだや組織の維持にはどうしても必要となる．また，生理的な過程以外の，外的・病的な原因による細胞喪失においても，それを修復する（再生させる）ための細胞供給が不可欠である．

細胞周期（本章E参照）に沿った増殖サイクルに入ることで，細胞は分裂してその数を増すが，成体においては絶えず増殖しているわけではなく，終末分化[※4]を遂げた細胞の多くは，細胞周期の静止期（G_0期）に入っている．けれども，これらは，必要に応じて増殖サイクルに再び復帰して，組織の維持や損傷の修復のための細胞を生み出す．つまり，すでに分化した細胞の増殖によって組織の維持や修復を行うしくみであり，肝細胞や膵島の内分泌細胞では，こうした細胞増殖や組織の再生がみられる[※5]．一方，未分化状態で組織中に留まっている組織幹細胞から，必要な細胞を新たに供給することで実現している組織の維持や修復も存在する．表皮，腸管上皮，血球系などいくつかの組織では，こうした恒常的・生理的な組織の維持がよく調べられている（図G-2）．しかし，組織幹細胞の増殖活性は一般にはさほど高くはなく，組織中に温存された幹細胞の数も，大規模な損傷に対応できるほどには多くない[※6]．

[※4] 終末分化とは，分化のステップをのぼりつめ，もはや他の細胞種に変化する可能性を失った状態をいう．

[※5] 静止期（G_0期）からの復帰には，成長因子やホルモンなどの作用が必要とされる．ただし，神経細胞や心筋細胞などでは，G_0期からの復帰が生じないため，例えば脳梗塞や心筋梗塞などで，これらの細胞が失われるとその影響は甚大となる．逆に，がん細胞では，G_0期に入ることができずに増殖サイクルが常に回転している状況が生じている．

1章 ● 生命の単位 —細胞— G

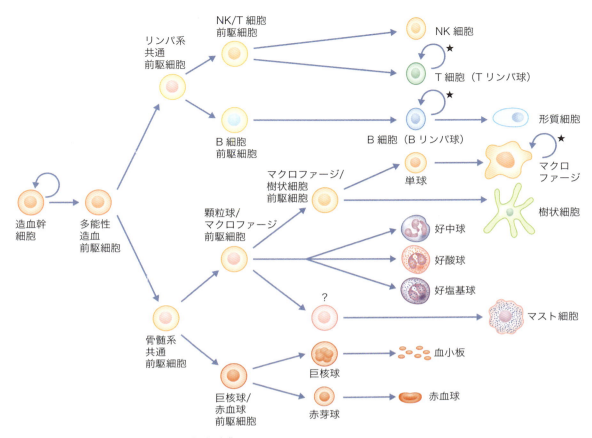

図 G-3 ● 骨髄の造血幹細胞からの血球形成
左端の造血幹細胞に付した回帰矢印は自己複製をあらわす．他の矢印はTACがとりうる分化の方向性で，終末分化を遂げた右端の細胞に付した★印は，その細胞が増殖可能であることを示す．なお，T細胞（Tリンパ球）を除いて，血球は，分化後に骨髄を出て末梢血に入る．T細胞は，その前駆細胞が血行性に胸腺（thymus）に到達し，そこで分化・成熟する．

テロメア
telomere

組織幹細胞は，その多分化能によって複数の細胞種を供給することが可能であり，また，幹細胞には分裂回数の制限がない．細胞が分裂可能な上限回数（ヘイフリック限界）を規定しているのは，**テロメア**である．テロメアは，染色体の両末端にある遺伝情報をもたない約10,000塩基対分のDNAであり，細胞分裂のたびに短縮する[※7]．この短縮がある限界（元の半分ほど）に至ると細胞は分裂できなくなる．したがって，テロメアの長さは，分裂可能な残り回数あるいは細胞老化の度合いを示す尺度ともいえる．この短縮分のDNAを延長・回復させることのできる酵素が**テロメラーゼ**（telomerase）である[※8]．しかし，この酵素が発現しているのは，生殖細胞，幹細胞，あるいはがん細胞などであり，ヒトの一般体細胞には発現していない．

[※6] 心筋細胞，網膜視細胞などは，G_0期からの復帰が可能でないばかりか，これらの細胞に分化する組織幹細胞の存在も見出されていない．このため，人為的に調製した細胞で再生を図る治療法の確立が急がれている．

[※7] 細胞分裂に先だつDNAの複製で，ラギング鎖では岡崎フラグメントをつなぎ合わせる方式で複製がなされるため（4章BⅢ参照），複製が繰り返されるたびに複製が進む前方3′側から50〜100塩基ほどずつ短縮してしまう．

[※8] テロメア・テロメラーゼのしくみを発見した功績で，エリザベス・ブラックバーン，キャロル・グレイダー，ジャック・ゾスタックが2009年のノーベル生理学・医学賞を受賞している．

III 分化の階層性

発生中の胚や成体組織に存在する幹細胞には，分化能という観点から，一定の階層性がみられる（概略図-G）．しかし，実際に多様な細胞が生み出される過程をあらわすには，幹細胞の階層性のみでは不十分で，TAC（transient amplifying cell；TA細胞，前駆細胞）も含めた分化の階層性を示す必要がある．図G-3は，組織幹細胞の1つとされる造血幹細胞を頂点（図の左端）とした血球の形成過程を示す細胞系譜図である．この図で，自己複製能を有する幹細胞は，図の左端に描かれた造血幹細胞のみで，骨髄の細胞の約5～10万個に1つほどの割合でしか存在していない．造血幹細胞より右方の細胞はTACで，それらが終末分化に至ると右端に描かれた血球や細胞となる．

TACは，幹細胞の非対称分裂によって生じ，分化が進行する細胞であって，もはや未分化性を保持する幹細胞ではない．したがって，分裂回数にも限界があるが，幹細胞よりも分裂活性は高い[※9]．図G-3では，次々と分化が進行し，分裂によって分化の方向性が等しく二分，三分するかのような印象を与えるかもしれない．しかし，実際，TACは活発な分裂によって，その名称が示すように細胞数を著しく増幅（amplify）させる（図G-4）．血球や細胞も，恒常的に定まった割合で生み出されるのではなく，骨髄間質細胞などからのシグナル，局所の環境因子やアポトーシスなどに応じて調整される．終末分化を遂げた血球や細胞に分裂活性はなく（例外：T細胞，B細胞，マクロファージ），それぞれ一定の細胞寿命をもつ．

IV 脱分化とリプログラミング

分化のステップをのぼると，細胞は通常その過程

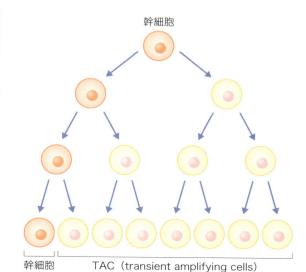

図G-4 ● TACによる細胞増幅

を後戻り（脱分化）することができない[※10]．確かに，分化によって機能的・形態的な変化は生じている．しかし，細胞個々のゲノムや遺伝子の情報は，当初の受精卵と同じで何ら変化してはいないのである[※11]．このため，分化が進行した体細胞でも，何らかの方法で遺伝子発現の制御状態を巻き戻したり，リセットすることが可能だと考えられてきた．そして，実際に，体細胞から取り出した細胞核を，あらかじめ脱核しておいた卵子に移植することで，クローン動物が作製され（4章D Ⅵ 参照），体細胞核のリプログラミングによって全能性をとり戻すことができると判明した．

iPS細胞
induced pluripotent stem cell

こうしたリプログラミング（初期化）を可能にする最少の転写制御因子をコードする遺伝子セットがOct3/4，Sox2，Klf4，c-Mycであることを解明し，体細胞へこれらを導入することでiPS細胞を作製したのが，山中伸弥博士である．それゆえ，このOSKM

[※9] 幹細胞の分裂頻度がきわめて低いのは，DNAの複製が繰り返される過程で変異が生じる可能性を最大限回避したいがためと理解されている．

[※10] 脂肪組織には多分化能をもつ間質細胞（adipose stromal cell：ASC）の存在が知られるが，成熟脂肪細胞が脱分化すること，また，その脱分化脂肪細胞が分化誘導によって骨や軟骨の形成細胞に再分化することもわかっている．

[※11] よく知られている事実だが，細胞の分化にともなって免疫グロブリン遺伝子で生じる再構成は，唯一の例外といえる．

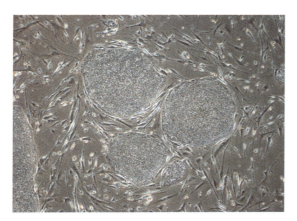

図G-5 ● 歯髄由来iPS細胞の培養下コロニー
3つの丸いパンケーキのような部位が，iPS細胞のクローンが増殖して集団をなしているコロニー（日本大学歯学部解剖学第Ⅱ講座・鳥海拓博士提供）．

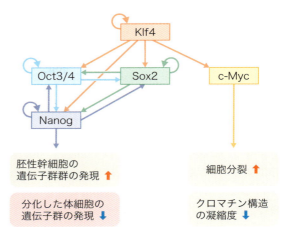

図G-6 ● 山中因子による体細胞のリプログラミング
リプログラミング時のOct3/4, Sox2, Klf4, c-Mycの4因子と未分化性マーカーのNanogのはたらきの概要を表す．

因子は，山中因子とも呼ばれる．その後，c-Mycが必須ではないと判明し，これを除いて山中3因子と表現することがある．iPS細胞（図G-5）は，マスメディアなどでは，しばしば万能細胞と表現されるが，山中の3因子もしくは4因子によって初期化を人為的に誘導した（induced）細胞から生じ，胚性幹細胞（ES細胞）と同等な多能性（pluripotentな分化能）をもつ幹細胞である．iPS細胞は，卵子への体細胞核移植で生じるリプログラミングと比べて明らかに"最少"の因子だけで作出され，樹立効率は多くの場合1％以下に留まる．けれども，iPS細胞については，研究使用や医療応用に用いるうえでES細胞が抱えるような倫理的な課題は著しく軽微である[※12]．

iPS化の機構
mechanism of inducing iPS cells

iPS化をしようとする体細胞で人為的に山中因子を発現させると（図G-6），C-MYCは，凝縮したクロマチン構造を緩ませ，他3つのマスター転写制御

> **Column** 幹細胞と再生医療
>
> プラナリアやイモリがもつ驚くほどの再生能はよく知られている．私たち，ヒトの再生能はきわめて限定的だが，手足の傷口，荒れた胃粘膜の再生などを目にしたり実感することは少なくない．再生のしくみやそれを担う細胞の特性が次々と明らかになり，いまや私たちは，本章の概略図-Gの右端に並ぶ組織や臓器の細胞の多くを，組織幹細胞あるいはiPS細胞からつくり出せるようになった．それらを使った再生医療の展開も目前である．ただし，それはプラナリアやイモリの再生と同じにみるべきではない．自らに由来する細胞に再生を託す場合，再生が必要になった病態の原因である遺伝子変異に対処した細胞を用意する（7章Ⅳ参照）などという革新的な治療も検討されている．一方，iPS細胞のストックプロジェクトも進められている．これは，骨髄バンクのように非自己ながら組織適合性の観点から十分に許容できるiPS細胞移植を現実のものとし，同時にあらかじめ徹底的な安全性の追求が可能でコスト的にも妥当な医療を提供する方策だと考えられている．

※12 ES細胞は，初期胚の内細胞塊をとり出し，培養下で増殖させた胚性幹細胞であり，もし母胎からとり出すことなく発生させていれば，やがては出生，誕生する個体をなす細胞である．もちろん，iPS細胞からヒトクローンを作製するなどとなれば，iPS細胞とて，別の観点からの倫理的な問題は生じる．

因子OCT3/4, SOX2, KLF4は, ゲノム中に多数存在するそれぞれの結合部に（内因性の3因子とも協調して）結合する. これら転写制御因子の発現は, ポジティブフィードバックによって増幅し, 他の関連遺伝子を活性化もしくは抑制し, やがてはゲノム全体のヒストン修飾, DNAのメチル化, クロマチン凝縮や組織化を変化させ, 内因性のOct 3/4がオンとなって, 細胞の分化マーカーの発現低下, 胚性未分化マーカーの発現上昇, ついには, 内因性のOct 3/4, Sox2, Klf4の作用による自律的な未分化性が獲得される.

まとめ

- ES細胞は多能性のある幹細胞であり, また, 多分化能を保持した組織幹細胞が成体組織にも存在している.
- 組織の恒常的な維持や再生には, 増殖能の面でテロメア短縮による制約のない幹細胞がかかわっている.
- 細胞の分化はいくつものステップを経て多様な細胞を生む方向に進行し, 終末分化を遂げた細胞が脱分化をすることは原則としてない.
- 生体内では生じないものの, 終末分化した細胞に, Oct3/4, Sox2, Klf4, c-Mycを人為的に導入, 発現させることで多分化能を示すiPS細胞を作製することが可能となった.

第1部　生体の構成要素

2章　細胞の化学成分

chemical composition of cells

　私たちの身の周りにあるすべての物体は元素からなっている．動物や植物などの生物も元素の集合体であり，地球を構成している元素（無機界）の一部が生物体になり，生物が営むさまざまな物質代謝や死によって再び無機界に戻ることを繰り返している．概略図は，地殻と人体を構成する元素の割合を示したものである．生物体には，生物に特有な有機化合物が含まれており，地殻とは異なった元素組成をもっている．

　元素は，原子のままの形で細胞をつくっているわけではなく，いろいろと結びついて化合物やイオンとなって存在している．これらを生体分子あるいは生体物質という．生体分子には，水などの無機質やタンパク質の他，核酸，脂質，糖質などがあり，細胞中には概略図cの割合で含まれている．

概略図　地殻と人体を構成する主要元素の割合とヒト細胞の化学成分（重量％）

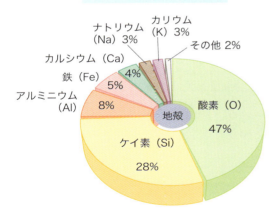

a）地殻を構成する主要元素

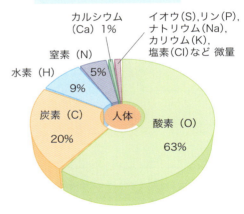

b）人体を構成する主要元素

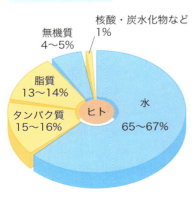

c）細胞の化学成分

A 無機質 ―生命現象の潤滑剤―
mineral

人体は約60種の元素によって構成されている．これらの元素のうち，C，H，O，Nの4元素を除いたものと水を無機質という．人体を構成する主な無機質は約40種類ある．無機質は骨や歯のような硬組織の成分であるとともに，細胞の内外には，Na，K，CaおよびMgなどのさまざまな無機質がイオンの形で水に溶けており，生体の機能調節に重要な役割を果たしている．また無機質は，酵素タンパク質と結合して生体内で起こる化学反応を活性化したり，ペプチドホルモンと結合して生命活動の調節などを行っている．

概略図-A　周期表（第4周期まで）

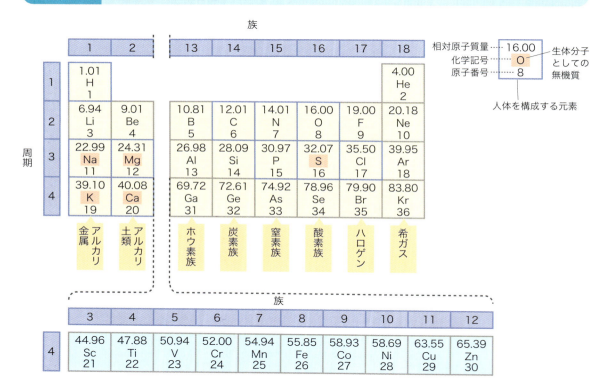

I 水 ―生命現象を支える媒体―

原形質（核と細胞質）をつくる化学成分のなかで最も多く含まれるのが水である．水は，タンパク質のような大きな有機物からイオンになった塩類まで広い範囲の物質を溶かすきわめて優れた溶媒である．このように，細胞内の多くの物質は水に溶けており，それらが互いに反応して物質代謝（生命現象）が進められる．生体中の水分量が体重に占める割合は約60％であり，そのうち60％が細胞内液，40％が細胞外液として存在する．

水分の供給は，飲食物によって行われる他に代謝によって生成する代謝水がある．一方，老廃物を排泄するために尿として約1,500 mL/日，また無意識のうちに肺や皮膚より約900 mL/日が失われている．

また，水は比熱が大きいため，温まりにくく冷めにくい．したがって，水分が60％を占める生体は体

内の温度の急変が防がれ，外の温度変化に対して恒温状態が保たれやすいしくみになり，生体内の化学反応が一定の状態で進行できる．

Ⅱ 主な無機質

ナトリウムとカリウム
sodium (Na) & potassium (K)

Naは，**細胞外液**の浸透圧や酸・塩基平衡の調節にかかわる．また，細胞内外のNa^+（ナトリウムイオン）チャネルを介するNa^+の流入が急激な電位差をつくることにより，神経や筋肉の興奮性の維持にもかかわっている．一方，Kは，**細胞内液**の浸透圧や酸・塩基平衡の調節に，また，Na^+と拮抗して神経や筋肉の興奮性の維持にもかかわっている．

神経や筋肉の興奮にともなう膜電位の変化によって細胞内に流入したNa^+と細胞外に流出したK^+（カリウムイオン）は，Na^+-K^+ポンプ，すなわちATPなどのエネルギーを利用して流入したNa^+を細胞外に汲み出すとともに，流出したK^+を細胞内に汲み込み，恒常性を維持している（図A-1）．

食品に含まれるNaのほとんどは，食塩である塩化ナトリウムとして摂取している．Naが欠乏すると，低ナトリウム血症を起こすことがある．低ナトリウム血症は，血液中のNa^+量が急激な下痢や嘔吐あるいは発汗で減少しているときに水分量が過剰に増えると起こる．重症になると，意識障害や心臓の異常をきたすことがある．一方，慢性的なNaの過剰摂取は高血圧の要因となる（下のコラム「食塩の

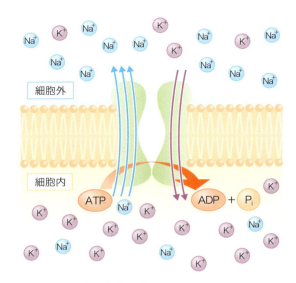

図A-1 ● Na^+-K^+ポンプ

過剰摂取と高血圧」参照）．また，急性疾患としては，血液中のNa^+量が増加し，口渇を主症状とする高ナトリウム血症を起こすことがある．

Kは，さつまいも，アボカド，ヨーグルト，ほうれんそうなどの食品に多く含まれている．通常の食事でKが欠乏することは少ないが，偏った食生活によりカリウム欠乏症が起こることがある．また，多量の発汗により低カリウム血症になると，脱力感や食欲不振などの症状がみられる．一方，腎機能が低下しているときにサプリメントなどで多量にKを摂取すると，筋力低下や不整脈などの高カリウム血症の症状が現れることがある．

> **Column 食塩の過剰摂取と高血圧**
>
> 「日本人の食事摂取基準（2025年版）」では，栄養素としての無機質は多量ミネラル（Na，Ca他3種）と微量ミネラル（Fe，Zn他6種）に分類されている．このなかで血圧上昇に最も関連するのはNaである．日本人は，欧米人よりも食塩（NaCl）の摂取量が多い（目標量：18歳以上男性7.5 g/日未満，18歳以上女性6.5 g/日未満）．日本人の食塩嗜好は，味噌汁や漬け物など日本独自の食生活と関連が深い．食塩の過剰摂取が高血圧となる要因には，体内の電解質調節システムがかかわっている．細胞外液の電解質濃度は厳密に保たれており，その濃度が高くなると飲水行動が促され，腎では水分の再吸収が促進される．つまり，食塩の過剰摂取により血中Na^+濃度の上昇が続くと，細胞外液すなわち体液の量が増加して高血圧をきたす．

カルシウム
calcium (Ca)

Caは，リン酸カルシウムの結晶を形成して骨や歯の構築とその物理的強度の維持にかかわっている．Ca^{2+}（カルシウムイオン）としては，筋肉や神経の機能維持，血液凝固，酵素の活性化剤として作用し，細胞内ではcAMPとともに細胞内情報伝達の調節因子としても作用する．

血清中のCa^{2+}濃度は約 10 mg/dL（2.5 mM）に維持されており，骨，小腸，腎臓の3つの臓器と副甲状腺ホルモン（PTH），カルシトニン，活性型ビタミンD〔$1,25(OH)_2D_3$〕の3つの因子によってその恒常性が維持されている（血中Ca^{2+}濃度の調節機構は，3章G-2 II 参照）．

Caは，牛乳，チーズ，干しえび，しらす干し，ひじき，小松菜，玄米などの食品に含まれる．Caが欠乏すると，骨密度低下，骨粗しょう症，くる病，低カルシウム血症（情緒不安定，認知障害，うつなどの脳神経や心因性の症状）などを起こすことがある．一方，Caを過剰に摂取すると，高カルシウム血症となり腎結石や腎尿細管結石を起こすことがある．泌尿器系の結石は，Caとシュウ酸を多く含む食品や食物繊維を同時に大量に摂取するとできやすい．

リン
phosphoric (P)

Pは単体としてではなく，主に有機リン酸化合物の形で多彩な役割を果たしている．リン脂質やリンタンパク質の構成成分として細胞膜を形成したり，ヌクレオチド・核酸の構成成分，NADやNADPなどの補酵素の構成成分となっている．また，ATPやクレアチンリン酸などの高エネルギー化合物としてエネルギー代謝にも関与している．

Pは，魚介類や乳製品などのさまざまな食品に含まれるため，通常の食事で不足することはない．むしろ，食品添加物や清涼飲料水などの酸味の元として多用されているため，取り過ぎが問題となる．Pを過剰摂取すると，骨からCaが放出され，骨のCa量が減少する．また，肉食に偏った食事をしている人は，Caとのバランスが悪く，Pを取り過ぎている可能性がある．

マグネシウム
magnesium (Mg)

Mgは，リン酸マグネシウムとして骨や歯の形成にかかわったり，神経，筋肉の機能維持（興奮の抑制），細胞構造の維持，また，リン酸転移酵素や各種のホスファターゼの補助因子あるいは活性化剤として作用する．

Mgは，豆腐や天然塩などに含まれるにがりに微量含まれる．Mgが欠乏すると高血圧や心臓病などの生活習慣病，けいれん，抑うつ感のような精神的な症状を引き起こすことがある．一方，過剰に摂取すると，高マグネシウム血症を引き起こすことがある．重篤な腎不全患者における大量摂取は特に危険である．

鉄
iron (Fe)

体内のFeの約73％は赤血球のヘム色素（ヘモグロビン鉄）として，約3％は筋肉中にミオグロビン鉄として，残りの大部分はFeとタンパク質の複合体であるフェリチンの形で腸粘膜，肝臓，脾臓などに貯蔵されている．また，微量のFeは，生体内酸化還

> **Column** 筋肉におけるCa^{2+}とMg^{2+}の関係
>
> 筋肉の細胞は，Ca^{2+}が細胞内に入ることによって収縮し，細胞外に出ることによって弛緩する．Mg^{2+}（マグネシウムイオン）は，筋肉の弛緩に深く関与しており，骨格筋では，Mg^{2+}が不足すると，筋肉がつったり，けいれんが起こったりする．また，血管周囲の筋細胞（平滑筋）でMg^{2+}が不足すると，細胞内に入ったCa^{2+}を外に出せなくなり，本来Caが蓄積するはずのない場所に蓄積して動脈硬化につながる．

表A-1 ● 主なヘムタンパク質とその機能

ヘムタンパク質	機能
ヘモグロビン	赤血球中に含まれ，肺から全身に酸素を運搬．
ミオグロビン	骨格筋細胞中に含まれ，ヘモグロビンから酸素を受けとり貯蔵．酸素に対する親和性は，ヘモグロビンより高い．
トランスフェリン	血漿中に存在し，Fe^{3+}を輸送．
フェリチン	肝臓，脾臓，骨髄の細胞中でFe^{3+}を貯蔵．
ヘモシデリン	脾臓や骨髄で網内系細胞が赤血球やヘモグロビンを貪食し分解する過程で生じる産物．
カタラーゼ	過酸化水素を酸素と水に分解する反応を触媒する酵素．
シトクロムc	電子伝達系の構成要素．
鉄硫黄タンパク質	電子伝達系の構成要素．

元酵素の構成成分になる．

Feは，レバー，ほうれんそう，あさり，しじみなどの食品に多く含まれる．Feが欠乏すると，酸素の運搬量が不十分となり鉄欠乏性貧血を起こすことがある．一方，きわめて稀であるが，Feの過剰摂取によって高濃度のFeが体内に蓄積すると，心臓や肝臓に恒久的な損傷が及ぶことがある．

主なFe含有（ヘム）タンパク質を表A-1に示す．

亜鉛
zinc（Zn）

Znは，炭酸脱水酵素や加水分解酵素の構造形成や維持，血糖値の調節に不可欠なインスリンの構造維持に必須である．食品ではレバーに多く含まれ，体内では骨や脾臓に多く蓄積される．Znが欠乏すると，胃腸機能の減衰および免疫機能低下による下痢がみられることがある．さらに，ZnはビタミンAの活性化にも関与するため，ビタミンA欠乏症が現れることがある．一方，Znの過剰摂取はFeやCuの欠乏を招き，血液中の高比重リポタンパク質（HDL）濃度を低下させる．

銅
copper（Cu）

Cuはヘモグロビンの合成に不可欠であるが，ヘモグロビンそのものにはCuは存在しない．またCuは，細胞呼吸に必要なシトクロムcオキシダーゼ，コラーゲン合成に必須なモノアミンオキシダーゼやリシルオキシダーゼの活性中心に存在し，酵素の活性に関与する．Cuが欠乏するとFeの吸収量が低下し，貧血や好中球減少が起こることがある．一方，通常の食事でCuの過剰症は起こりにくい．

> **まとめ**
> - 人体を構成する約60種の元素のうち，C，H，O，Nの4元素を除いたものと水を無機質という．
> - 水は，生命活動を支える媒体として細胞中に最も多く含まれている．
> - 無機質は，イオン，化合物あるいは複合体の形で生体内に存在し，体の構成成分になるとともにさまざまな生理機能を果たしている．

B タンパク質 ―細胞の基礎物質―
protein

タンパク質は，細胞のいろいろな構成材料として重要なばかりではなく，生体内の化学反応を触媒する酵素の本体として，細胞の機能面においても中心的な役割を果たしている．タンパク質の機能，合成については3章以降で詳しく述べる．ここではタンパク質の構造を中心にみていく．

概略図-B　タンパク質の構造（アミノ酸の配列から高次構造まで）

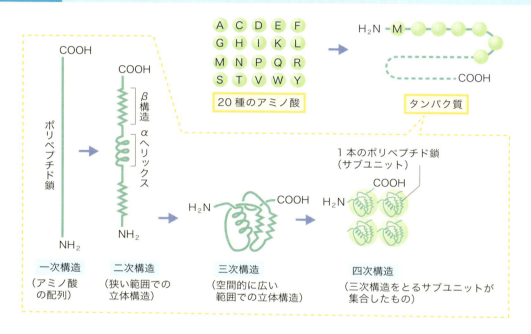

タンパク質は，アミノ酸がペプチド結合によってつながった分子である．タンパク質をつくるアミノ酸の種類は約20種類である．アミノ酸の分類法には，等電点[※1]の違いから中性・酸性・塩基性アミノ酸の3種に分ける方法（巻末付録 表2参照）と，アミノ酸側鎖の構造や性質の違いから8種に分ける方法（巻末付録 表3参照）とがある．また，各アミノ酸を表示する場合には，3文字あるいは1文字の略号で標記する場合がある（巻末付録「基本アミノ酸（20種）」参照）．

タンパク質の性質は結合するアミノ酸の種類，数，配列順序によって異なるため，無限に近い種類のタンパク質ができ，それらが生物の構造と機能の多様性を支えている．アミノ酸のなかには，生体内で生合成できなかったり合成能が低いため，食物として摂取しなければならないものがある．成人で8種，乳幼児では9種のアミノ酸がこれに該当し，**必須（不可欠）アミノ酸**という（巻末付録参照）．

I アミノ酸

アミノ酸の構造
structure of amino acid

タンパク質を構成するアミノ酸の共通の構造は，中心となる炭素原子の4つの結合手のうち3つに**カルボキシ基**（-COOH），**アミノ基**（-NH$_2$），**水素原**

※1　等電点：アミノ酸分子中の正負の電荷が等しくなるときのpHを，そのアミノ酸の等電点という．

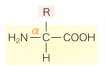

図B-1 ● アミノ酸の基本構造

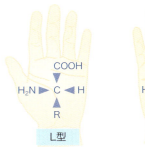

図B-2 ● α-アミノ酸の立体構造
C原子に結合する4つの原子団のうちカルボキシ基（-COOH）と側鎖（-R）を固定して見たとき、アミノ基（-NH₂）が左側にあるものをL型、右側にあるものをD型という。これらを左右の手に描いて両手を合わせると、各原子団は合致する。

子（-H）が結合していることである。この炭素原子はα位または2位の炭素と呼ばれ、もう1つの結合手にはアミノ酸の種類によって異なる原子団が結合しており、**側鎖（R基）**と呼ばれる。タンパク質の種類によって性質や構造が異なるのは、構成アミノ酸の側鎖の違いによることが多い（図B-1）。

アミノ酸のなかで最も簡単な構造をしたグリシン（R = H）を除く他のアミノ酸は、α位の炭素原子が**不斉炭素原子**[※2]であるため、D型とL型の1対の**光学異性体**[※3]が存在する。天然のタンパク質を構成するα-アミノ酸は一般にL型であり、D型の立体配置をしているものは天然にはほとんど存在しない[※4]（図B-2）。

アミノ酸の特性
characteristic of amino acid

アミノ酸の有する官能基[※5]のうちアミノ基は塩基

図B-3 ● 両性電解質としてのアミノ酸水溶液の性質

性を示し、カルボキシ基は酸性を示す。

これらの官能基は、水溶液中では解離してそれぞれ $-COO^-$ と $-NH_3^+$ の双性イオンとして存在する。このような化合物を**両性電解質**という。アミノ酸の水溶液では、水素イオンの濃度に応じて、図B-3に示したような平衡関係にある[※6]。すなわち、水素イオン濃度が増加して酸性になると、$-COO^-$ が H^+ を受け取って $-COOH$ となりアミノ酸全体は陽イオンになり、塩基性にすると、$-NH_3^+$ が H^+ を放出して $-NH_2$ となり陰イオンになる。

II タンパク質の構造

タンパク質は分子量の大きい分子であるので、その構造はいくつかのレベルに分けて考えられており、一次、二次、三次、四次構造と呼ばれている（概略図-B）。

一次構造（アミノ酸配列）
primary structure

タンパク質中で、アミノ酸は一定の配列順序で結合している。これをタンパク質の一次構造と呼ぶ。1つのアミノ酸の $-COOH$ と、別のアミノ酸の $-NH_2$ から水分子がとれて生じるアミド結合 $-CONH-$ を**ペプチド結合**という（図B-4）。このようにして、多くのアミノ酸が縮合[※7]したものをポリペプチドという。ポリペプチド鎖の左端のアミノ酸残基はα位の炭素

※2 不斉炭素原子：炭素原子の4つの結合手に異なる原子団が結合しているとき、その炭素原子を不斉炭素原子という。

※3 光学異性体：化学的性質が同じで、旋光性が異なる立体異性体の1つで、互いに鏡像関係にある。

※4 化学調味料として料理に用いられるのはL-グルタミン酸ナトリウムであり、D-グルタミン酸ナトリウムには苦みがあり、調味料としては適していない。

※5 官能基：有機化合物の分子構造のなかの原子団で、化合物が異なっても基本的には共通した反応性を示す。

※6 このpHでアミノ酸に電圧をかけても、どちらの電極にも移動しない。また、等電点の異なるアミノ酸は、適当なpHにして電圧をかけると、陽陰の電極への移動の向きが異なるので分離される。

※7 縮合：2つの官能基から H_2O のような簡単な分子がとれて新たな共有結合を形成する反応。

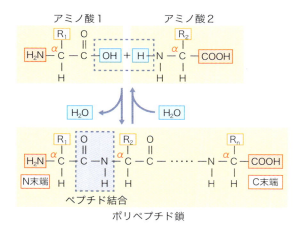

図B-4 ● ペプチド結合とポリペプチド鎖のN末端・C末端

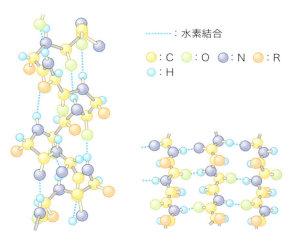

図B-5 ● α-ヘリックス構造　　図B-6 ● β構造

原子に結合したアミノ基を遊離し，右端のアミノ酸残基はα位の炭素原子に結合したカルボキシ基を遊離しており，それぞれ**アミノ末端（N末端）**，**カルボキシ末端（C末端）**という（図B-4）．アミノ酸の配列はDNAによって規定されている．

アミノ酸の配列順序が最初に明らかになったタンパク質は，ウシの膵臓に含まれるインスリン[※8]というペプチドホルモンであり，51個のアミノ酸からなる（3章 図B-1参照）．

二次構造（部分的な立体構造）
secondary structure

一次構造をとったポリペプチド鎖は，水素結合でペプチド鎖間または同じペプチド鎖内の異なった部分同士が結び合って空間に配列し，**α-ヘリックス**（図B-5）というらせん構造または**β構造**（図B-6）と呼ばれるひだ状の薄い層を形成する．これらをタンパク質の二次構造という．二次構造を形成する構造維持力の主役は**水素結合**である（図B-7）．

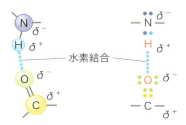

図B-7 ● 水素結合
イミノ基を構成するH原子が，電気陰性度（共有電子対を引きつける力）の大きなO原子に引き寄せられる．

三次構造（全体の立体構造）
tertiary structure

α-ヘリックス構造やβ構造のような二次構造をとったポリペプチド鎖は，アミノ酸側鎖の原子団によ る相互作用によって折りたたまれ，タンパク質全体として固有の空間構造を形成する．これを三次構造という．この構造維持にはアミノ酸側鎖間の相互作用が重要な役割を果たしており，相互作用には，システイン残基間の**ジスルフィド（-S-S-）結合**，無極性側鎖をもつアミノ酸残基間の分子間力による**疎水性結合**，**水素結合**，$-COO^-$ と $-NH_3^+$ 間の静電引力による**イオン結合**などがある．

四次構造（ポリペプチド鎖の会合）
quaternary structure

タンパク質は，1本のポリペプチド鎖ではたらく場合もあるが，2本以上のポリペプチド鎖が会合してその活性を現すものもある．四次構造とは，複数のポリペプチド鎖が会合したときの構造で，会合した1つひとつのポリペプチド鎖を**サブユニット**とい

※8　インスリン：イギリスのサンガーによって1955年に報告された．サンガーらはインスリンのアミノ酸配列を解明するのに約10年を要した．現在では，数時間で解明することができる．

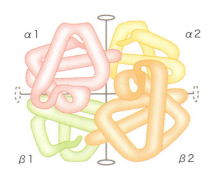

図B-8 ● ヘモグロビンの四次構造

う．例えば，ヘモグロビンや乳酸脱水素酵素は，4つのサブユニットからできている（図B-8）．

III タンパク質の分類

球状タンパク質と線維状タンパク質
globular protein & fibrous protein

タンパク質は，らせん構造をしたポリペプチド鎖がところどころ折れ曲がって球状タンパク質の構造をとったり，何本ものらせん構造が束になって線維状タンパク質の構造をとったりしている．球状タンパク質は，分子の外側に親水性基を多くもっているので，水に溶けるものが多く，線維状タンパク質は，分子量が大きく水に溶けにくい．

球状タンパク質は，すべての酵素や数多くのホルモンの構成成分として生命の維持や制御にかかわっている．一方，線維状タンパク質は，毛髪や爪に存在するケラチン，腱や皮膚に存在するコラーゲンなど，構造タンパク質として動物組織をつくっている．

単純タンパク質と複合タンパク質
simple protein & conjugated protein

加水分解してアミノ酸のみを生じるタンパク質を単純タンパク質，アミノ酸以外の物質も同時に生成するタンパク質を複合タンパク質という．

機能タンパク質と構造タンパク質
functional protein & structural protein

この項目については，3章を参照されたい．

IV タンパク質の特性

タンパク質を加熱したり，酸・塩基・重金属イオン・有機溶媒などを加えると凝固する．これを**タンパク質の変性**という．変性したタンパク質は，アミノ酸の配列順序は変わっていないが，二次構造以上の高次構造が変化して生理活性を失う．

タンパク質を水に溶かすと，親水コロイドの溶液になる．また，タンパク質の水溶液に多量の塩を加えると沈殿する．これは，**タンパク質が塩析**[9]されるからである．

タンパク質は，適当な水素イオン濃度のもとで＋（プラス）または－（マイナス）に帯電している．したがって，電気泳動[10]を利用して**タンパク質を分離**することができる．

ビウレット反応，キサントプロテイン反応，ニンヒドリン反応[11]，硫黄反応などによって特性別に**タンパク質を検出**できる．

> **まとめ**
> - タンパク質は，多数のアミノ酸がペプチド結合した高分子化合物である．
> - 構成するアミノ酸の種類・数・配列順序によって，タンパク質の一次構造が決まる．
> - タンパク質の高次構造は，水素結合・ジスルフィド結合・疎水性結合・イオン結合によって維持されている．
> - タンパク質の高次構造は，熱・酸・塩基・重金属イオン・有機溶媒などによって変化する．

---

[9] 塩析：親水コロイド溶液（タンパク質の水溶液など）に多量の電解質（塩）を加えると電解質のイオンとともにコロイド粒子（タンパク質）が沈殿する現象．

[10] 7章ではDNAの電気泳動について述べるが，タンパク質も同様におよその分子量で分離できる．

[11] アミノ酸の代表的な呈色反応の1つにニンヒドリン反応がある．アミノ酸にニンヒドリンの薄い溶液を加えて温めると，青紫～赤紫色を呈する．この反応は，遊離のα-アミノ基をもつアミノ酸に共通で，複数の結合したアミノ酸からなるペプチドやタンパク質でも呈色する．

C 核酸 —遺伝情報の担い手—
nucleic acid

　核酸は，塩基，五炭糖，リン酸からなるヌクレオチドを基本単位とした高分子化合物で，その構成成分，すなわち塩基の一部と五炭糖の違いによってデオキシリボ核酸（DNA）とリボ核酸（RNA）とに大別される．

　タンパク質は，酵素の主成分や生体分子の構成成分などとして人体の重要なはたらきや形質を担っているが，このタンパク質の合成を支配しているのが遺伝子すなわちDNAである．RNAはDNAによる遺伝情報の伝達やタンパク質の合成に必要なアミノ酸の運搬などの手助けをしている．

概略図-C　染色体とDNAの構造

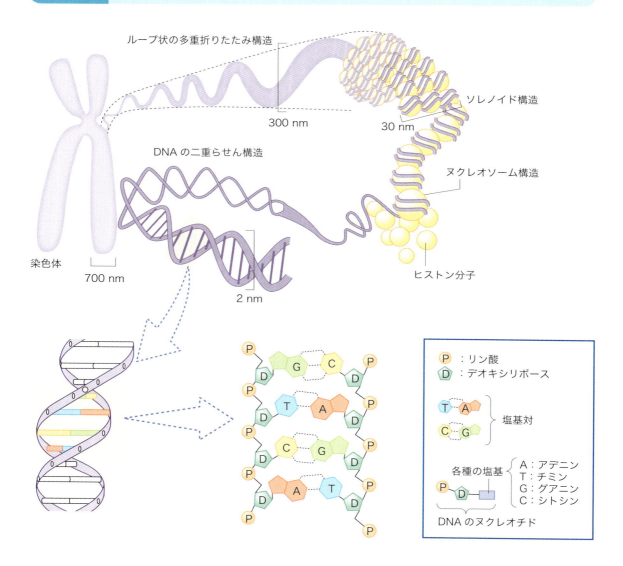

表 C-1 ● DNA と RNA の構成成分

	塩基		五炭糖	リン酸
	プリン塩基	ピリミジン塩基		
DNA	アデニン（A）	チミン（T）	デオキシリボース	H_3PO_4
	グアニン（G）	シトシン（C）		
RNA	アデニン（A）	ウラシル（U）	リボース	H_3PO_4
	グアニン（G）	シトシン（C）		

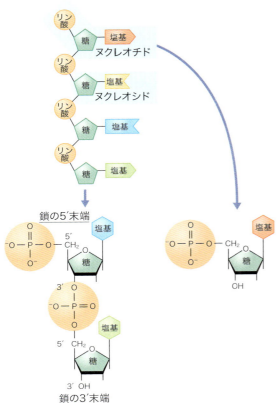

図 C-1 ● 核酸の基本構造

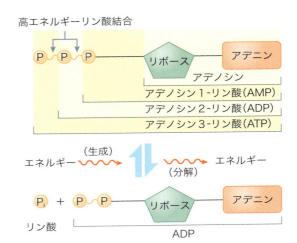

図 C-2 ● ATP の構造と生成・分解

I ヌクレオチドとヌクレオシド
nucleotide & nucleoside

　核酸は，ヌクレオチド（nucleotide）を基本単位として多数重合してできた高分子化合物である（図C-1）．核酸には，デオキシリボ核酸（deoxyribonucleic acid：DNA）とリボ核酸（ribonucleic acid：RNA）の2つの種類があり，それらの構成成分を表C-1に示す．**ヌクレオチドは，塩基**（base），**五炭糖，リン酸からなる**．塩基と五炭糖とはβ-グリコシド結合しており，これを**ヌクレオシド**（nucleoside）といい，ヌクレオチドは，ヌクレオシドの五炭糖にさらにリン酸1〜3個がエステル結合したものである．アデニンとリボースが結合したアデノシンを例にとると，リン酸が1個，2個および3個結合したものを，それぞれAMP（アデノシン1-リン酸），ADP（アデノシン2-リン酸）およびATP（アデノシン3-リン酸）という（図C-2）．

　ヌクレオチドやヌクレオシドのなかには，核酸の成分としてだけではなく，①ビタミンB群やニコチンアミドと結合してNAD，FAD，CoAなどの補酵素となって糖質代謝の手助けをしたり（8章B参照），②ATPやADPなどの高エネルギーリン酸化合物としてエネルギー代謝の中心になったり（9章参照），③細胞内で特異的なシグナル分子として（3章E参照），それぞれ重要なはたらきをしているものがある．

II DNAの構造

　DNAは，通常2本のヌクレオチド鎖が塩基の部分で互いに結びついて，らせん状に巻いた**二重らせん**

構造をとっている（概略図-C）※1. DNAの塩基組成を調べると，AとT，GとCのモル数の比率は，どの生物のどの細胞のDNAでも，ほぼ1：1である．この事実は，AとT，GとCとが互いに対になっていることを裏付けている．塩基対は水素結合によって互いに結合しており，DNAを構成している2本のヌクレオチド鎖のこのような関係を，互いに**相補的**であるという．

DNAは遺伝子の本体であり，DNAの遺伝情報に基づいてタンパク質のアミノ酸配列は決定される．このとき，遺伝情報を写し取ったり，情報に従ってアミノ酸を配列させる手助けをするのが，RNAである（5章参照）．

A：アデニン　G：グアニン
U：ウラシル　C：シトシン
各種の塩基
P：リン酸
R：リボース

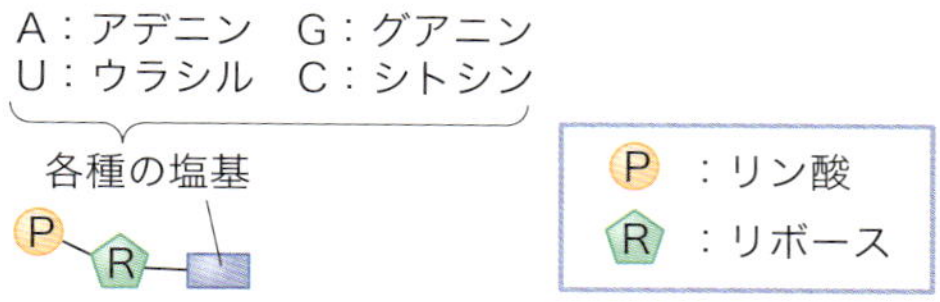

図C-3 ● RNAのヌクレオチド

III　RNAの構造

RNAもDNAと同様にヌクレオチド鎖が連なった構造をしている．DNAとの違いは，ヌクレオチドを構成するピリミジン塩基（U）と五炭糖（リボース）にある（表C-1）．

生体細胞のRNAには，タンパク質合成に関与する伝令RNA（メッセンジャーRNA：mRNA），リボソームRNA（rRNA），転移RNA（トランスファーRNA：tRNA）などがある．

mRNAは細長いポリヌクレオチド鎖で（図C-3），遺伝子の情報すなわちDNAの塩基配列を転写して，タンパク質合成系に伝達する役割をもつ．

tRNAは，リボソーム上でmRNAの情報に従ってアミノアシルtRNAとしてアミノ酸をポリペプチドに転移する役割をもつ．tRNAの二次構造は，部分的に塩基対をつくってループを形成したクローバ形で，三次構造は小さく折りたたまれたL字型である（5章 図A-4参照）．

rRNAは，タンパク質合成の場であるリボソームを形成しているRNAであり，細胞内で最も量の多いRNAである．

まとめ

- 核酸は，多数のヌクレオチドがエステル結合した高分子化合物で，遺伝情報の担い手としてタンパク質の合成に関与している．
- 核酸は構成成分の違いからDNAとRNAとに分類される．
- DNAは二重らせん構造をしている．
- RNAはmRNA，rRNA，tRNAの3つに分類され，それぞれ異なった構造をしている．

※1　ワトソンとクリック（Watson & Crick）は，1953年，DNAの分子構造モデルを発表した．

D 糖質 ―生命現象のエネルギー源 ①
carbohydrate

　私たちの日常生活のなかで，主食として毎日摂取している米やパンは，生命現象を営む上でのエネルギー源としてなくてはならないものである．これらの主成分は，デンプンと呼ばれる高分子化合物で，消化管の中で加水分解されるとマルトースを経てグルコースとなって体内に吸収され，細胞のエネルギー源として利用される（9章A参照）．これらの物質はすべて糖類と呼ばれ，炭素，水素，酸素の3元素からなり，一般式$C_m(H_2O)_n$で表される．

概略図-D　主な糖質の分類

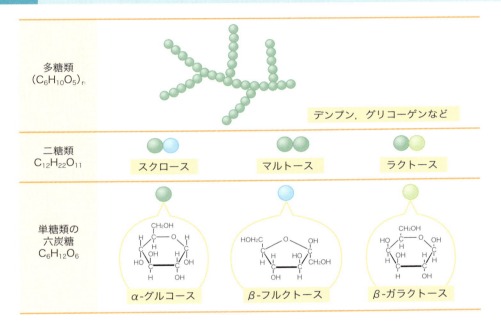

　グルコースやフルクトースのように，それ以上簡単な化合物に加水分解されない糖類[※1]を単糖類，マルトースのように単糖2個が結合した糖類を二糖類，デンプンのように多数の単糖が結合した糖類を多糖類という．
　主な糖については表D-1にまとめた．

I 単糖類

　単糖類は，1個のカルボニル基（アルデヒド基またはケトン基）と数個のヒドロキシ基をもつ化合物である．これらのうち，アルデヒド基（-CHO）をもつ糖類を**アルドース**，ケトン基（CO）をもつ糖類

を**ケトース**という．また，炭素数が5つの糖類を**ペントース**，6つの糖類を**ヘキソース**という．核酸の構成成分として重要なリボースやデオキシリボースは，ペントースである．ここでは，炭素数6のヘキソースについて解説する．
　単糖の化学構造は，図D-1に示すように，Haworthの式，Fischerの投影式，Reevesの式などで表される．Fischerの式において，カルボニル基から最も遠い位置の不斉炭素原子に結合するヒドロキシ基（図D-1中の＊）が向かって右側にあるものを

[※1]「糖質」とは炭水化物から食物繊維を除いたもので，デンプン，糖アルコール，オリゴ糖など幅広く，多くの種類がある．一方「糖類」は，デンプン，スクロース，グルコースなど，糖質のなかでも特に栄養源となりやすいものを指している．

表 D-1 ● 糖質の表

分類		種類	還元性	特徴
単糖類	五炭糖（ペントース）$C_5H_{10}O_5$	リボース	有	RNA をつくるヌクレオチドの構成成分
		デオキシリボース	有	DNA をつくるヌクレオチドの構成成分
	六炭糖（ヘキソース）$C_6H_{12}O_6$	グルコース（ブドウ糖）	有	代表的なアルドース．生体内ではエネルギー源として最も重要な糖で，血液中に約 100 mg/dL の濃度で存在している（図 D-1）
		フルクトース（果糖）	有	代表的なケトース．果実や蜂蜜などに含まれており，糖質のなかで最も甘みが強い（図 D-2）
		ガラクトース	有	アルドースの1つでグルコースの光学異性体．遊離の状態ではほとんど存在せず，ラクトースの加水分解によって得られる
二糖類 $C_{12}H_{22}O_{11}$		スクロース（ショ糖）	無	一般に砂糖と呼ばれ，私たちの食生活には欠かせない糖．α-グルコースとβ-フルクトースがグリコシド結合[1]した二糖で，スクラーゼの作用で加水分解されたとき，その加水分解産物を転化糖という（図 D-3a）
		マルトース（麦芽糖）	有	2分子のα-グルコースがグリコシド結合した二糖．水あめや麦芽に含まれ，生体内では食物として摂取したデンプンやグリコーゲンをアミラーゼによって加水分解すると得られる．マルターゼの作用で構成単糖に加水分解される（図 D-3b）
		ラクトース（乳糖）	有	牛乳など哺乳類の乳汁に含まれ，β-ガラクトースとα-またはβ-グルコースがグリコシド結合した二糖．ラクターゼの作用で構成単糖に加水分解される（図 D-3c）
		セロビオース	有	β-グルコース2分子がグリコシド結合した二糖で，植物繊維の主成分であるセルロースをセルラーゼで加水分解すると得られる．セロビアーゼの作用で構成単糖に加水分解される[2]（図 D-3d）
多糖類 $(C_6H_{10}O_5)_n$		デンプン	無	米，麦，ジャガイモなどに多く含まれ，私たちの重要なエネルギー源となる．200〜3,000個のα-グルコースがグリコシド結合した分子量数万〜数十万のグリカン[3]で，構造からアミロースとアミロペクチンに分けられる[4]（図 D-4）
		グリコーゲン	無	動物の貯蔵多糖で，消化吸収したグルコースの大部分は，肝臓および筋肉にグリコーゲンとして貯蔵される．その構造は，アミロペクチンに類似している
		セルロース	無	植物の細胞壁の主成分で，その構造は，5,000〜6,000個のβ-グルコースがグリコシド結合によって直鎖状につながった高分子化合物である[5]

[1] グリコシド結合：環状構造をとっている糖のヘミアセタールまたはヘミケタールのヒドロキシ基（-OH）どうしから水1分子がとれてできるエーテル結合（C-O-C）
[2] ヒトの消化液にはセルラーゼもセロビアーゼも存在しない．草食性の反芻動物では，腸内細菌に由来するこれらの酵素によってセルロースをグルコースまで加水分解して，主たる栄養源としている
[3] グリカン：単糖類がたくさんつながってできた多糖類
[4] ウルチ米のデンプンにはアミロースが20〜25％，アミロペクチンが75〜80％含まれているが，モチ米はアミロペクチンが100％である
[5] 綿や麻は，天然に存在する最も純粋に近いセルロースで，パルプや紙なども大部分はセルロースである．セルロースは水や有機溶媒には溶けず，ヨウ素との反応も示さない

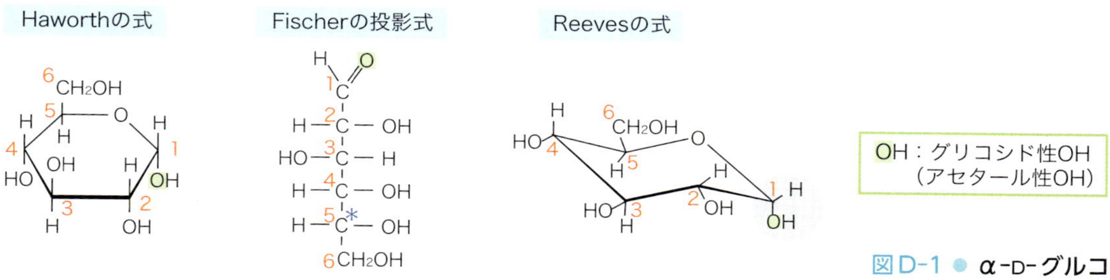

Haworthの式　　Fischerの投影式　　Reevesの式

OH：グリコシド性OH（アセタール性OH）

図 D-1 ● α-D-グルコース

D型，左側にあるものをL型とする．ここでは，D型についてのみ示す．また，Fischerの式において，ヘミアセタールまたはヘミケタール[※2]のヒドロキシ基（グルコースでは1番の炭素原子，フルクトース

※2 アルドースは水和してオルトアルデヒド構造をとり，このもののモノエーテルをヘミアセタールと呼ぶ．ケトンに相当する構造をヘミケタールという．

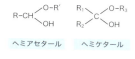

ヘミアセタール　　ヘミケタール

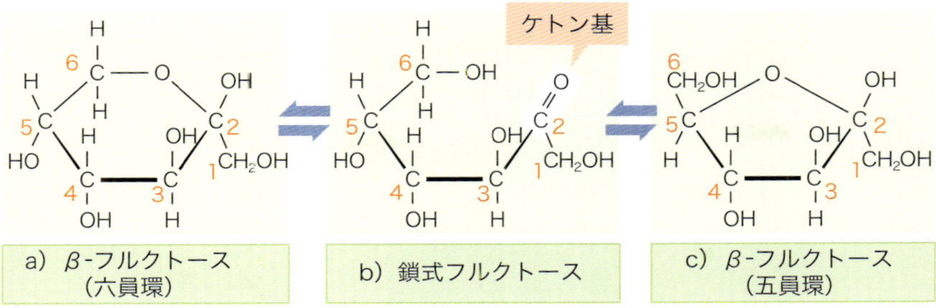

図D-2 ● フルクトースの鎖状および環状構造
分子中に1個のケトン基（>CO）と5個のヒドロキシ基を有し，結晶ではケトン基と6番の炭素原子（C-6）のヒドロキシ基とが結合した環状の構造をしてβ-フルクトースと呼ばれる．ケトン基は還元性を示す．

a) β-フルクトース（六員環）
b) 鎖式フルクトース
c) β-フルクトース（五員環）

では2番の炭素原子に結合しているヒドロキシ基）が，環を形成している酸素と同じ側にあるものをα-，反対側にあるものをβ-アノマーとする．

単糖のC原子には番号がつけられており，グルコースやガラクトースの場合は，それらが鎖状構造をとったときのアルデヒド基（-CHO）を構成するC原子をC-1とし，順にC-2, -3, -4, -5, -6とする．フルクトースの場合は，同様に鎖状構造をとったときのカルボニル基（ケトン基，CO）を構成するC原子をC-2とする．

II 二糖類

二糖類は，単糖類2分子が水分子を失って縮合した形をしている（図D-3）．2つの糖類のヒドロキシ基から生じるエーテル結合（C-O-C）は**グリコシド結合**と呼ばれ，例えばα-グルコースあるいはβ-グルコース同士の場合の結合をそれぞれα-グリコシド結合あるいはβ-グリコシド結合という．二糖類を希酸または酵素によって加水分解すると単糖類2分子が生じる．また，二糖類は水によく溶け，甘みをもつものが多い[※3]．

マルトース，ラクトース，セロビオースは，構成単糖のグルコースの環が開いて鎖状になるとアルデヒド基が生じるので，還元性を示す．これに対してスクロースは，グルコースのアルデヒド基とフルクトースのケトン基の間で縮合しているので，還元性を示さない．

a) スクロース　α1→β2　グルコース　フルクトース
b) マルトース　α1→4　グルコース　グルコース
c) ラクトース　β1→4　ガラクトース　グルコース
d) セロビオース　β1→4　グルコース　グルコース

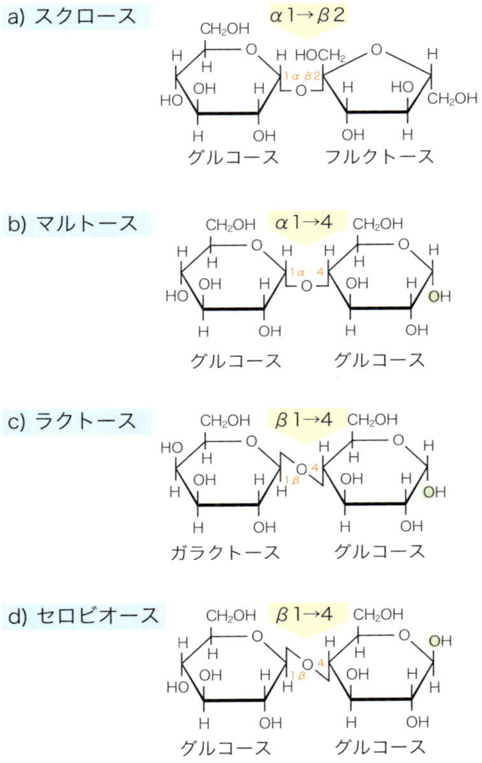

図D-3 ● 主な二糖類の構造

III 多糖類

多糖は，多数の単糖またはその誘導体がグリコシド結合によって重合した高分子化合物である．糖鎖の両末端を還元末端，非還元末端という．しかし，多糖は還元力の検出がきわめて困難であるため，非還元性とされる．

単一の単糖から構成される多糖をホモ多糖（homoglycan），2種以上の単糖またはその誘導体から構成されるものをヘテロ多糖（heteroglycan）という．

[※3] 主な糖類の甘さを比べると，フルクトース ＞ スクロース ＞ マルトース ＞ グルコース ＞ ラクトースの順になる．ところで，果物は冷やした方が甘く感じるのは，果物に含まれるフルクトースの水溶液中での平衡が移動し，甘みの強いβ-フルクトースの量が甘みの弱いα-フルクトースの量を上回るためと考えられている．

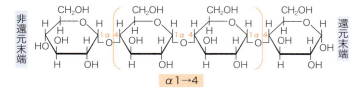
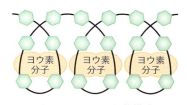
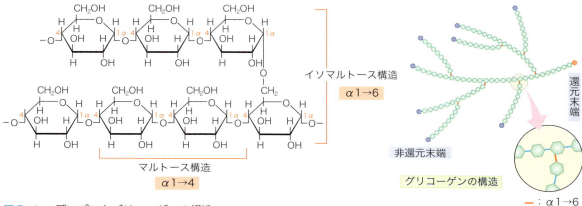

図D-4 ● デンプンとグリコーゲンの構造

デンプンはその構造からアミロースとアミロペクチンに分けられる．アミロースは，200〜300個のα-グルコースがグリコシド結合によって直鎖状に連結した分子である．一方，アミロペクチンは，2,000〜3,000個のα-グルコースが直鎖状の主要結合の他に，ところどころで枝分かれした分子である．グリコーゲンは，アミロペクチンと同じようにα-グルコースの直鎖状結合の他に多数枝分かれしており，アミロペクチンよりも分岐鎖長は短いが分岐数が多い．

セルロース（cellulose）は，植物の細胞壁の主成分であり，その構造は，5,000〜6,000個のβ-グルコースがβ-1,4グリコシド結合によって直鎖状につながった高分子化合物である．綿や麻は，天然に存在する最も純粋に近いセルロースで，パルプや紙なども大部分はセルロースである．セルロースは水や有機溶媒には溶けず，ヨウ素との反応も示さない[※4]（図D-4）．

> **まとめ**
> - 糖質は，主に生命活動のエネルギー源として機能している．
> - 単糖類は，アルドース（グルコース，ガラクトース）とケトース（フルクトース）に分類される．
> - 2つの単糖類が結合したものが二糖類で，スクロース，マルトース，ラクトースが代表的である．
> - 多くの単糖類が結合したものが多糖類で，デンプン，グリコーゲン，セルロースが代表的である．

Column　プラークとは

食事の後に歯を磨かないと，歯の表面にプラークと呼ばれる白い塊が形成される．プラークは大部分が細菌が占め，その隙間にはデキストランまたはレバンと呼ばれる菌体外多糖が存在する．デキストランとレバンは，スクロースを基質として細菌由来の酵素によって合成されるグルカン（グルコースの重合体）とフルクタン（フルクトースの重合体）の一種である．むし歯は，プラーク中に棲息する細菌が産生する酸によって歯の成分が溶解する現象である．

※4　ヨウ素デンプン反応：デンプンの水溶液にヨウ化カリウムを加えると，デンプンのらせん構造の中にヨウ素分子が入り込み，青〜青紫色に呈色する（図D-4）．

E 脂質 —生命現象のエネルギー源②
lipid

　脂質とは，分子中に長鎖脂肪酸または類似の炭化水素鎖をもつ一連の物質を指し，一般に水に溶けにくいが，クロロホルムやエーテルなどの有機溶媒にはよく溶ける．生体での主要な役割（具体名）は，①エネルギーの貯蔵体（中性脂肪），②細胞膜の構成成分（リン脂質，糖脂質，コレステロール），③ステロイドホルモン（コレステロール）の構成成分，④プロスタグランジンなどの生理活性物質の前駆物質（特殊な脂肪酸），などである．

概略図-E　主な脂質とはたらき

脂質	はたらき
中性脂肪	皮下脂肪として脂肪組織に蓄えられている．体温の拡散を防ぎ，体温を一定に保つはたらきがある．また，代謝に必要な燃料の貯蔵のはたらきもしている
リン脂質	生体膜の構成成分としてその機能の維持に必要な他，脳神経組織の構成成分としても重要
糖脂質	細胞膜の構成成分としてその機能の維持に必要な他，脳神経組織の構成成分としても重要
コレステロール	細胞膜や脳神経組織の構成成分であるとともに，胆汁酸やステロイドホルモンの原料となる
プロスタグランジン	細胞膜のリン脂質を構成するアラキドン酸から生成される生理活性物質．多数の同族体があり，血管透過性亢進や発痛作用など炎症時のケミカルメディエーターとして作用

I 脂肪酸
fatty acid

　その構造は，一般に炭素数12〜24の炭化水素鎖をもち，末端にカルボキシ基（-COOH）がある．炭化水素鎖が完全に飽和している（二重結合がない）脂肪酸を**飽和脂肪酸**，二重結合が存在するものを**不飽和脂肪酸**という（図E-1）．不飽和脂肪酸のなかで，リノール酸，リノレン酸，アラキドン酸は，体内で合成できないため**必須（不可欠）脂肪酸**と呼ばれ，栄養学的に重要である．また，アラキドン酸，エイコサトリエン酸などの不飽和脂肪酸はリン脂質の構成成分として生体膜の構成と機能に役立つだけではなく，プロスタグランジン類（後述）の前駆物質として組織の炎症反応にもかかわっている．

II 中性脂肪
neutral fat

　単に脂肪とも呼ばれ，脂肪組織や血漿中にリポタンパク質として多量に存在する．その構造は，グリセロールの3つのヒドロキシ基（-OH）に脂肪酸のカルボキシ基がエステル結合したもので，結合した脂肪酸の数によって**トリグリセリド**（TG），**ジグリセリド**（DG），**モノグリセリド**（MG）という（図E-2）．脂肪組織中に存在する中性脂肪のほとんどはTGで，TGを単に中性脂肪または脂肪ともいう．DGはセカンドメッセンジャー（3章E参照）として細胞内での情報伝達にかかわっており，また，MGは小腸での脂肪の消化吸収の過程にみられる．

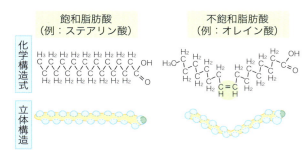

図 E-1 ● 飽和脂肪酸と不飽和脂肪酸
飽和脂肪酸は炭化水素鎖が直線的構造を示す．不飽和脂肪酸は二重結合部位で屈曲し，生体膜に流動性と柔軟性を与える．

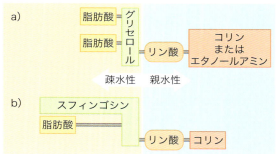

図 E-3 ● グリセロリン脂質（a）と
スフィンゴミエリン（b）の化学構造

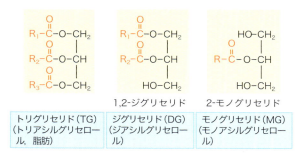

図 E-2 ● 中性脂肪の化学構造
R-は脂肪酸の炭化水素鎖を示す．

図 E-4 ● 糖脂質の模式図

III リン脂質
phospholipid

　リン脂質は，生体膜と呼ばれる細胞の膜系，例えば細胞膜，核膜，小胞体膜，ミトコンドリア膜などを構成する主要な脂質である．リン脂質の脂質部分は脂肪酸の炭化水素鎖が疎水性を示すのに対して，リン酸部分は窒素を含む水溶性の極性基が結合しており親水性を示す．この両親媒性によって，**リン脂質は生体膜の主要な構成成分**となる（図E-3）．リン脂質は，グリセロールを骨格とするグリセロリン脂質とスフィンゴシンを骨格とするスフィンゴリン脂質の2つに分類される．

　グリセロリン脂質は，グリセロールのC1位，C2位に脂肪酸が，C3位にリン酸がそれぞれエステル結合した分子で，C1位には飽和脂肪酸，C2位には不飽和脂肪酸が結合している場合が多い．またリン酸基にコリンやエタノールアミンなどの塩基が結合したものは，それぞれホスファチジルコリン（レシチン），ホスファチジルエタノールアミンと呼ばれる（図E-3a）．

　スフィンゴリン脂質の代表的なものに，脳や神経系の細胞膜中に多く含まれ，特に神経細胞の軸索を膜状に覆い，ミエリン鞘の構成成分として知られているスフィンゴミエリンがある．その構造は，スフィンゴシンのC1位のヒドロキシ基にリン酸がエステル結合し，さらにコリンが結合している．また，C2位のアミノ基には脂肪酸がアミド結合している（図E-3b）．

IV 糖脂質
glycolipid

　糖脂質は，糖部分が親水性であるためリン脂質と同様に両親媒性を示し，**細胞膜の構成成分**として細胞の情報伝達における膜の認識機構を担っている．基本構造は，スフィンゴシンと長鎖脂肪酸からなる**セラミド**[※1]にガラクトースやグルコースなどの糖質が結合したもので，リン酸は含まない（図E-4）．セラミドに結合する糖質の違いは，ヒトの血液型のA，B，O型の決定部位でもある．

※1　セラミド：スフィンゴシン塩基のアミノ基に脂肪酸が酸-アミド結合したもの．

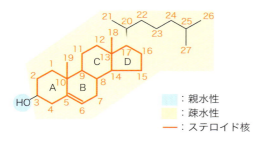

図E-5 ● コレステロールの化学構造
数字はコレステロールの炭素原子の番号を，A，B，C，Dはステロイド核の環状構造の部位を示す．

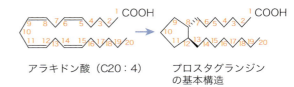

図E-6 ● アラキドン酸とプロスタグランジンの基本構造
C20：4は，炭素数20，二重結合数4を示す．

コレステロールとステロイド
cholesterol & steroid

ステロイドとは，**ステロイド核**（シクロペンタノヒドロフェナントロレン核）をもつ一連の物質をいう．ステロイドのアルコールをステロールといい，ヒトにみられる最も代表的なステロールがコレステロールである（図E-5）※2．その構造のステロイド核と炭化水素鎖は疎水性，A環3位のヒドロキシ基は親水性であるため，わずかに両親媒性を示し，**生体膜**にも分布し膜流動性の調節因子として機能している．また，コレステロールのステロイド核をもとに，主に炭化水素鎖が特異的に切断，修飾されて**ステロイドホルモン**（性・副腎皮質ホルモン），**胆汁酸**，ビタミンDに変換される．

プロスタグランジン
prostaglandin

プロスタグランジンは，図E-6のような基本構造をもち，強力な生理活性を発現する脂肪酸誘導体である．多価不飽和脂肪酸（主にアラキドン酸）から合成され，炭素数5個からなる環状（五員環）構造の違いからA～J群まで区別され，さらに二重結合の数によって1～3群がある．前駆物質の多価不飽和脂肪酸は，ホスホリパーゼA_2の作用でリン脂質から供給される．ロイコトリエンとトロンボキサンはいずれも近縁の化合物であり，これら3つの生理活性物質を総称して**エイコサノイド**ともいう．

組織が損傷を受けると，細胞膜を構成するリン脂質はアラキドン酸に変わり，シクロオキシゲナーゼという酵素の作用によってプロスタグランジンが生成される．プロスタグランジンは，炎症時のメディエーターの1つとして，組織の損傷によって引き起こされる痛みや熱，腫れなどの症状の要因となる．

> **まとめ**
> - 脂質は水には溶けないが，アセトンやベンゼンなどの有機溶媒にはよく溶ける．
> - リノール酸・リノレン酸・アラキドン酸は必須脂肪酸と呼ばれる．
> - 中性脂肪は，グリセロールに脂肪酸がエステル結合したもので，皮下の脂肪組織に蓄えられている．
> - リン脂質・糖脂質・コレステロールは，両親媒性であるため，細胞膜の構成成分となる．
> - コレステロールは胆汁酸やステロイドホルモンの材料になる．
> - プロスタグランジンは，炎症時のメディエーターとして作用する．

※2 コレステロールや脂肪酸などの脂質分子は，リン脂質や輸送タンパク質としてのアポリポタンパク質に覆われ粒子状の複合体（リポタンパク質）として生体内で運搬される．複合体を構成する各成分の比率によって，超低密度リポタンパク質（VLDL），低密度リポタンパク質（LDL），高密度リポタンパク質（HDL），アルブミン，キロミクロンなどに分けられる．HDLとLDLは，動脈硬化と密接なかかわりがあるとされ，血液検査の結果でもしばしば目にする．VLDLは，肝細胞中の脂肪酸を脂肪のかたちで他の脂肪組織に運搬する．過食によって肝細胞でのVLDLの合成能より脂肪酸の増加が上回ると，脂肪肝になりやすくなる．LDLは，肝臓から末梢組織へのコレステロールの運搬に作用する．このときコレステロールの一部が動脈壁に付着され動脈硬化が亢進されるので，悪玉コレステロールとも呼ばれる．一方，HDLは，肝臓以外の組織細胞内の遊離コレステロールを肝臓へ運搬するため，動脈硬化を予防し，善玉コレステロールとも呼ばれる．

第2部

タンパク質の機能と遺伝のしくみ

　生命の基本単位である細胞を分解して，その細胞を構成している元素の割合を調べてみると，酸素（O），炭素（C），水素（H），窒素（N）の4つの元素だけで，全体の約95％を占めている．これらの元素は，タンパク質，核酸，脂質，糖質などの生体分子を形成し，細胞が生命現象を営むうえで重要な役割を果たしている．
　第2部では，細胞や組織の構造を維持するだけではなく，酵素やホルモンの主成分として生命現象の最前線で活躍するタンパク質について，また，タンパク質合成の鋳型としての役割はもとより，遺伝情報の発現や伝達に深くかかわる遺伝子の本体，核酸に焦点をあてて解説する．さらに，遺伝子の組換えや遺伝子解析法などの遺伝子工学的手法の概要についても紹介する．

第2部 タンパク質の機能と遺伝のしくみ

3章 生物体の機能とタンパク質

function & proteins of organism

　タンパク質は，多数のアミノ酸がペプチド結合によってつながったポリペプチドである．タンパク質を構成するアミノ酸の種類は約20種類で，アミノ酸の種類，数およびその配列順序によってタンパク質の種類は異なる．鎖状のポリペプチド鎖は，折りたたまれていろいろな立体構造をとり，タンパク質としての特有のはたらきをもつようになる．したがって，アミノ酸配列が異なるとタンパク質の立体構造も異なり，はたらきも異なる．

　多くのタンパク質は，100〜400個のアミノ酸がつながったポリペプチドで，その種類は，自然界全体で100億種類以上もあるといわれている．しかし，そのような膨大な種類のタンパク質も，機能タンパク質と構造タンパク質に大別され，機能タンパク質は，さらにそのはたらきの違いから酵素，（ペプチド）ホルモン，収縮性タンパク質，輸送タンパク質，受容体タンパク質，防御タンパク質などに分類される（概略図）．

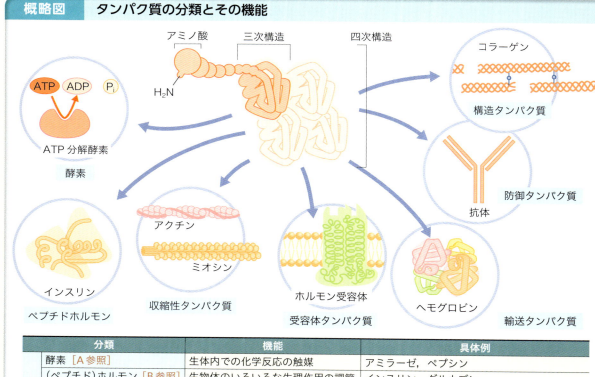

概略図　タンパク質の分類とその機能

分類		機能	具体例
機能タンパク質	酵素 [A参照]	生体内での化学反応の触媒	アミラーゼ，ペプシン
	（ペプチド）ホルモン [B参照]	生物体のいろいろな生理作用の調節	インスリン，グルカゴン
	収縮性タンパク質 [C参照]	筋肉の収縮，細胞骨格の構成	アクチン，ミオシン
	輸送タンパク質 [D参照]	血液中での物質の運搬	ヘモグロビン，アルブミン
		細胞内への物質の輸送（能動輸送）	ナトリウムポンプ
	受容体タンパク質 [E参照]	細胞外からきた物質と結合して細胞内への情報伝達	ホルモンの受容体，サイトカインの受容体
	防御タンパク質 [F参照]	体内に入ってきた異物の排除	免疫グロブリン
構造タンパク質 [G参照]		細胞，組織，器官を構成して機械的強度の保持	コラーゲン，エラスチン，プロテオグリカン

A 酵素 —生体触媒—
enzyme

生物は外界から物質を取り入れ，細胞・組織内の化学反応によって，その物質をさまざまな別の物質に変化させている．また，生体内に取り入れた物質の一部は，生物が生きていくために必要なエネルギーの生成のために使われている．このような生体内で起こるさまざまな化学反応の大部分は，酵素が存在すると，中性でしかも常温（37℃）という穏やかな条件の下で起こる．

概略図-A 酵素のはたらきと活性化エネルギー

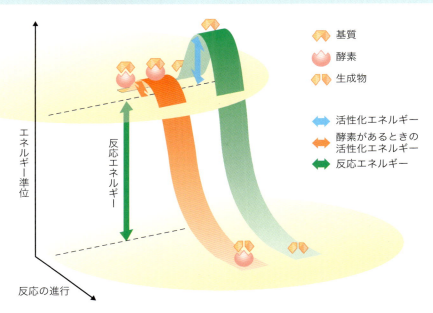

I 酵素とその作用

生体触媒としての酵素
enzyme as biocatalyst

試験管の中でデンプンをグルコースに分解するためには，高濃度の塩酸を加え，100℃で数時間加熱しなければならない．しかし，塩酸の代わりに唾液や膵液などの消化液を加えると，中性でしかも低温で速やかに分解される．これは，消化液中の酵素のはたらきによるものである．このように，化学反応においてその反応速度を速めるはたらきをもつ物質を**触媒**という．**酵素は生体内で合成され，生体内のすべての化学反応を特異的に促進する生体触媒**である．酵素自身は反応の前後で変化しないため，繰り返し何度でも反応を促進することができる（図A-1）．

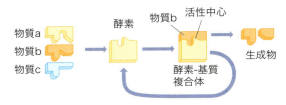

図A-1 ● 酵素の基質特異性

活性化エネルギーと酵素
activation energy & enzyme

物質は普通の状態では安定しており，簡単に他の物質に変化することはない．しかし，外部からエネルギーを加えると，物質は不安定になり，化学変化を起こしやすい状態になる．物質が化学変化を起こしやすい状態にするのに必要なエネルギーを，**活性化エネルギー**という．

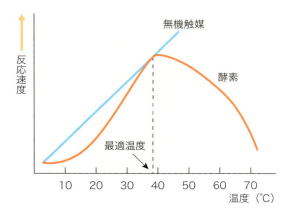

図A-2 ● 温度と酵素反応速度との関係

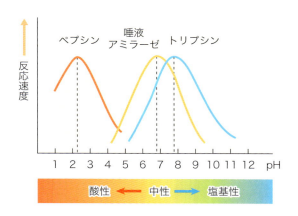

図A-3 ● pHと酵素反応速度との関係

　酵素は，物質と結合してその物質の化学変化に必要な活性化エネルギーを低下させるはたらきをしている．活性化エネルギーが小さくなると，低温でも反応が進み，また，同じ温度条件なら反応は速く進むことになる（概略図-A）．

酵素の構造と性質
structure & characteristics of enzyme

　酵素の本体はタンパク質である[※1]．酵素反応は，酵素分子全体で行われるのではなく，酵素分子のなかに特定の物質と結合して酵素反応を触媒する部位（**活性中心**）があり，そこで行われる．酵素が作用する相手の物質を**基質**といい，酵素はその種類によって特定の基質とのみ反応する．この性質を，酵素の**基質特異性**という．酵素分子はタンパク質を主成分とするため，アミノ酸配列の違いから複雑な立体構造をとり，その立体構造の特定部分に適合した基質とのみ結合し，**酵素−基質複合体**をつくって反応が進行する．これが，酵素の基質特異性の原因で，このような酵素と基質との関係は，鍵と鍵穴の関係に例えられる（図A-1）．

　酵素反応は，温度の影響を受けやすい．多くの酵素では，35〜40℃くらいで最もよくはたらき，この温度を**最適温度**という．最適温度までは，温度の上昇に伴って酵素と基質の接触する回数が増えるため，反応速度はしだいに上昇する．しかし，最適温度を超えると，熱によってタンパク質の立体構造の変化（変性）がはじまり，反応速度はしだいに減少していく（図A-2）．温度が70〜80℃を超えると，酵素タンパク質が完全に熱変性してしまい，常温に戻してもそのはたらきが復活することはない．

　また，酵素の活性は，水素イオン濃度の影響も受けやすい．酵素活性が最も高いときのpH値を**最適pH**といい，この値は酵素の種類によって異なる．例えば，胃液中のペプシンはpH 2付近，唾液中のアミラーゼはpH 7付近，また膵液中のトリプシンはpH 8付近で最もよくはたらく（図A-3）．これらの違いは，pHの変化によって酵素タンパク質の特に活性中心部位の荷電状態が変化することによる．

　酵素反応は，酵素−基質複合体が形成されてはじめて進行する．したがって，単位時間に形成される酵素−基質複合体が多いほど，反応速度は速く進行する．酵素濃度を一定にして基質の濃度だけを変化させると，**基質濃度が低いときは，反応速度は基質濃度に依存して増加するが，基質濃度が十分に高いときは，酵素濃度に準じて最大反応速度に達し，反応速度は一定になる**（図A-4）．

　酵素反応はさまざまな調節を受ける．例えば生合成経路などの第1段階を触媒する酵素は，最終産物によって阻害されることが多く，このような阻害を**フィードバック阻害**と呼ぶ（図A-5）．酵素は，細

[※1] 酵素の本体の解明：酵素の本体がタンパク質であることを解明したのは，アメリカの生化学者サムナー（Sumner）である．彼は，1926年，ナタマメの種子からウレアーゼという尿素の分解酵素の結晶を得て，世界ではじめて酵素の構造を明らかにした．この業績によって，1946年にノーベル化学賞を受賞した．

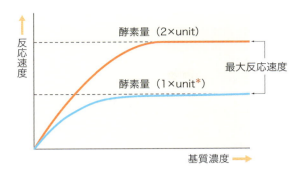

図A-4 ● **基質濃度と酵素反応速度との関係**
＊unit：1分間に1μmolの基質を変化させる酵素力価を1 unit（μmol/min）という．

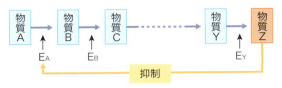

図A-5 ● **フィードバック阻害**
ある物質Aからいくつかの反応を経て物質Zがつくられるとき，物質Zの量が一定量を超えると，物質Zが酵素E_Aの活性を抑制して物質Zの生産が過剰にならないように調節するしくみがある．このような調節機構をフィードバック阻害という．

胞内のCa^{2+}イオン濃度を感知するカルモジュリンのような調節タンパク質による調節も受けている．また，セリンやスレオニン，チロシンの側鎖のリン酸化などのような共有結合性の修飾や，酵素の不活性な前駆体タンパク質のペプチド結合を切断することで活性型の酵素に変換される．タンパク質分解型活性化と呼ばれる調節法もある．

酵素の分類
classification of enzymes

酵素をはたらきの違いによって分類すると，表A-1に示すように6つに分けられる．

これらの酵素はすべて細胞内でつくられるが，はたらく場所は酵素によって異なる．

細胞外酵素は，細胞外に分泌されてからはたらく酵素で，唾液・胃液・膵液などの消化液中に含まれる消化酵素などがある（本章B参照）．

一方，細胞内ではたらく酵素は細胞内酵素と呼ばれる．これらの酵素は，細胞内の特定の場所に存在して複雑な化学反応を効率よく進めている（図A-6）．

II 補酵素とビタミン

酵素と補酵素
enzyme & coenzyme

酵素のなかには，タンパク質だけでできているも

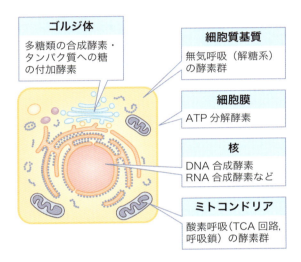

図A-6 ● **細胞の構造と酵素の局在**

のもあるが，タンパク質の他に低分子の有機化合物が結合しているものもある．そのような酵素のうち，タンパク質部分を**アポ酵素**，低分子の有機化合物部分を**補酵素**，アポ酵素と補酵素が結合したものを**ホロ酵素**という．補酵素の大部分は，主に**ビタミンB群**からつくられる（表A-2）．

補酵素の特徴として次のようなことがあげられる．
①補酵素は，タンパク質以外の有機化合物からできているため，補酵素だけでは酵素活性がない．
②補酵素は，アポ酵素と弱い力で結合しているため，結合したり離れたりすることができる．
③補酵素をもつ酵素では，基質と結合する部位はアポ酵素の部分にあるが，触媒反応は補酵素が担う．すなわち，アポ酵素と補酵素が結合した形でのみ酵素活性を示すことができる．

表 A-1 ● 主な酵素とその作用

酵素の種類	酵素の例	酵素の作用
1. 酸化還元酵素群[①]（このうち呼吸酵素は細胞内でのエネルギー代謝にかかわる）		
脱水素酵素	デヒドロゲナーゼ	基質から水素をとって他の物質（X：水素受容体）に渡す $AH_2 + X \rightarrow A + XH_2$
酸化酵素	オキシダーゼ	基質からとられた水素を酸素と化合させる $AH_2 + 1/2O_2 \rightarrow A + H_2O$
還元酵素	カタラーゼ[②]	$H_2O_2 \rightarrow H_2O + 1/2O_2$
2. 転移酵素群（このうちアミノ基転移酵素はアミノ酸の分解・合成にかかわる）		
アミノ基転移酵素	トランスアミナーゼ	窒素化合物からアミノ基（$-NH_2$）をはずして他の物質に転移させる
リン酸転移酵素	ホスホトランスフェラーゼ	基質からリン酸基（$-PO_4$）をはずして他の物質に転移させる
3. 加水分解酵素群[③]（このうち消化酵素は食物の消化にかかわる）		
糖質加水分解酵素	アミラーゼ	デンプン→デキストリン＋マルトース
	マルターゼ	マルトース→グルコース＋グルコース
タンパク質加水分解酵素	ペプシン	タンパク質を加水分解する
	トリプシン	タンパク質・ポリペプチドを加水分解する
4. 開裂酵素（脱炭酸酵素は酸素呼吸やアミン生成にかかわる）		
脱炭酸酵素	デカルボキシラーゼ	基質からカルボキシ基（$-COOH$）をはずして二酸化炭素（CO_2）を発生させる
5. 異性化酵素（異性体間の転換反応にかかわる）		
異性化酵素	シストランスイソメラーゼ	シス−トランス型の異性化反応を触媒する
6. 合成酵素（有機化合物の合成反応にかかわる）		
脂肪酸合成酵素	アシル−CoA シンセターゼ	脂肪酸の生合成を触媒する

[①] 酸化と還元：酸化と還元には次の3通りの起こり方がある．
  (1) ある物質が酸素と化合することを酸化，酸化物から酸素を奪われることを還元という．
     例）酸化：$2H + 1/2O_2 \rightarrow H_2O$　　還元：$H_2O_2 \rightarrow H_2O + 1/2O_2$
  (2) ある水素化合物から水素が奪われること（脱水素反応）を酸化，化合物に水素が結合することを還元という．
     例）酸化：$AH_2 + NAD$（水素受容体）$\rightarrow A + NADH_2$　　還元：$A + NADH_2 \rightarrow AH_2 + NAD$
  (3) ある物質が電子（e^-）を失う反応を酸化，e^-を得る反応を還元という．
     例）酸化：$Fe^{2+} \rightarrow Fe^{3+} + e^-$　　還元：$Fe^{3+} + e^- \rightarrow Fe^{2+}$
[②] ケガをしたとき，消毒剤であるオキシドール（過酸化水素水）を傷口にぬると白い泡が出る．この泡は過酸化水素が分解されて生じた酸素で，この分解反応には組織中のカタラーゼという酵素がかかわっている．この酸素がオキシドールの消毒効果を発揮する
[③] 加水分解：化合物の結合部に水が加わって分解し，2つ以上の物質が生じる反応．摂取した栄養素が消化酵素によって分解されるときは，この形式で行われる．
  例）$C_{12}H_{22}O_{11}$（スクロース）$+ H_2O \xrightarrow{\text{スクラーゼ}} C_6H_{12}O_6$（グルコース）$+ C_6H_{12}O_6$（フルクトース）

表 A-2 ● 主な補酵素とその生成に必要なビタミンB群

補酵素（略名）	触媒する酵素反応	ビタミン（化学物質名）
チアミンピロリン酸（TPP）	α−ケト酸の脱炭酸反応	ビタミンB_1（チアミン）
フラビンモノヌクレオチド（FMN）	酸化還元反応	ビタミンB_2（リボフラビン）
フラビンアデニンジヌクレオチド（FAD）	酸化還元反応	ビタミンB_2（リボフラビン）
ニコチンアミドアデニンジヌクレオチド（NAD）	酸化還元反応	ナイアシン（ニコチン酸）
ニコチンアミドアデニンジヌクレオチドリン酸（NADP）	酸化還元反応	ナイアシン（ニコチン酸）
補酵素A（CoA）	アシル基転移	パントテン酸（パントテン酸）

表A-3 ● 主なビタミン類とその欠乏症・機能

<table>
<tr><th colspan="2">ビタミン（化学物質名）</th><th>欠乏症</th><th>機能</th></tr>
<tr><td rowspan="5">水溶性ビタミン</td><td>ビタミンB$_1$（チアミン）</td><td>脚気，食欲不振，易疲労性，手足のしびれ</td><td>TPPとしてα-ケト酸の脱炭酸反応にかかわる</td></tr>
<tr><td>ビタミンB$_2$（リボフラビン）</td><td>口角炎，口唇炎，舌炎，皮膚炎，成長障害</td><td>FMN，FADとして酸化還元反応にかかわる</td></tr>
<tr><td>ナイアシン（ニコチン酸）</td><td>ペラグラ，下痢，神経症</td><td>NAD，NADPとして酸化還元反応にかかわる</td></tr>
<tr><td>ビタミンB$_{12}$（コバラミン）</td><td>悪性貧血，動脈硬化</td><td>メチルコバラミンとしてメチル基転移反応にかかわる</td></tr>
<tr><td>ビタミンC（アスコルビン酸）</td><td>壊血病，歯肉炎，皮下出血</td><td>水酸化反応（コラーゲンの合成）にかかわる</td></tr>
<tr><td rowspan="4">脂溶性ビタミン</td><td>ビタミンA（レチノールorレチナール，レチノイン酸）</td><td>暗順応①の低下，夜盲症</td><td>ロドプシン②の生成に関与，皮膚や粘膜を正常に保つ，成長・発育の促進</td></tr>
<tr><td>ビタミンD（エルゴカルシフェロール（D$_2$）orコレカルシフェロール（D$_3$））</td><td>くる病（乳幼児），骨軟化症（成人）</td><td>小腸や腎臓でのCa吸収の促進，骨吸収の促進，血清Ca濃度調節に関与（いずれも活性型ビタミンD$_2$またはビタミンD$_3$）</td></tr>
<tr><td>ビタミンE（トコフェロール）</td><td>貧血，小児皮膚硬化</td><td>不飽和脂肪酸，ビタミンA，カロチンなどの過酸化物の生成を防止</td></tr>
<tr><td>ビタミンK（フィロキノン（K$_1$）orメナキノン（K$_2$））</td><td>血液凝固の遅延</td><td>血液凝固因子の生成，Glaタンパク質（骨基質タンパク質）の生成に関与</td></tr>
</table>

① 暗順応：突然暗い部屋に入ったときの暗さに目が慣れる時間
② ロドプシン：視覚の反応に必要

ビタミン
vitamin

糖質，脂質，タンパク質，無機質（ミネラル）とともに五大栄養素の1つとして，摂取しなければならない微量の有機物質をビタミンという．一部の例外を除いて，生体内で合成できない化合物であることがホルモン（本章B参照）とは異なる．

ビタミンは，その溶解性の違いから**水溶性ビタミン**（ビタミンB群，Cなど）と**脂溶性ビタミン**（ビタミンA，D，E，K）とに分類される．ビタミンには，それぞれ1日に必要な摂取量があり，不足する日が長く続くと特有な**欠乏症**が現れる．一方，脂溶性ビタミンを過剰に摂取すると，脂質とともに脂肪組織に蓄積されるため，貯蔵量の増加によって特有な**過剰症**が現れることがある．しかし，水溶性ビタミンは，過剰に摂取しても尿中に排泄されるため，過剰症は起こらない（表A-3）．

大多数の哺乳動物はD-グルコースからビタミンC（アスコルビン酸）を合成できるが，ヒトを含む霊長類，モルモット，鳥類，魚類，無脊椎動物は，D-グルコースからアスコルビン酸を合成する途中の酵素を欠いているため，体外から摂取しなければならない．

ヒトは，ビタミンDをコレステロールから合成することができる．しかし，1日に必要な量を合成することができないため，食物として摂取しなければならない．

まとめ

- 酵素は，生体内で起こるすべての化学反応を促進する生体触媒である．
- 酵素には基質特異性がある．
- 酵素の本体はタンパク質であるため，酵素反応は温度やpHの影響を受ける．
- 細胞内の酵素は，細胞質基質や特定の細胞小器官で効率よく化学反応を進めている．
- 補酵素の大部分はビタミンB群からつくられる．

B ホルモン ―血流を介する遠隔調節機構―
hormone

　膵臓から分泌されるインスリンというホルモンが血糖値を下げ，それゆえ，糖尿病の治療で利用されることはよく知られている（9章F参照）．インスリンに限らず生体内で分泌されるホルモンと呼ばれる分子の多くは，それを分泌する臓器とは遠く離れた他の臓器の代謝調節を担っている．つまり，ホルモンは"内分泌細胞"と総称される特定の"細胞"によって合成・分泌され，血流によって運ばれ，遠隔の"細胞"に作用するのである．例えば，インスリンを合成・分泌するのは，膵臓内に点在するランゲルハンス島という内分泌細胞の集団の中に存在するB細胞であり，その作用を受けるのは，インスリンに対する受容体（本章E参照）をもった骨格筋細胞や肝臓実質を構成する肝細胞などである．この意味では，ホルモンは，細胞間シグナル分子の一種でもあるといえる．このことを念頭に，ホルモンについての基本的な事項をまとめていくことにする．

概略図-B　内分泌とそれをつかさどる器官の位置づけ

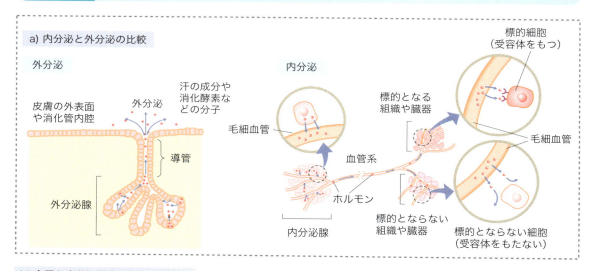

a) 内分泌と外分泌の比較

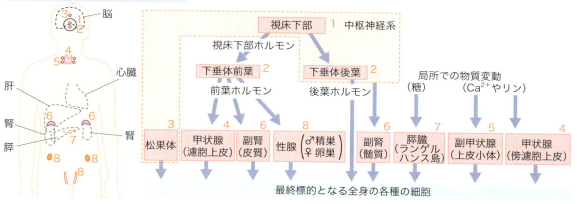

b) 主要な内分泌器官の位置と階層性

図B-1 ● ホルモンの分類と構造

ペプチドホルモン：3〜200あるいはそれ以上のアミノ酸が数珠状に連なったペプチドで，標的細胞の細胞膜上の受容体に結合することによって作用を及ぼす．最も種類が多く，下図は計51個のアミノ酸残基からなるインスリンの構造である．

```
A鎖      S――――S
     G-I-V-E-Q-C-C-T-S-I-C-S-L-Y-Q-L-E-N-Y-C-N
               S           S
               S           S
B鎖
     F-V-N-Q-H-L-C-G-S-H-L-V-E-A-L-Y-L-V-C-G-E-R-G-F-F-Y-T-P-K-A-T
```

各々のアミノ酸残基は，1文字表記（付録参照）で示してある

アミノ酸誘導体ホルモン：アミノ酸のチロシン（Tyr）から生じる低分子化合物のホルモンで，副腎髄質の細胞から分泌されるアドレナリンおよびノルアドレナリン，あるいは，甲状腺濾胞上皮細胞から分泌されるチロキシンなど，数は限られている．細胞膜上の受容体に結合するものと，細胞核内の受容体に結合するものとがある．下図はアドレナリンである．

ステロイドホルモン：ステロイド骨格をもつホルモンで，副腎皮質から分泌される数種のホルモンや性腺から分泌されるアンドロゲン，エストロゲンなどがある．これらに，活性型ビタミンD_3を含める場合もある．いずれも脂溶性の性格をもつため，血中では，輸送タンパク質（本章D参照）と結合した形で運搬される．多くは標的細胞の細胞質内の受容体と結合した後に核内へ移行して作用を及ぼす．下図はアンドロゲン（男性ホルモン）の1つで，テストステロンである．

I 内分泌と外分泌
endocrine & exocrine

　分泌活動を"もっぱら"行っている細胞を腺細胞と総称するが[※1]，腺細胞は，個体の外表面や消化管などの内腔に，導管と呼ばれる分泌物排出のための管を通して汗や消化液などを分泌する外分泌（腺）細胞と，細胞周囲の組織中にホルモンを分泌する内分泌（腺）細胞とに大別される．外分泌細胞も内分泌細胞も多数の細胞が集まり腺組織を形成している場合が多い．内分泌腺には導管がないため，ホルモンは腺組織内の細胞外基質中に分泌され，腺細胞周囲に豊富に分布する毛細血管内に入り，血管系を経由して，遠隔の標的臓器中の標的細胞へと運ばれる（概略図-B）．

II ホルモンの分類と名称

　ホルモンと呼ばれる分子は数多くあるが，化学構造的には，ホルモンは，大きく①**ペプチドホルモン**，②**アミノ酸誘導体ホルモン**，③**ステロイドホルモン**の3種類に大分される[※2]．それぞれの特徴と具体例を図B-1にまとめた．

　ホルモンを合成・分泌する内分泌細胞は，内分泌腺あるいは内分泌器官と呼ばれる細胞集団として全身の各部に分散して存在しており[※3]，またホルモンと位置づけられる生体分子も相当な数に及ぶ[※4]．また，代表的なものについて表B-1にまとめた．

[※1] 細胞は，程度の差はあれ分泌活動を行っているが，すべての細胞が腺細胞と呼ばれるわけではないことは銘記すべきである．

[※2] 炭素数20個の多価不飽和脂肪酸（アラキドン酸）の誘導体であるエイコサノイドと呼ばれる物質（プロスタグランジンも含まれる）もホルモン様の作用をもつがここでは言及しない．

[※3] 1つの内分泌器官の中に複数種の内分泌細胞が存在し，それぞれが異なるホルモンを分泌している場合も多い．

[※4] ホルモンは他の生体分子と同様に固有の名称をもつ．前述のインスリンなどはそうした名称である．しかし，さらに別名がある場合もある．成長ホルモンがソマトトロピンとも呼ばれるのはそのためである．また，副腎皮質や下垂体前葉から分泌される複数のホルモンを，それぞれ副腎皮質ホルモン，下垂体前葉ホルモンなどと総称することも多い．一方で，副甲状腺（上皮小体）の内分泌細胞から分泌されるホルモンにはパラトルモンしか知られておらず，このような場合は，副甲状腺（上皮小体）ホルモンとパラトルモンとは同義となる．

表B-1 ● 主な内分泌器官とホルモン

内分泌器官名		ホルモンの名称
視床下部		各種の放出ホルモンとこれに拮抗する放出抑制ホルモン 例）成長ホルモン放出ホルモン，成長ホルモン放出抑制ホルモンなど
下垂体	前葉	成長ホルモン，乳腺刺激ホルモン，副腎皮質刺激ホルモン，甲状腺刺激ホルモン，性腺刺激ホルモンなど
	後葉	オキシトシン，バソプレシンなど
松果体		メラトニンなど
副腎	皮質	コルチゾール，アルドステロンなど
	髄質	アドレナリン（エピネフリン），ノルアドレナリン（ノルエピネフリン）など
甲状腺		チロキシン，カルシトニンなど
副甲状腺 （上皮小体）		パラトルモン
膵臓ランゲルハンス島		インスリン，グルカゴン，ソマトスタチンなど
性腺	卵巣（女性）	エストラジオールなど
	精巣（男性）	テストステロンなど

■：ペプチドホルモン　■：アミノ酸誘導体ホルモン　■：ステロイドホルモン

この他にも，胃，腸管や腎臓の一部の細胞群，胎盤などからもホルモンは分泌されている．

III ホルモンの特徴

　ホルモンは，血管系を経由して全身の臓器に運ばれるため，当然のことながら，特定の標的臓器へ選択的に運ばれるわけではない（概略図-B）．このため標的細胞に作用する際のホルモンの濃度は一般にきわめて低濃度であり，$10^{-6} \sim 10^{-12}$ M程度であるといわれる．そうしたわずかな量のホルモンを検知するために，標的細胞がもつ受容体は，該当するホルモンとの親和性（結合する能力）が高い．また，血中に入ったホルモンは，長く循環を続けるのではなく，多くは数分程度で，血中の酵素によって不活化されてしまう．一方，受容体にホルモンが結合して，その作用を受けた標的細胞のその後の応答はその細胞の性質によって異なり，数秒から数時間，あるいは数日間持続する場合がある．こうした特徴に

よって，ホルモンは，全身を巡る血管系といういわばありふれた経路を利用して運ばれるにもかかわらず，ホルモンの種類と標的細胞の性格との組み合せに応じて，多様な作用を及ぼすことが可能なのである．

　また，ホルモンと呼ばれる物質のなかには，同じ標的細胞に作用し逆の効果を生じるものがあり，こうしたペアとなるホルモンは，お互いに**拮抗する**と表現される．例えば，肝細胞に作用して血糖値を低下させるインスリンに拮抗するホルモンとして，同じく肝細胞に作用して血糖値を上昇させるグルカゴンがある．

IV 内分泌とシナプス型分泌
endocrine & synaptic secretion

　ホルモンを介する内分泌と同様に，遠隔の標的細胞に特定の作用を及ぼす神経伝達物質と総称される分子がある．こうした神経伝達物質を細胞間シグナルとする分泌様式は，**シナプス型分泌**と呼ばれ，遠隔の細胞に作用するという点では，内分泌と類似性がある[※5]．しかし，両者の決定的な相違は，シグナルとなる物質（ホルモンあるいは神経伝達物質）の標的細胞への輸送様式の違いである（図B-2a, b）．シナプス型分泌では，神経細胞の細胞質が長く伸びだし（軸索突起と呼ばれ 1 m以上に及ぶこともある），標的細胞のきわめて近くまで達し，その先端から神経伝達物質が分泌され，標的細胞の受容体に結合する．このため，ホルモンとは対照的に，神経伝達物質は，標的細胞に選択的かつ比較的高い濃度（5×10^{-5} M程度）で作用し，標的細胞がもつ受容体との親和性も相対的に低くても済むようになっている（表B-2）．

　古くは，内分泌とシナプス型分泌とは，分泌される物質の種類の面でも分泌様式の面でも全く別のものとして位置づけられていた．しかし，現在では，例えば，アドレナリンやノルアドレナリンのように同一の分子が，ホルモンとしても神経伝達物質としても作用する場合があることが知られている．

※5　細胞間のシグナル伝達という視点からは，ここで述べている内分泌や神経分泌の他にも，傍分泌，自己分泌といった形式の分泌がある．これらについては，本書の別項（本章E III）で触れる．

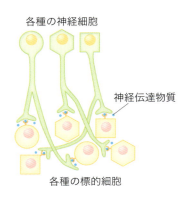
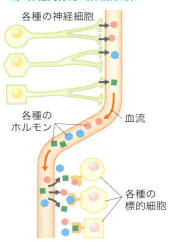

図 B-2 ● 内分泌，シナプス型分泌，神経内分泌（神経分泌）の比較

表 B-2 ● ホルモンと神経伝達物質の比較

① ホルモンと呼ばれる物質であっても，神経細胞によってシナプス型分泌されるものもあり，また，同一の分子が内分泌細胞と神経細胞の両者によって分泌されている場合もある

② 神経細胞の軸索突起から分泌された後に，近接する標的細胞に作用するのでなく，血管系に入るもの（神経内分泌されるもの）がある．また，ホルモンであっても神経伝達物質であっても，分泌された後に，血管系に入ることなく，周囲の細胞に作用する（傍分泌）場合がある（本章 E 参照）

	ホルモン	神経伝達物質
合成・分泌する細胞①	内分泌細胞	神経細胞
標的となる細胞	遠隔の細胞	神経細胞体からは遠く離れているがその軸索突起とは近接している
伝達方法②	血管系	神経系（神経細胞の軸索突起）
伝達経路の選択性	低い	高い
標的細胞に対する特異性	受容体を介するため特異性は高い	
実効濃度	きわめて低い 10^{-6}〜10^{-12} M 程度	比較的高い 5×10^{-5} M 程度

また，視床下部ホルモンあるいは下垂体後葉ホルモンなどと呼ばれるものは，ホルモンとしての性格をもつにもかかわらず，神経細胞の軸索突起の末端から分泌され，その後血中に入ることがわかっている．こうした形式は，内分泌と神経細胞によるシナプス型分泌の中間的なものであるとして，**神経内分泌**あるいは単に**神経分泌**と呼ぶ（図 B-2c）．

こうした事情から，内分泌と神経分泌とを代謝調節という視点から，**神経内分泌系**として取りまとめて扱う場合がある．

V 内分泌器官の階層と調節

内分泌器官には，生体内での位置関係とは必ずしも一致しない**機能的な階層関係**がある．概略図-B からもわかるように，視床下部に由来するホルモンの多くは下垂体（前葉）の細胞を標的とし，また，下垂体（前葉）から放出されるホルモンは副腎皮質，甲状腺，性腺などといった別の内分泌器官の細胞を標的としている．したがって，視床下部や下垂体（前葉）は，機能的には，より上位の内分泌器官，いうなれば内分泌器官の調節を行う内分泌器官と考えられ，副腎皮質などはより下位の内分泌器官であると

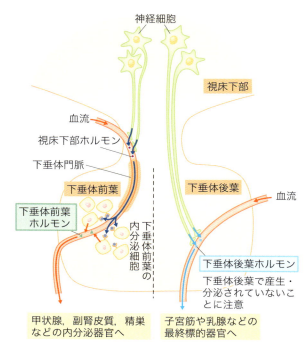

図B-3 ● 上位内分泌器官と神経分泌の関係

る．下垂体前葉ホルモンの1つである成長ホルモンは，他の下垂体前葉由来のホルモンとは違って，下位の内分泌器官を標的とせず，直接，肝臓や骨に存在する最終標的の細胞に作用する[※6]．

上位の内分泌器官では，すでに述べた神経分泌との関連で特殊な状況がある．視床下部ホルモンと呼ばれる各種の放出ホルモンおよび放出抑制ホルモン（表B-1）は，視床下部の一部の神経細胞で合成され，比較的短い軸索突起の先端から分泌された後，下垂体門脈と呼ばれる血管を経由して下垂体前葉に達し，下垂体前葉の内分泌細胞に作用する（図B-3）．また，一般に下垂体後葉ホルモンと呼ばれるオキシトシンやバソプレシンなどは，実は，視床下部にある別の神経細胞で合成され，下垂体後葉へ伸びる軸索突起中を運ばれ神経分泌された後に，毛細血管に入り，遠隔の最終標的細胞に作用する（図B-3）．

このように，上位の内分泌器官は神経系との接点であり，当然，視床下部の神経細胞は，さらに上位ともいえる脳，つまり中枢神経内の神経細胞によって直接制御されている（概略図-B）．一方，腹部にある副腎髄質の内分泌細胞からのアドレナリン分泌なども，中枢神経系の神経細胞によって直接制御されている．また，膵臓のランゲルハンス（Langerhans）島からのインスリンやグルカゴンなどの分泌は，局所での血糖値の変動に応じて調節されている．つまり，生体内の種々の細胞の代謝調節を担うホル

いえる．ただし，こうした下位の内分泌器官は，最終的な標的である生体内の種々の細胞の代謝調節を直接的に制御するホルモンを分泌しているという点で，その重要性は決して低いとはいえない．なお，機能的に上位の内分泌器官から放出されるホルモンであっても，最終標的細胞に直接作用する場合があ

Column 環境ホルモン!?

環境ホルモンと呼ばれる物質が，社会問題になっている．これは，人工的な化学物質であって，本書で述べられているような内分泌細胞（あるいは神経細胞）によって合成・分泌される生体分子ではない．しかし，その構造の一部が生体内のホルモンときわめて類似するため，標的細胞の受容体に結合して，生体にとって不都合な作用を及ぼす可能性がある．

内分泌系は，本文中でも解説されているように，神経系や局所の情報によって厳密に制御される必要があるので，こうした物質が環境中に氾濫したり，生体内に入り込むことは，健康上のリスクがある．なお，環境ホルモンという用語は，あたかもホルモンであるかのような印象を与え誤解を招くので，生体本来の内分泌による調節を乱すという意味の"内分泌撹乱物質"という用語の使用が推奨されている．

[※6] 成長ホルモンは，例えば，骨端軟骨の細胞に作用して骨の伸長を制御しているため，その分泌過剰は巨人症あるいは末端肥大症を，分泌不全やホルモンの構造的な異常は下垂体性小人症を引き起こす．

モンは，内分泌系それ自体や神経系による調節に加えて，局所での代謝活性あるいは物質量の変動によっても，適宜調節されているのである（概略図-B）．

VI ホルモンの機能

ホルモンは，細胞間シグナル分子の一種であり，特に遠隔の標的細胞の代謝調節を行うが，個々のホルモンの具体的な機能は，多岐にわたるので本書では言及しない．しかし，他の成書などで個々のホルモンのはたらきについて学習する際に，留意すべきことがある．例えば，副甲状腺（上皮小体）の細胞が合成・分泌するパラトルモン（副甲状腺ホルモン，PTH）というホルモンには，骨吸収促進作用があると表現される．骨吸収の結果として，血中のカルシウムイオン（Ca^{2+}）濃度が上昇するため，血中 Ca^{2+} 濃度を上昇させる作用があると記載される場合もある．つまり，どのような視点で，そのホルモンの機能が表現されているかを念頭に置く必要がある．また，PTHの存在下では，骨吸収に関与する破骨細胞という細胞が活性化している．となれば，PTHが破骨細胞に作用していると考えたくなる．しかし，破骨細胞はPTHの受容体をもっていない．つまり，破骨細胞はPTHというホルモンの標的細胞ではない[※7]．PTHは骨形成を担う骨芽細胞にまず作用し，この骨芽細胞が破骨細胞を二次的に活性化するのである．ホルモンの作用を細胞レベルで捉える場合，そのホルモンの標的細胞（つまり対応する受容体を有している細胞）は何かという視点で考える必要がある．

> **まとめ**
> - ホルモンは，内分泌細胞によって合成され，周囲の細胞外基質中に分泌された後に，血流によって運ばれ，遠隔の標的細胞に作用する細胞間シグナル分子の一種である．
> - ホルモンは，物質的にはペプチド系，アミン系，ステロイド系の3種に大別され，その基本的な役割は生体内の代謝調節といえるが，生体内でホルモンとされる分子の種類は多く，拮抗する作用をもつものも含めて，個々のホルモンの機能は多岐にわたる．
> - 血管系を経由するがために非選択的に標的臓器，標的細胞へ運ばれるホルモンの実効濃度は一般に低い．そのため，標的細胞のホルモン受容体の親和性は相対的に高い．
> - 内分泌器官相互には機能的な上位あるいは下位といった階層的な関係があり，内分泌系の自律的な制御に役立っている．加えて，中枢神経系や局所での代謝活性あるいは物質量の変動によっても調節されている．
> - 神経伝達物質はシナプス型分泌によって神経細胞から分泌される．ホルモンと神経伝達物質とは，遠隔の細胞に作用するという点で類似性があり，実際に同一の分子が，ホルモンとしても神経伝達物質としても機能している場合がある．

[※7] PTHと拮抗して骨吸収を抑制するホルモンとしてカルシトニンがある．PTHの場合とは対照的に，破骨細胞はカルシトニン受容体をもっており，カルシトニンの標的細胞である．破骨細胞はカルシトニンの作用によって直接その活性が抑制される．

C 収縮性タンパク質 ―筋収縮のメカニズム―
contractile protein

　生体の中では，例えば，細胞外の弾性線維を構成するエラスチン（本章G参照）のように，伸縮性のあるタンパク質も存在する．しかし，筋細胞の収縮を担う収縮性タンパク質と呼ばれるものは，それ自体が伸び縮みするわけではない．細胞骨格の構成タンパク質の1つであるアクチンと，アクチン結合性タンパク質の1つであるミオシンの分子的な相互作用によって，筋収縮は生じる．別項に記載のチューブリンとダイニン，あるいはチューブリンとキネシンの相互作用[※1]によるものと同様に，アクチンとミオシンによる収縮系は，細胞内モーターの一種であると考えられる．

　生体内には，主として個体の運動を担う骨格筋細胞，心臓の律動的な拍動を担う心筋細胞，消化管の蠕動や血管の収縮などを担う平滑筋細胞といった3種の筋細胞が存在するが，ここでは，骨格筋あるいは心細胞といった横紋構造をもつ筋細胞（横紋筋細胞）の収縮メカニズムやその制御を分子・細胞レベルでみていくことにする．

概略図-C　横紋筋細胞の微細構造と平滑筋細胞の光学顕微鏡像

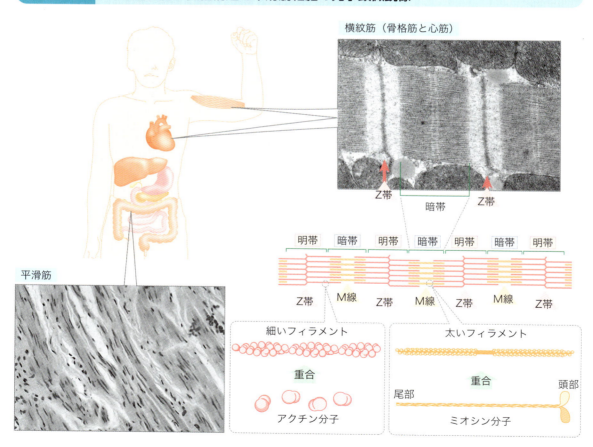

I アクチンとミオシン
actin & myosin

筋細胞の収縮を直接的に実現するのは，**アクチン**（actin）および**II型ミオシン**（myosin）という2つのいわゆる収縮性タンパク質と呼ばれる分子である．球状のアクチン分子は，数珠状につながり線維をつくるが[※2]，横紋筋細胞では特に細いフィラメント（thin filament）と呼ばれる細胞内線維を形成する．一方，II型ミオシン分子は，柄の長い双葉のクローバのような形をしており，その柄の部分で凝集して，アクチンの線維よりも太いフィラメント（thick filament）を形成する．これら2つのタイプの細胞内フィラメントは，横紋筋細胞ではきわめて整然と配列している（概略図-C）．

II 滑走と収縮
sliding & contraction

太いフィラメントを構成するミオシン分子の頭部には，ATPase活性があり[※3]，ATPの存在下で，ミオシン分子は頭部を振りながらアクチンとの結合／解離を繰り返す．これによって，ミオシン頭部がアクチンからなる細いフィラメント上をあたかも"歩く"ように移動することによって，2つのタイプのフィラメントが相対的に滑り合う（図C-1）．こうした滑走によって秩序のある収縮が生じるためには，以下の3つの条件が満たされねばならない．

筋原線維の形成

アクチンからなる細いフィラメントは，デスミン（desmin）という分子[※4]が局在するZ帯という構造によって，また，ミオシンからなる太いフィラメントはM線という構造によって，それぞれフィラメントの中央部で束ねられ（図C-2），これらが細胞内で交互に連なった**筋原線維**を形成している．これによって細いフィラメントと太いフィラメントがグループとしてまとまって滑走することが可能になる．

フィラメントの極性

アクチンからなる細いフィラメントにはそもそも極性があり（1章C参照），太いフィラメントも本章の概略図-Cのように，ミオシン分子が頭部を線維の両端に向けて凝集することによってなり立っている

a）滑走前（筋の弛緩時）

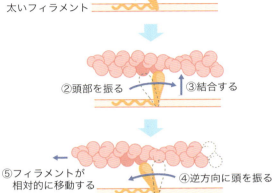
b）滑走過程

c）滑走後（筋の収縮時）

図C-1 ● アクチン・ミオシンの相互作用と滑走

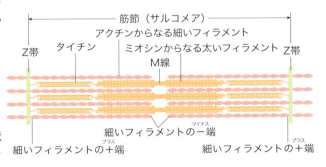

図C-2 ● 筋原線維と筋節の模式図

[※1] これらのモーター分子については，1章CIIIを参照．
[※2] アクチンについては1章CIですでにその詳細を解説している．
[※3] ミオシン分子の一部（頭部）にATPを加水分解する酵素活性があるということ．ATPase活性を有する生体分子は多く，その活性によって，高エネルギー結合したリンをATPから解離させる際に遊離するエネルギーが種々の反応で利用される（8章B参照）．
[※4] 中間径フィラメントの構成タンパクの1つである（1章C概略図-C参照）．

ために極性がある．その結果，2つのタイプのフィラメントは，それぞれZ帯とM線の位置を境に，極性が逆向きに配置していることになる（図C-2）．このため，両フィラメントの滑走によって，筋原線維の長さが短くなり，さらには筋細胞が収縮することになる．

フィラメントの相対的な位置

Z帯と太いフィラメントを連結するような**タイチン**（titin）と呼ばれるタンパク質がある．この分子はバネのようにはたらいて，収縮時でも弛緩時でも，ミオシンからなる太いフィラメントの位置を**筋節**※5 の中央部に保っている．また，筋原線維それ自体は，**ジストロフィン**（dystrophin）※6 と呼ばれる柔軟性のある長いタンパク質によって，筋細胞の細胞膜に固定されている．

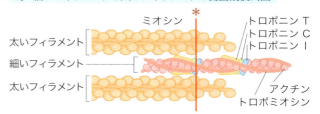

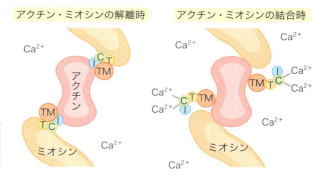

図C-3 ● Ca^{2+}による筋収縮／弛緩の制御

Ⓣ：トロポニンT　Ⓒ：トロポニンC　Ⓘ：トロポニンI
Ⓣ Ⓜ：トロポミオシン

Ⅲ 筋細胞の収縮／弛緩とCa^{2+}

収縮機構の概略は，アクチンとミオシンの相互作用に基づく滑走，そしてまた，これを秩序ある形で生じさせるいくつかのタンパク質の役割を知ることで理解できるが，筋細胞本来の収縮／弛緩の反復と直接的に関連しているのは，細胞質内の**Ca^{2+}濃度**である．筋細胞では，筋小胞体※7 に多量のCa^{2+}がプールされている．このCa^{2+}は，筋小胞体の膜にある**Ca^{2+}チャネル**が開くことによって細胞質内へ放出され，細胞質内のCa^{2+}濃度が急速に上昇する．放出されたCa^{2+}は，やはり筋小胞体膜にある**Ca^{2+}-ATPase**によって再び急速に取り込まれ，細胞質内のCa^{2+}濃度は直ちにもとに戻される．

Ca^{2+}による収縮／弛緩の制御を具体的に理解するためには，アクチンからなる細いフィラメントに結合しているさらにいくつかのタンパクの役割を知る必要がある．細いフィラメントには，**トロポミオシン**（tropomyosin）およびT, C, Iという3種の**トロポニン**（troponin）が図C-3aに示すように結合している※8．図C-3aの横断像にあたる図C-3bに描かれているように，細胞質中のCa^{2+}濃度が低いときは，Ca^{2+}がトロポニンCに結合せず，トロポニン-トロポミオシン複合体がアクチンとミオシンの頭部との間に介在し，これらの相互作用を阻害している．ところが，細胞質中のCa^{2+}濃度が上昇すると，トロポニンCにCa^{2+}が結合し，トロポニン-トロポミオシン複合体の立体的な位置が変化し，ミオシンの頭部がアクチンからなる細いフィラメント上を歩くと考えられている．

Ⅳ 神経系による筋収縮の制御

筋小胞体からのCa^{2+}放出の指令は，神経系によってなされる．ボールが飛んで来たときに，腕を伸ば

※5　Z帯からZ帯までの区画を筋節（サルコメア）と呼ぶ．
※6　このタンパク質が，遺伝子レベルで欠失しているかあるいは異常があることによって起きる疾患が筋ジストロフィーである．
※7　一般の細胞における滑面小胞体（sER）と等価な膜系の細胞小器官であり（1章BⅢ参照），特に骨格筋や心筋といった横紋筋細胞では発達している．
※8　トロポミオシンは細いフィラメントを補強すると同時にトロポニンTと結合している．また，トロポニンのT, C, Iという3種は，それぞれ，Tropomyosin結合性，Ca^{2+}結合性，阻害性（Inhibitory）を意味している．

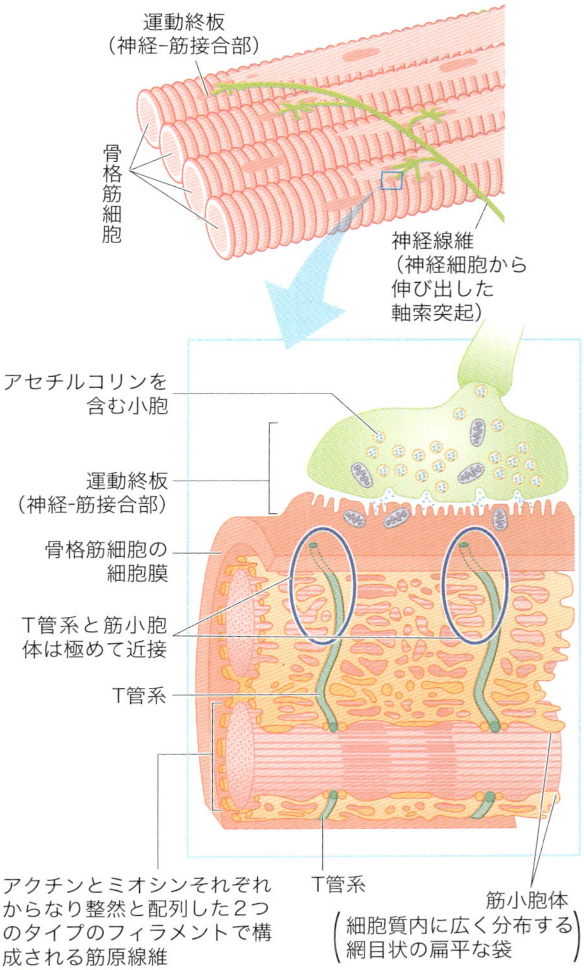

3章 ● 生物体の機能とタンパク質 C

表C-1 ● 筋収縮に関連するタンパク質

タンパク質名	筋収縮に関連する主な特徴と役割
・アクチン ・ミオシン	収縮性タンパク質である．アクチン分子は細いフィラメントを，ミオシン分子は太いフィラメントを形成する．ATPase活性をもつミオシン分子頭部のアクチンへの結合／解離によって，ミオシン分子頭部は細いフィラメント上を歩き，結果として，両フィラメントは相対的に滑走する
・デスミン	Z帯に局在し，細いフィラメントを構造的に束ねる
・タイチン	Z帯と太いフィラメントを連結し，太いフィラメントを筋節の中央部に保持する
・ジストロフィン	細いフィラメントと太いフィラメントからなる筋原線維を筋細胞の細胞膜に固定する
・トロポミオシン	細いフィラメントを補強すると同時にトロポニンTと結合することでトロポニン－トロポミオシン複合体を形成する
・トロポニン	T，C，Iという3種のトロポニン分子があり，特にトロポニンCにはCa^{2+}結合能がある．トロポニン－トロポミオシン複合体として，細胞質中のCa^{2+}濃度に応じてアクチンとミオシンの相互作用を制御する

図C-4 ● T管系と筋小胞体の分布

（図中ラベル：運動終板（神経-筋接合部），骨格筋細胞，神経線維（神経細胞から伸び出した軸索突起），アセチルコリンを含む小胞，運動終板（神経-筋接合部），骨格筋細胞の細胞膜，T管系と筋小胞体は極めて近接，T管系，アクチンとミオシンそれぞれからなり整然と配列した2つのタイプのフィラメントで構成される筋原線維，T管系（細胞質内に広く分布する網目状の扁平な袋），筋小胞体）

してキャッチしたり，身をかわして避けたりできるのは，ボールが飛んで来るという目から入った情報が中枢に伝わり処理されて，神経系を経由して骨格筋細胞に適切な収縮の指令が出されるためである．中枢にある（運動性）神経細胞の軸索突起は末梢の骨格筋細胞まで達し，**運動終板**（motor endplate）と呼ばれる**神経－筋接合部**を形成している．

神経細胞の軸索突起を伝搬した電気的な刺激は，軸索先端部の小胞内に蓄えられている**アセチルコリン**を筋細胞に向けて放出させる．アセチルコリンは筋細胞表面の受容体に結合し，この結果，筋細胞膜が電気的に興奮する．運動終板の部分で発生したこの筋細胞膜の電気的な興奮は，**T管系**[※9]によって筋細胞全体に迅速に伝搬し，これに近接する細胞質内の筋小胞体に刺激が伝わり，すでに述べたCa^{2+}の細胞質内への放出が生じるのである（図C-4）．

まとめ

- 筋細胞の収縮を担うアクチンおよびミオシンは収縮性タンパク質と呼ばれるが，これらはより広い概念では，チューブリン，ダイニン，キネシンなどと同様に細胞内のモーター分子といえる．
- 秩序だった筋細胞の収縮が実現するためには，収縮性タンパク質とともに，他のいくつかのタンパク質が必須である．これらを表C-1にまとめる．
- 筋細胞の収縮／弛緩の反復を直接的に制御しているのは，細胞質中のCa^{2+}濃度であり，それは筋小胞体からのCa^{2+}の放出／再取り込みによって変動する．
- 筋小胞体からのCa^{2+}の放出を促すのは神経系からの指令であり，神経細胞の軸索突起を伝搬してきた電気的な刺激は，運動終板と呼ばれる神経－筋接合部から，T管系を介して，筋細胞内に網目状に広く分布する筋小胞体に伝わる．

※9 T（transverse）管系は筋細胞膜が細胞内に深く管状に陥入したものである．つまり，T管系の膜は細胞膜と等価で連続しているために，運動終板で発生した電気的興奮を細胞内に迅速かつ広く伝える役割を担っている．

D 輸送タンパク質
transport protein

　輸送タンパク質は，種々の生体分子を輸送する役割を担うタンパク質という意味であるが，一般に，大きく2つのカテゴリーに分けられる．最初のカテゴリーに属するものは，多くの血漿タンパク質で，これらは血漿中を循環しており，特異的な分子または金属イオンと結合し，これらをある臓器から別の遠隔の臓器に輸送する．もう1つのカテゴリーに属するものは，細胞膜にあるタンパク質で，これらはイオンや比較的小さな分子などを，細胞内へ膜を横切って輸送するのに役立っている．

概略図-D　輸送タンパク質がはたらく主な場面

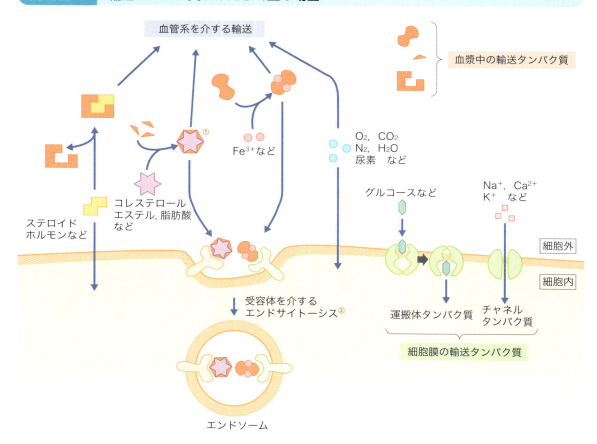

① コレステロールエステル，脂肪酸などにリン脂質や輸送タンパク質としてのアポリポタンパク質が結合し，可溶性の性格をもった粒子．リポタンパク質と呼ばれている

② エンドサイトーシス（1章B参照）には，受容体を介して特定の物質を選択的に細胞内に取り込む"受容体を介するエンドサイトーシス（receptor-mediated endocytosis）"と呼ばれる形式がある．これはいわゆる輸送タンパク質による物質輸送ではないが，リポタンパク質やFe^{3+}あるいは一部のタンパク質分子などの細胞内への取り込みでは重要な意味があるのでここに合わせて描いた

I 輸送タンパク質の必要性と意義

生体分子が血管系を経由して輸送されるためには，それらの分子が血漿に対して可溶性である必要がある．しかし，生体分子のなかには，そうした性質を備えていないものも多い．例えば，脂質として分類される分子（ステロイドホルモン，コレステロールエステルなど）のほとんどすべては血漿に不溶である．このような場合，不溶性分子は，輸送タンパク質と結合することによって不溶性の性質が覆い隠されて可溶化され，輸送が可能となるのである（概略図-D）．

一方，細胞膜を横切って生体分子が細胞内（あるいは外）へ輸送される必要のあるときは，状況がほぼ逆になる．つまり，細胞膜の脂質二重層は，そもそも細胞内外を区画するために存在し，物質の自由な出入りを許さない．このため，脂質二重層を通過できる一部の分子以外は，細胞膜を貫通する輸送タンパク質のはたらきによって，**選択的に輸送**されている（概略図-D）．

輸送タンパク質にはこの他にも重要な役割のある場合がある．例えば，生体あるいはその局所にとって有害な物質と結合することによってこれを無毒化したり，特定の活性を示す分子やイオンと結合し，適切な場所あるいは適切なタイミング以外で，それが作用しないようにすることがある．また，輸送タンパク質との複合体が形成されることによって，こうした複合体を特異的に認識できる細胞に効率的に生体分子が渡されるようになることもある[※1]．

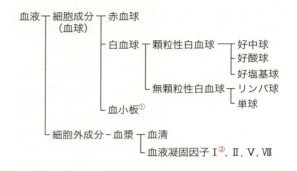

図D-1 ● 血液の構成
① 骨髄巨核球の細胞質がちぎれて生じる細胞膜からなる小胞
② 凝固因子Ⅰは線維素原（フィブリノーゲン）である

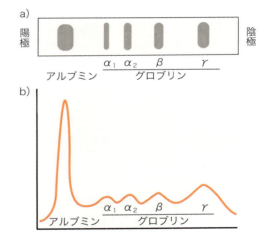

図D-2 ● 電気泳動でみた血漿タンパク質
(a) は血漿タンパク質を電気泳動した結果で，分離されたタンパク質の相対的な量をデンシトグラムという方法でグラフ化したのが **(b)** である．血漿タンパク質が5つのグループに分けられている（分画されている）ことがわかる．

II 血漿と血漿タンパク質
plasma & plasma protein

図D-1からもわかるように，**血漿**とは，血液から赤血球をはじめとする細胞成分を取り除いたものをいう[※2]．成人では，この血漿の約7％はタンパク質であり，これを**血漿タンパク質**と総称する．血漿タンパク質には，非常に多くの種類のタンパク質が含まれるが，電気泳動という方法によって分析してみると，図D-2に示すように大きく，**アルブミン**と，α_1, α_2, β, γ **グロブリン**の5つのグループ（画分）に分けられる．

[※1] 受容体を介するエンドサイトーシスなどはそうした例である．詳しくは，概略図-Dの②を参照のこと．

[※2] 血漿から，血液凝固因子Ⅰ（線維素原，fibrinogen）および血液凝固因子Ⅱ，Ⅴ，Ⅷを除いたものを"血清"という．特定の物質と結合してこれを中和するタンパク質（＝γグロブリン，＝免疫グロブリン）を含んでいる血清を，特に"抗血清"という．例えば，ヘビに噛まれた人を救うために，抗血清を注射するなどということは聞き覚えがあろう．

III 血漿中の輸送タンパク質

　血漿タンパク質のなかで，いわゆる輸送タンパク質と位置づけられるものは，アルブミン画分〜βグロブリン画分までの4つのグループに含まれている多数のタンパク質である．例えば，α_1〜α_2画分に含まれるセルロプラスミンやβ画分に含まれるトランスフェリンは，それぞれ銅および鉄の運搬を担っている．また，アルブミン画分に含まれる**アルブミン**[※3]は，血漿タンパク質中で量的に豊富であるとともに，結合能の特異性が比較的低く多種多様なタンパク質と結合することができるため，重要な輸送タンパク質の1つである．また中性脂肪，コレステロール，リン脂質などの脂溶性の生体分子の輸送は，これらの分子が血漿タンパク質と結合することにより，α-リポタンパク質（高密度リポタンパク質：HDL）やβ-リポタンパク質（低密度リポタンパク質：LDL）が形成されることによって行われている[※4]．

IV 細胞膜の輸送タンパク質

　ステロイド系のホルモンなどは脂溶性かつ分子量が小さいため比較的自由に細胞膜を透過できる．また，O_2，CO_2，N_2などの疎水性分子や，電荷をもたない極性分子であっても，H_2O，尿素などのように分子量の小さいものならば，細胞膜を透過できる．しかし，タンパク質やグルコースをはじめとする糖質，そしてほとんどすべてのイオンは，細胞膜の脂質二重層を通過できない．

　こうした分子の細胞内外への"選択的"な輸送を担っている細胞膜の輸送タンパク質には，**運搬体タンパク質**と**チャネルタンパク質**がある（概略図-D）．運搬体タンパク質は，輸送されるべき特定の分子やイオンと結合し，その結果，運搬体タンパク質それ自身の立体的な形状が変化することによって，結合した分子やイオンを細胞内（あるいは外）へ運搬する．一方，チャネルタンパク質は，もっぱら小さい無機イオンを通過させるためのもので，輸送されるべきイオンとは結合せず，チャネル（通路）という名称が示すとおり，脂質二重層を貫通する親水性の小孔を開閉することによってイオンを通過させる（図D-3）．

運搬体タンパク質
carrier protein

　小腸上皮細胞において行われるグルコースの運搬（図D-4）を例に，運搬体タンパク質のいくつかの型を見てみることにする．

　腸管内のグルコースは，細胞外で濃度の高いNa^+との"道連れ"で，細胞内に取り込まれる．これは，Na^+の流入の際のイオン勾配を利用した**能動輸送**[※5]である．このように2種の物質を同じ方向に同時に輸送する運搬体タンパク質を**シンポート**（共輸送）

Column　血液って液体？

　血液は"液体である"という印象があろう．同時に，血液中に赤血球があるということも周知であろう．実は血液は，赤血球をはじめとする細胞成分と，他の組織では組織液に相当し種々の生体分子を含む血漿とからなっている（図D-1）．血漿中には，結合組織と同様に細胞外線維も"潜在的に"存在する．血液中のこの潜在的な細胞外線維は，線維素原（fibrinogen）と呼ばれる血漿タンパク質の1つである．外傷を負って出血した場合は，このタンパク質が速やかに線維素（fibrin）となって不溶性の線維の網目を形成し止血に寄与する．こうしたことから血液は，みかけ上の印象は異なるが，結合組織としての特徴を備えていると考えられる．

※3　アルブミン画分にはアルブミンがきわめて豊富であるため，グループの名称とタンパク質固有の名称が同じになっているが，アルブミン画分にはアルブミン以外のタンパク質も複数含まれる．

※4　リポタンパク質とは，コレステロールや脂肪酸などの脂質分子を，リン脂質や輸送タンパク質としてのアポリポタンパク質が覆うことによって形成された粒子状の複合体のことをいう〔2章E脚注※2（p.67）参照〕．

※5　能動輸送および受動輸送という用語については，p.90のコラム「能動輸送と受動輸送」を参照のこと．

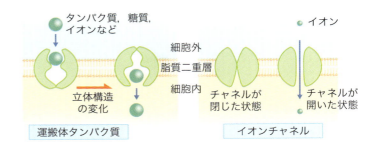

図D-3 ● 運搬体タンパク質と
チャネルタンパク質の模式図

系の運搬体タンパク質という．

　グルコースと抱き合わせで取り込んだことで，小腸上皮細胞内のNa^+濃度が上昇してしまう．Na^+濃度は，本来，細胞内（5〜15 mM程度）に比べ，細胞外（145 mM程度）で著しく高く保たれているので，この濃度勾配に逆らって，Na^+をくみ出さねばならない．これを行うのがNa^+-K^+ATPaseあるいは**Na^+-K^+ポンプ**[※6]と呼ばれる**アンチポート（対向輸送）**系の運搬体タンパク質である．名称から想像できるように，ATPを消費する能動輸送が行われる．アンチポート系の運搬体タンパク質では，同時に運ばれる2種の分子の輸送方向は逆であり，この例の場合は，Na^+を排出する代わりにK^+が細胞内に入る．K^+濃度はもともと細胞内で高く保たれているので問題ない．

　小腸上皮細胞内に取り込まれたグルコースは，図D-4で示されているように，細胞基底側の結合組織中に輸送される必要がある．この場合は，グルコース分子のみを一方向に運ぶ**ユニポート（単輸送）**系の運搬体タンパク質がはたらく．この輸送では，細胞外液に比べて細胞内のグルコース濃度が高いので，その濃度勾配に基づく受動輸送が行われる．

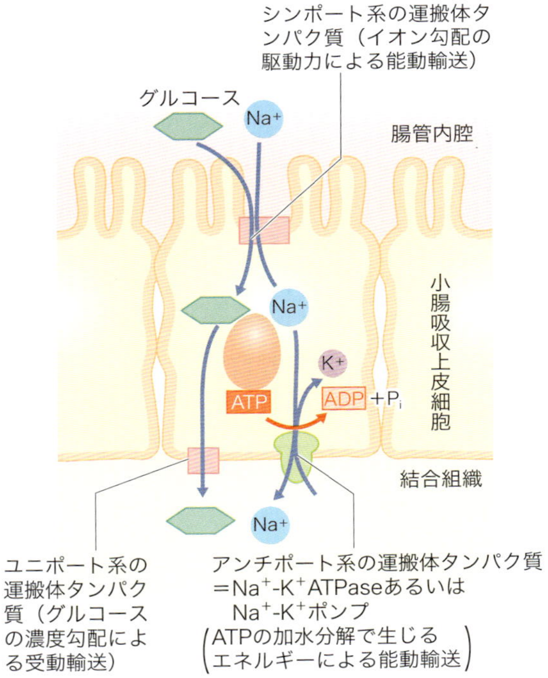

チャネルタンパク質
channel protein

　チャネルタンパク質は，**イオンチャネル**とも呼ばれ，もっぱら小さな無機イオンを細胞内外に輸送するためのものであり，その輸送は常に，濃度や電気的な勾配に基づく受動輸送の様式をとる．しかし，輸送効率は，運搬体タンパク質に比べ1,000倍以上であり，毎秒約100万個のイオンを輸送することが可

図D-4 ● 小腸吸収上皮でのグルコースの運搬

能であるといわれる．受動輸送という言葉のニュアンスから誤解を招くことがあるが，チャネルタンパク質による輸送においてもほとんどの場合，特定の物質を選択的に，かつ決まった方向で輸送しており，チャネルの開閉も，①電位に依存する方法，②神経伝達物質，イオン，環状ヌクレオチド（cAMPやcGMP）などのリガンド[※7]がチャネルへ結合することによる方法，あるいは，③機械的な刺激に依存する方法などで厳密に制御されている（図D-5）．

　神経-筋接合部である運動終板でのアセチルコリン放出（本章C参照）は，実は神経細胞の軸索突起

[※6] Na^+-K^+ポンプは，ほとんどすべての動物細胞の細胞膜に存在し，細胞内外のNa^+およびK^+の濃度差を維持するためにこのポンプが消費するエネルギーは，細胞が必要とする全エネルギーの約30％にも達するといわれる．

[※7] リガンドについては本章E参照のこと．

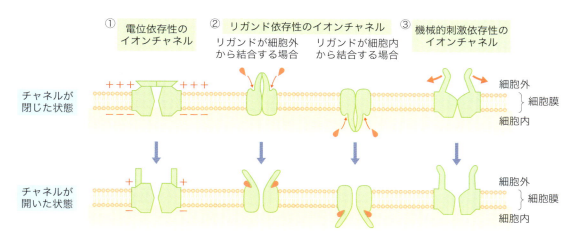

図 D-5 ● イオンチャネル開閉の制御

に達した電気的な刺激によって，**電位依存性**のCa^{2+}チャネルが開き，Ca^{2+}が急速に細胞内に流入することによる．Ca^{2+}の流入によって，突起先端部の小胞に蓄えられているアセチルコリンが筋細胞へ向けてエキソサイトーシス（1章B参照）されるのである．なお，こうしたイオンチャネルは，細胞表面の細胞膜だけでなく，細胞内の小胞体膜などにも存在している（本章E IV「イオンチャネル型受容体」を参照）．

まとめ

- 血漿タンパク質および細胞膜貫通型タンパク質の一部が，その機能的な役割から輸送タンパク質として位置づけられる．
- 輸送タンパク質は，不溶性分子の可溶化，細胞膜の脂質二重層を横切る選択的な物質輸送といった役割に加えて，有害物質の無毒化，分子の生理活性の制御などといった役割も果たすことがある．
- 血漿タンパク質には，セルロプラスミン，トランスフェリン，アルブミン，アポリポタンパク質など多種の輸送タンパク質があり，輸送の対象となる分子の種類や特異性は多様である．
- 細胞膜の輸送タンパク質には，運搬体タンパク質とチャネルタンパク質がある．
- 運搬体タンパク質は，種々の生体分子との結合によって生じる立体構造の変化によって，それらの分子を能動的あるいは受動的に細胞内外へ輸送する．輸送される分子の数や方向性によって，シンポート系，アンチポート系，ユニポート系という3種に分類される．
- Na^+-K^+ポンプは，ほとんどすべての動物細胞の細胞膜に存在する重要な運搬体タンパク質で，細胞内外のNa^+およびK^+などの濃度差維持に寄与している．
- チャネルタンパク質（イオンチャネル）は，小さな無機イオンをきわめて高い効率で受動的に通過させ，チャネルの開閉は，電位，リガンド，あるいは機械的刺激などによって制御されている．

Column　能動輸送と受動輸送

細胞膜の輸送タンパク質によって，物質が細胞膜を横切って運ばれる際には，細胞内外に存在する分子の相対的な濃度や電荷に基づく勾配にしたがって輸送される受動輸送（passive transport）という様式がとられる場合と，ATPの加水分解によって生じるエネルギーやイオン勾配による駆動力を利用する能動輸送（active transport）という様式がとられる場合がある．イオン勾配による駆動力に基づく能動輸送というのは，無機イオンが受動的に輸送される際に蓄えられるエネルギーを利用するもので，例えるならば，無機イオンの受動輸送に抱き合わせて別の分子を"道連れ"で輸送してしまう方法である．これらの具体例は本文中で述べた．

E 受容体タンパク質
receptor protein

　隣接する細胞間で細胞質を連絡するチャネル（ギャップ結合）が形成され，細胞内のイオンなどの直接的な交換によって情報伝達が行われる場合がある．こうした情報伝達方法は，発生過程においても重要な役割を果たしている．

　細胞間の情報（シグナル）伝達は，一般に，情報の発信元の細胞に由来するシグナル分子が，情報を受信する側の細胞の細胞膜（場合によっては細胞内）に存在する分子と特異的に結合することによって行われる．シグナル分子と特異的に結合する分子を"受容体（receptor）"と呼び，その多くはタンパク質である．また，シグナルとして機能する分子は，主として細胞外に分泌された分子であるが，情報発信元の細胞の細胞膜に固定された分子や細胞外マトリックスを構成する分子である場合もある．

　ここでは，細胞外に分泌された種々のシグナル分子による細胞間の情報伝達を主に念頭に置いて，受容体の一般的な特徴や，シグナル分子が受容体に結合することによって惹起される細胞内情報伝達のメカニズムを概観する．

概略図-E　細胞間の情報伝達の様式

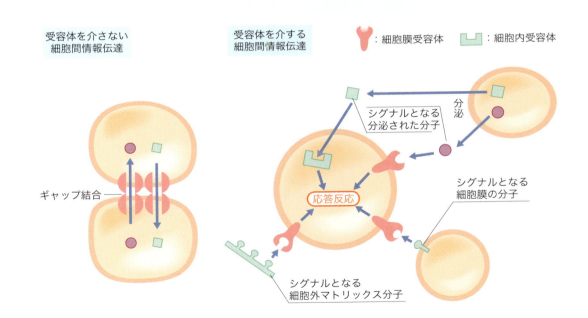

I 受容体とリガンド
receptor & ligand

受容体に結合し，種々の細胞機能に影響を与える分子には，ホルモン・神経伝達物質（本章B参照），成長因子（1章EⅢ参照），サイトカイン[※1]・免疫グロブリン（本章F参照），細胞外マトリックス分子あるいは細胞の膜タンパク質などがあり，実に多種多様である．脊椎動物では細胞が用いるこうしたシグナル分子は何百種類もあるといわれている．そこで，特定の分子について個別に論じる場合以外では，受容体に結合するこれらの分子は**リガンド**と総称される．一方，リガンドと特異的に結合する**受容体**の種類もきわめて豊富であるが[※2]，大きく細胞内受容体と細胞膜受容体との2種に区分されている．

II 細胞間の情報伝達様式

種々の細胞によって合成されるリガンドとしてのシグナル分子は，細胞膜上に表出されたりあるいは細胞外マトリックスを構成したりする場合もあるが，基本的にはいくつかの様式によって分泌され，細胞外を経過し，対応する受容体をもつ細胞に到達することになる．こうした細胞間の情報伝達の様式には，すでに本章Bで述べた**内分泌，神経（内）分泌，シナプス型分泌**に加えて，**傍分泌**（paracrine），**自己分泌**（autocrine）[※3]などといった様式がある（図E-1）．主として，ホルモンは内分泌もしくは神経内分泌によって，神経伝達物質はシナプス型分泌によって，成長因子やサイトカインなどは傍分泌あるいは自己分泌によって，受容体のある細胞へ到達することが多いのだが，これに当てはまらないケースも少なくない．

III 細胞内受容体
intracellular receptor

細胞内受容体には2つのタイプがあり，①細胞質内に存在して，リガンドが結合し活性化された場合のみ細胞核内へ移行するもの（**細胞質内受容体**）と，②リガンドが結合していない状態でも細胞核内に存在しているもの（**細胞核内受容体**）とがある（図E-2）．いずれの場合も，リガンドが結合し活性化された受容体タンパク質は，核内でDNAに結合し，転写の調節を行う[※4]．細胞内受容体に結合するリガン

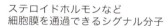

図E-1 ● 分泌されたリガンドの受容体への到達経路

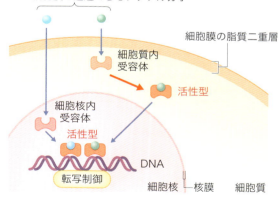

図E-2 ● 細胞内受容体を介する情報伝達

※1　免疫あるいは炎症担当細胞が産生する種々の生理活性物質のうち，免疫グロブリン以外の物質の総称名であり，具体的には，腫瘍壊死因子（TNF），インターフェロン（IFN），数々のインターロイキン（IL）など多数の分子が知られている．

※2　薬剤などの人工的な物質や生体外の物質と特異的に結合する生体内の分子についても，受容体という名称で呼ばれることがある．

※3　自己分泌は，その名が示すとおり，シグナルとなる分子が，それを分泌した細胞自身のもつ受容体に作用する様式である．したがって厳密にいえば，細胞間の情報伝達様式とはいえない．

ドは，細胞膜を通過できる性格をもっていなければならない．これに合致するものには，細胞質内受容体に結合する活性型ビタミンD_3，ステロイドホルモン，細胞核内受容体に結合する甲状腺ホルモンなどがある．

IV 細胞膜受容体
membrane receptor

細胞膜受容体には，イオンチャネル型，Gタンパク質連結型および酵素連結型の3種が知られている．

イオンチャネル型受容体
ionotropic receptor

このタイプの受容体は，前項の図D-5②でリガンド依存性イオンチャネルとして描かれているものと同じである．つまり，細胞膜を横切ってイオンを輸送するタンパク質として捉えるか，リガンドが結合することによってイオンを通過させるようになる受容体タンパク質として捉えるかという考え方の違いである．運動終板（本章C IV 参照）や神経細胞間のシナプスにあるアセチルコリン受容体や，細胞内の小胞体膜に存在するCa^{2+}チャネル（図E-3）がイオンチャネル型受容体の代表的な例である．小胞体Ca^{2+}チャネルでは，リガンドの結合部位が細胞質側にある．

Gタンパク質連結型受容体
G protein-coupled receptor

このタイプの受容体は細胞膜を7回貫通するタンパク質であり，代表的なリガンドはペプチド系のホルモンである．リガンドの結合によって，一連の反応が細胞質側で生じ，**セカンドメッセンジャー**[※5]と呼ばれる分子を生成する．

具体的には，図E-3に示したように，リガンドが結合すると，まず，受容体の細胞質側にG**タンパク

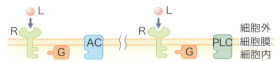

①リガンド（L）がGタンパク質連結型受容体（R）に結合

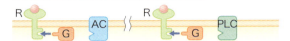

②受容体（R）にGタンパク質（G）が連結

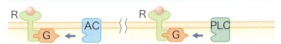

③活性化されたGタンパク質（G）に酵素（ACやPLC）が結合

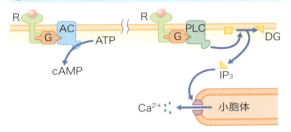

④活性化された酵素によってセカンドメッセンジャーが生成

図E-3 ● Gタンパク質連結型受容体によるセカンドメッセンジャーの生成

AC：アデニル酸シクラーゼ，PLC：ホスホリパーゼC，
DG：ジアシルグリセロール，IP_3：イノシトール3-リン酸

質**[※6]が連結される．連結したGタンパク質はGTPと結合して活性化され，これがさらに**アデニル酸シクラーゼ**（AC）や**ホスホリパーゼC**（PLC）などの酵素を活性化させる．ACは，細胞内のATPから環状AMP（cAMP）を生成する．PLCは，細胞膜脂質二重層の細胞質側にある特殊なリン脂質から，ジアシルグリセロール（DG）とイノシトール3-リン酸（IP_3）を生成し，IP_3は小胞体膜のCa^{2+}チャネルに結合してこれを開き，Ca^{2+}を細胞質中に放出させる．cAMP，

※4　タンパク質合成の際にその鋳型となるmRNAが必要となるが，鋳型の原本といえるDNAからコピーによってmRNAを作製する過程が"転写"と呼ばれる．詳しくは，5章Aを参照．

※5　他の細胞から届いたシグナル（いわばファーストメッセンジャー）が，リガンドとして受容体に結合し，受容体それ自身あるいは関連する酵素の協力を得て，二次的に細胞内で生成されるシグナル分子であることからセカンドメッセンジャーと呼ばれる．

※6　細胞膜脂質二重層の細胞質側に存在するタンパク質で，GTPとの結合能（GTPase活性）があることからGタンパク質と呼ばれる．一般に，Gタンパク質とは，α，β，γの3つのサブユニットからなる大きな（分子量100 kDa前後）Gタンパク質を指すが，膜結合性でない低分子量Gタンパク質（約20〜30 kDa）の存在とその役割も注目されている．

表E-1 ● セカンドメッセンジャー依存性のタンパク質キナーゼ

名称	略記	活性化因子
Aキナーゼ	PKA	環状AMP（cAMP）
Gキナーゼ	PKG	環状GMP（cGMP）
Cキナーゼ	PKC	ジアシルグリセロール（DG）など
CaMキナーゼ	CaMK	Ca^{2+}－カルモジュリン複合体

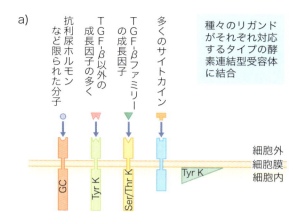

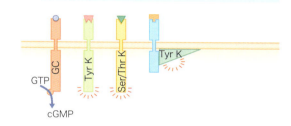

図E-4 ● 酵素連結型受容体とその主なリガンド
酵素連結型受容体には，これらの他に，例外的に，Tyrキナーゼによってリン酸化されたTyrを脱リン酸化する活性をもつものの存在が知られる．

DG，IP_3，Ca^{2+}などは，セカンドメッセンジャーとして，各種の**タンパク質キナーゼ**（表E-1）を活性化する．

酵素連結型受容体
enzyme-linked receptor

　このタイプの受容体は細胞膜を通常1回貫通するタンパク質である．前述のGタンパク質連結型受容体とは異なり，セカンドメッセンジャーを生成する場合は稀で[※7]，リガンドの結合によって，受容体それ自身がもつ**キナーゼ活性**（下のコラム「キナーゼ活性には…」参照）が発揮されたり，受容体の細胞質側に連結されたタンパク質キナーゼが活性化される．キナーゼ活性をもつ受容体のリガンドは主に成長因子であり[※8]，タンパク質キナーゼが連結する受容体のリガンドは主にサイトカインである（図E-4）．

Column　キナーゼ活性には…

　リン酸化（とその逆の反応である脱リン酸化）がタンパク質の活性調節において重要であることは，p.37のコラム「リン酸化とは…？」でも触れた．リン酸化反応を触媒するのは，細胞質内に存在する種々のタンパク質キナーゼの他に，本文中でも述べられているように，キナーゼ活性をもつ受容体分子それ自身である場合もある．しかし，いずれの場合もリン酸化の標的となるのは，タンパク質の表面に位置するアミノ酸のうち，セリン（Ser）やスレオニン（Thr），あるいはチロシン（Tyr）である．そこで，タンパク質キナーゼやそうした活性をもつ分子を，キナーゼ活性の標的アミノ酸の違いという視点から，Ser/ThrキナーゼとTyrキナーゼとの2種に大別して論じることがしばしばある．なお，ヒトの遺伝子の約1％がタンパク質キナーゼをコードし，哺乳動物の細胞1つは100種以上のタンパク質キナーゼを含むといわれる．

[※7] 抗利尿ホルモンの受容体は，グアニル酸シクラーゼ活性をもち，セカンドメッセンジャーとして機能する環状GMP（cGMP）を生成する数少ない例である．

[※8] TGF-βファミリーの成長因子の受容体はSer/Thrキナーゼ活性をもち，その他の成長因子の受容体はTyrキナーゼ活性をもつ（図E-4）．主な成長因子のファミリーについては，1章 表E-1を参照のこと．

V 細胞内情報伝達とリン酸化カスケード
signal transduction & phosphorylation cascade

細胞の情報伝達（signal transduction）という言葉は，狭義には，受容体にシグナル分子が結合してセカンドメッセンジャーが生成される過程を示す．しかし，本書では，細胞で合成・分泌されたシグナル分子が標的細胞の受容体に至る過程を"細胞間の情報伝達様式"（**本項Ⅱ参照**）としてまとめたことを受けて，それ以降を"細胞内情報伝達"としてまとめる．

すでに述べたように，Gタンパク質連結型受容体へのリガンドの結合によって，cAMP，DG，IP_3，Ca^{2+} などのセカンドメッセンジャーが生成される．酵素連結型受容体もごく一部のものは，cGMPというセカンドメッセンジャーを生成する（**図E-4**）．これらセカンドメッセンジャーは，単独あるいは他の分子と協力して，**表E-1**に示すような細胞内のタンパク質キナーゼを活性化する．一方，多くの酵素連結型受容体は，前頁のコラムで述べたそれ自身がSer/ThrあるいはTyrキナーゼ活性を有しているか，あるいは細胞内のタンパク質キナーゼと連結することができる（**図E-4**）．つまり，受容体にシグナル分子が結合することによって，細胞内では複数のキナーゼが活性化されるのである[※9]．

これら活性化されたキナーゼは，さらに別の1種もしくは複数のキナーゼを活性化し，それらがまた次，さらにまた次というようにキナーゼやその他の分子を活性化する．キナーゼによって，こうしたあたかも滝（cascade）のように繰り返され増幅するリン酸化反応を**リン酸化カスケード**と呼ぶ[※10]．リン酸化カスケードは，例えば脱リン酸化などによって抑制性に制御されたり，"クロストーク（cross talk）"と呼ばれるような，別の系のカスケードとの相互作用をしながら，最終的には，細胞内の種々の代謝調節[※11]や遺伝子の転写制御が行われる（**図E-5**）．

まとめ

- 細胞間シグナル分子は，主として，内分泌，神経（内）分泌，シナプス型分泌，傍分泌などによって受容体に達する．
- 細胞内受容体には，ステロイドホルモンなどをリガンドとする細胞質内受容体と，甲状腺ホルモンなどをリガンドとする細胞核内受容体とがあり，いずれも核内の転写調節を主に行う．
- 細胞膜受容体には，イオンチャネル型受容体，ペプチドホルモンなどをリガンドとするGタンパク質連結型受容体，成長因子やサイトカインなどをリガンドとする酵素連結型受容体の3種がある．
- リガンドが結合したGタンパク質連結型および酵素連結型受容体は，セカンドメッセンジャーを介して，あるいはより直接的に，リン酸化カスケードに沿って細胞内の複数のタンパク質キナーゼを活性化する．
- リン酸化カスケードを経る細胞内シグナル伝達系によって，最終的に，細胞内の種々の代謝調節や遺伝子の転写制御が行われる．

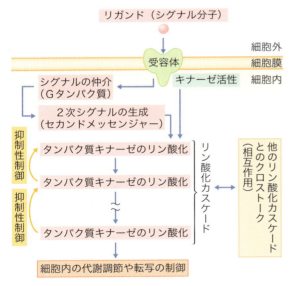

図E-5 ● 細胞内情報伝達の概要

[※9] ここでは分泌性のシグナル分子を中心に述べてきたのであえて触れなかったが，細胞外マトリックス分子をリガンドとするインテグリン（1章DⅣ参照）と呼ばれる受容体を介する情報伝達でも，接着斑キナーゼ（FAK）が活性化される．

[※10] Srcチロシンキナーゼ系，JAK-STAT系，PI3キナーゼ系，MAPキナーゼ系などが知られる．

[※11] Aキナーゼを起点とする代謝調節の具体例として，グリコーゲンの合成と分解が9章 図A-5にある．

F 防御タンパク質 —免疫の主役—
protective proteins

　生物体には，自分自身（自己）と，自己とは異なる（非自己の）物質（異物）とを見分け，異物の体内への侵入を防ぎ，内部環境の恒常性を維持するしくみがある．生物体がもつこのようなはたらきを生体防御という．私たちにとって異物として認識されるものは，細菌やウイルスのような病原体の他，異種のタンパク質や高分子の多糖類なども含まれる．これらに対する生体の防御機構として炎症反応や免疫反応があり，自己の細胞は，タンパク質を主成分とする抗体やサイトカインなどの防御タンパク質を産生して，異物を排除しようとする．

概略図-F　免疫担当細胞による異物（抗原）排除のしくみ

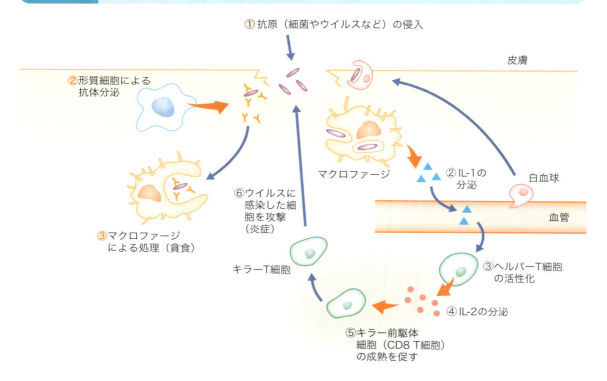

I 免疫とは

　"免疫"とは，疫（病気）を免れるということで，例えば，伝染病に一度かかると，二度目はかかってもほとんど症状が現れなかったり，現れたとしても軽く済んだりする現象である．免疫を医療にはじめて応用したのはイギリスのジェンナー（Jenner）である．彼は，1796年に天然痘の予防のために，人体に害の少ない牛痘（天然痘に似た牛の軽い病気）の膿を接種して免疫を生じさせるという種痘法を発見し，予防接種の創始者となった．

　現在では，**ワクチン**と呼ばれる死菌または弱毒性菌を動物に接種して免疫力をつけさせるということが，しばしば行われている．

　また，免疫の現象は，病原体に対してだけでなく，臓器を移植した場合などにも起こる．

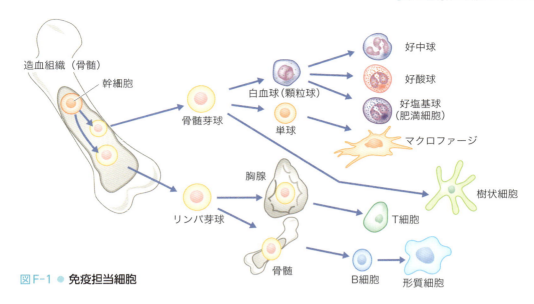

図 F-1 ● 免疫担当細胞

Ⅱ 免疫担当細胞とそのはたらき

マクロファージやリンパ球などの免疫担当細胞は，いずれも骨などの造血組織でつくられる[※1]．骨髄にある未熟な細胞（幹細胞）が，顆粒性白血球（好中球，好塩基球，好酸球）[※2]，単球/マクロファージ（大食細胞）[※3]，樹状細胞あるいはリンパ球に分化[※4]する．

リンパ球には，**Tリンパ球（T細胞）** と **Bリンパ球（B細胞）** の2種類があり，どちらももとになる細胞は骨髄でつくられるが，T細胞は骨髄だけでは免疫作用を示すことはできず，その増殖や成熟には胸腺を通過することが必要である．T細胞には，はたらきの上で，ヘルパーT細胞，キラーT細胞，制御性T細胞などの区別がある[※5]．

一方，B細胞は骨髄でつくられ，骨髄で成熟する．T細胞によって活性化されると形質細胞（抗体産生細胞）に分化し，免疫グロブリン（抗体）を産生する（図F-1）．

> **Column　樹状細胞**
>
> 樹状細胞は，単球/マクロファージやB細胞とともに抗原提示細胞として機能する免疫担当細胞の1つで，皮膚をはじめ外界に触れる鼻腔や肺，胃，腸管に主に存在している．表皮の樹状細胞は，ランゲルハンス細胞とも呼ばれる．樹状細胞は，その名のとおり周囲に突起を伸ばし，抗原の侵入に対して昼夜休みない監視体制をとっており，抗原を取り込むと活性化され，血中を介して脾臓などのリンパ器官に移動し，そこで待ちかまえているT細胞やB細胞に「こんな抗原に出会ったぞ」と提示する．

[※1] 胎生期は肝臓に造血機能があるため，肝臓でも生じる．

[※2] 顆粒性白血球は大きく以下の3つのグループに分けることができる．①好中球：食食作用，特に化膿菌を食食する能力が高く，菌を食食した好中球の集団が膿である．マクロファージと異なり，リンパ球との関係はほとんどない．②好塩基球：顆粒中にヒスタミンなどの炎症性の化学伝達物質を多量に含む．Ⅰ型アレルギーの発現と関連が深い．③好酸球：好塩基球からの化学伝達物質の放出を抑えるフィードバック作用を有する．

[※3] マクロファージ（macrophage）：単核の食作用の盛んな巨大細胞で，単球に由来する．その作用は，①細菌・微生物や異物，老廃物の貪食，②リンパ球が抗原物質に反応しやすいように，抗原物質を処理して細胞表面に提示，③抗体を介して抗体が認識した標的細胞を傷害する．

[※4] 分化：同じ起源の細胞が構造や機能の異なる細胞に変身したとき，これを細胞の分化という．

[※5] T（thymus）細胞：T細胞に分化する未熟なリンパ球は胸腺に取り込まれ，胸腺ホルモンのコントロールの下で成熟する．末梢血リンパ球の約65〜80％を占める．①キラー（細胞傷害性）T細胞：非自己と認識された細胞に作用して破壊する．②ヘルパーT細胞：B細胞の形質細胞への分化やキラーT細胞の機能発現を補助する．③制御性T細胞：ヘルパーT細胞やB細胞の作用を抑制する．

細菌感染の場合
case of bacterial infection

皮膚などの上皮組織が外傷を負って細菌感染を受けた場合，まずはじめに第一線で活躍するのは，**マクロファージ**や**白血球**などの**貪食能**をもった細胞であり，これらの細胞は細菌を貪食し，細胞内のリソソームで処理する．それらマクロファージや傷を負った上皮組織や結合組織の細胞は，**サイトカイン**と称されるさまざまな可溶性のタンパク質を分泌する．サイトカインのなかにはマクロファージや好中球を呼び寄せるものもあり，その作用によってマクロファージや好中球が集まり，さらに貪食による殺菌が促進される．

しかし，侵入してくる細菌の数が多かったり，毒素をもっていたりした場合には，それらに対する**抗体**がB細胞[※6]から分化して生じた**形質細胞**[※7]によってつくられる．抗体は，毒素に結合して無力化したり，細菌に結合して**補体**[※8]の古典経路（後述）を活性化することにより細菌を溶解したりする．また，抗体や補体成分と結合した細菌は，マクロファージや好中球などの貪食細胞によって効率よく処理される．さらに，活性化された補体成分の一部は，血管の透過性を亢進[※9]させたり，白血球を呼び寄せたりして炎症反応を終結に向かわせる（概略図-F）．

ウイルス感染の場合
case of virus infection

ウイルスは，自身で増殖ができないため，細胞内に侵入して増殖し病気を引き起こす．ウイルスが細胞外に存在するときは，抗体が結合して細胞内への侵入を阻止することができるが，ウイルスに結合する抗体がなかったり，抗体があってもウイルスが細胞内に侵入してしまったら，抗体は無力となる．

このようなときに活躍するのは，**ナチュラルキラー細胞（NK細胞）**である．NK細胞は，ウイルスに感染した細胞を見分けて効率よく破壊することができる．また，その後はT細胞，特に**キラーT細胞**が登

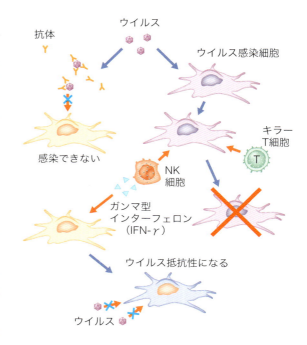

図F-2 ● 免疫担当細胞によるウイルス感染への対応
赤矢印は細胞間のやりとり．

場して，ウイルスに感染した細胞を破壊する．さらにNK細胞はサイトカインを産生して，細胞にウイルスに対する抵抗力をつけさせる（図F-2）．

2度目の感染の場合
case of second time infection

同じ細菌やウイルスによる体内への2度目の侵入に対しては，抗体が速やかに産生されて対処される．ただし，産生される抗体は，1回目のときとは異なる．**1回目の感染の場合には，免疫グロブリンM（IgM）と呼ばれる抗体が主に産生されるが，2回目の感染の場合には，IgGが主体となる**．IgGは，毒素に対する中和抗体としてだけでなく，マクロファージや好中球による貪食を促進させる作用がある．一方，IgMは，貪食作用は促進させないが，補体を強く活性化して細菌の溶解を大きく手助けしている．

[※6] B (bone marrow) 細胞：抗体産生能を有する形質細胞に分化するリンパ球で，末梢血リンパ球の約5〜15％を占める．
[※7] B細胞が最終的に分化した細胞で，活発な抗体分泌能を示す．
[※8] 補体：血清中にあり抗体のはたらきを助ける物質．

[※9] 血管の透過性を亢進：細静脈内皮細胞の間隙が開くと，血液中の液体成分や血漿タンパク質が血管外に漏出する．血清のα_2-グロブリン画分に存在するキニノーゲンは，血管外で酵素の作用でキニンに変換され，強力な血管透過性亢進作用，平滑筋収縮作用，白血球走化作用を発揮する．

III 抗体，補体，サイトカイン

抗原と抗体
antigen & antibody

ウサギの静脈中に少量のニワトリの卵白アルブミンを注射すると，ある期間の後，ウサギは卵白アルブミンに対していろいろな反応を現すようになる．例えば，そのウサギの血液を採り，その血清に卵白アルブミンを加えると沈殿が生じる．これは，ウサギが卵白アルブミンを異物として認識し，それを排除しようとする物質がウサギの血清中に生成されたためである．このようなはたらきをする物質を**抗体**と呼び，卵白アルブミンのように抗体を生成させる原因となった物質を**抗原**という．抗原と抗体とによって沈殿を生じるような反応を**抗原抗体反応**という．

抗体の構造と種類
structure & types of antibody

抗体はタンパク質を主成分とし，**免疫グロブリン**と呼ばれる．その基本構造は，2本のH鎖（heavy chain）と2本のL鎖（light chain）の4本のポリペプチド鎖からなり，図F-3のようにY字形をしている．抗原に対してはY字形の開いた先の方で結合し，抗原抗体反応を起こす．産生された抗体は，その産生を促した抗原とだけ特異的に結合し，他の抗原とは結合しない．これは，抗原結合部位のアミノ酸配列と，その部位の立体構造が抗体によって異なるためである．

ヒトの抗体は，IgG, IgM, IgA, IgE, IgDの5つのサブクラスに分類され，また，H鎖の構造の差異によってさらに細かいサブクラスに分けられる．

① **IgG**：血清中の免疫グロブリンの約75〜80％を占め，ウイルスや毒素の中和，細菌の**オプソニン化**[※10]の主役をなす．半減期はすべての抗体のなかで最も長い．また，**胎盤通過性**があるため新生児には母体から抗体が移行している．
② **IgM**：血清中の免疫グロブリンの約10％を占め，五量体からなる．感染微生物に対して産生される

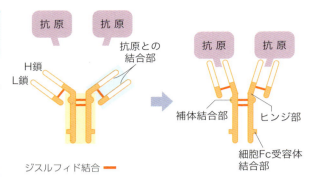

図F-3 ● 抗体の構造と抗原との特異的結合

- 定常部位：アミノ酸配列が非常に高い類似性を示す部分
- 可変部位：アミノ酸配列が抗体ごとに異なる部分
- Fab部：抗原結合部位
- Fc部：免疫反応を起こす部位で，ここに補体やマクロファージなどが結合する

初期抗体である．
③ **IgA**：血清中の免疫グロブリンの約15〜20％を占める．IgAの約80％は単量体（血清型）として，約20％は二量体（分泌型）として存在する．**分泌型IgA（sIgA）**は，唾液や乳汁など外分泌液中に存在し，**局所免疫**として作用する．
④ **IgE**：血清中にはごく微量存在する．肥満細胞や好塩基球の細胞表面にみられ，**Ⅰ型アレルギー**の発症に関与する．
⑤ **IgD**：B細胞の細胞膜上に存在し，生物学的役割は不明．

補体
complement

補体とは，抗体のはたらきを補う物質という意味で名づけられたタンパク質である．新鮮血清中に存在して9種類（C1〜C9）の成分が知られており，それらが活性化されると，単独あるいはいくつかの成分が一緒になっていろいろな機能を発揮する．活性化の経路には2つの経路があり，**古典経路**[※11]と**第2経路**と呼ばれる．補体には，血管透過性亢進作用（C3a, C5a），好中球走化作用（C5a, $\overline{\text{C5b67}}$），オプソニン化作用（C3b），細胞溶解作用（$\overline{\text{C5b678}}$, $\overline{\text{C5b6789}}$：上線は会合体を示す）などがある．

※10 オプソニン化：抗原に抗体や補体が結合することにより食細胞に取り込まれやすくなる現象．

※11 古典経路では，抗原にIgG（2分子以上）またはIgMが結合すると，そのFc部分にC1が結合し，その後一連の活性化反応を経て最終的に抗原細胞膜を破壊する．第2経路では，C1, C4, C2の関与なしにC3から活性化される．

サイトカイン
cytokine

T細胞は，抗原と接触すると生物活性をもった一連のタンパク質を産生分泌し，マクロファージを活性化したり，組織障害を起こすことがある．このような多様な作用をもつ活性物質をリンホカインと呼び，リンホカインはT細胞だけでなく，分裂増殖の盛んなB細胞からも分泌される．単球やマクロファージが産生するものをモノカインといい，リンホカインや組織細胞が産生する活性物質を合わせて**サイトカイン**という．また，そのなかで単離同定されて物質として確立されたものはインターロイキン（IL）の名のもとに番号を付して呼ばれている．

IV MHC分子と抗原提示

免疫には，体液中の抗体が抗原のはたらきを抑える体液性免疫と，免疫担当細胞が直接抗原を攻撃する細胞性免疫の2つがある．

体液性免疫
humoral immunity

異物（抗原）は体内に侵入すると，マクロファージ，樹状細胞または白血球などによって貪食される．マクロファージや樹状細胞は，貪食した抗原をリソソームで加水分解した後，処理抗原の一部（抗原ペプチド）をMHCクラスⅡ分子とともに細胞表面に提示する．未熟なヘルパーT細胞（CD4 T細胞：Th0）は，マクロファージや樹状細胞などの抗原提示細胞の表面にある抗原ペプチド-MHCクラスⅡ複合体を，T細胞受容体（TCR）とCD4と呼ばれる糖タンパク質で認識して，Th1またはTh2に分化する※12．Th2がIL-4，5，6，10または13を放出するとB細胞は形質細胞に分化・増殖し，細胞外の抗原に対する抗体を産生する（図F-4）．

細胞性免疫
cell-mediated immunity

Th1がインターフェロン-γ（IFN-γ）を放出するとマクロファージが活性化され，遅延型過敏反応が誘導される．一方，Th1がIL-2を放出すると未熟なキラーT細胞（CD8 T細胞）が活性化されてキラー活性が誘導され，ウイルスに感染した細胞を攻撃できるようになる．このとき，キラーT細胞は，感染細胞が細胞表面に提示している抗原ペプチド-MHCクラスⅠ複合体を，TCRとCD8と呼ばれる糖タンパク質で認識することで，感染した細胞を正常な細胞と区別することができる（図F-4）．

V 粘膜免疫
mucosal immunity

体液性免疫や細胞性免疫などの全身性免疫に対して，口腔，気道，腸管，泌尿生殖器，乳腺など外界と接する粘膜や外分泌組織では，異物の最初の侵入に対する防御機構として局所免疫がはたらく．主要抗体は**分泌型IgA**である．経口的に入った抗原は，回腸のパイエル板の上皮細胞（M細胞）に貪食されてT細胞とB細胞を活性化する．活性化されたT細胞とB細胞は，腸間膜リンパ節，胸管を経て体内循環に入り，腸管粘膜，乳腺，唾液腺などに達する．T細胞の助けを受けたB細胞は形質細胞に分化し，J鎖※14が結合した二量体のIgAを産生する．これに，上皮細胞が産生した分泌小片が結合して分泌型IgAとなり，粘膜を通過して分泌される．分泌型IgAは，抗原が粘膜に付着するのを阻止する．

※12　Th0がIL-12の刺激を受けるとTh1に分化し，IL-4の刺激を受けるとTh2に分化する．

※13　主要組織適合複合体（MHCまたはHLA）は同組織であっても個人によって細胞表面の抗原性の違いがある．このような抗原は組織適合抗原と呼ばれ，クラスⅠとⅡの2つのタイプがある．MHCクラスⅠ分子は，ほとんどの組織の細胞に存在し，ウイルスに感染した細胞が合成して細胞表面に提示するタンパク質でもあり，CD8分子をもつキラーT細胞はTCRによってこの抗原-MHCクラスⅠ複合体を認識し，ウイルスが細胞内で増殖する前にこの細胞を破壊する．一方，MHCクラスⅡ分子は，B細胞や抗原提示細胞であるマクロファージなど一部の細胞にしか存在せず，CD4分子をもつヘルパーT細胞は，TCRによってこの抗原-MHCクラスⅡ複合体に結合する．

※14　J鎖は多量体の免疫グロブリン（Ig）を形成させるのに必要なポリペプチドであり，多量体のIgにはJ鎖によって2つの単量体が結合した二量体の分泌型IgAの他，5つの単量体が結合した五量体のIgMなどがある．多量体の形成により，抗体1分子当たりの抗原結合部位が増えることになる．

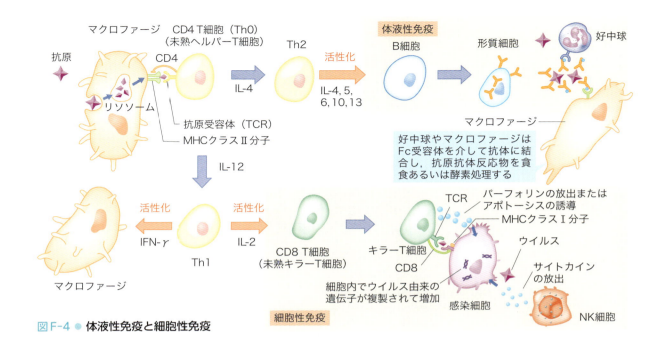

図 F-4 ● 体液性免疫と細胞性免疫

VI 免疫と疾患

アレルギー
allergy

異物を排除しようとする生体の免疫反応が過度、または不適当な形で起こり、組織障害を引き起こすことがある。これをアレルギーまたは過敏症という。アレルギーは通常4つの型に分類されており、Ⅰ～Ⅲ型は抗原抗体反応に基づく即時型アレルギー、Ⅳ型は抗原によって感作されたリンパ球が関与して長時間の経過をたどることから、遅延型アレルギーと呼ばれる。

自己免疫疾患
autoimmune diseases

免疫応答が自己の細胞や組織を傷害すると、自己免疫疾患が発症する。抗原に対して、免疫応答を起こさない状態を**免疫寛容**といい、自己抗原に対する免疫寛容を特に自己寛容という。

元来、自己に対するクローンは胎生期に消滅しなければならない。消滅せずに残った自己に対する抗体をつくる細胞集団を禁じられたクローンといい、このクローンが自己を非自己として認識すると自己免疫疾患になる。

自己免疫疾患は、臓器特異的なものと全身性疾患に分類される。臓器特異的なものは甲状腺、胃、副腎、肝臓など一定の臓器に限局している。全身性疾患は、リウマチ性疾患や全身性エリテマトーデスなど、全身に症状が現れる。

免疫不全症
immunodeficiency disease

免疫系のいずれかに欠陥があるため、生体防御の不全を生じている状態を免疫不全という。免疫不全症には、遺伝的疾患である原発性免疫不全症と、もともと正常であった免疫系がHIV[※15]**感染**によって起こるAIDS[※16]などの続発性免疫不全症に大別される。

原発性免疫不全症の頻度はきわめて稀だが、幹細

[※15] HIV：human immunodeficiency virus. 逆転写酵素をもつRNAウイルスをレトロウイルスといい、HIVは、代表的なレトロウイルスである。1つのウイルス粒子には、2本のRNA遺伝子が含まれ、細胞に感染すると、RNA遺伝子が逆転写酵素によって二本鎖DNAに置き換えられる。HIV受容体は、T細胞に発現しているCD4である。ウイルスはヘルパーT細胞表面のCD4に吸着する。その結果、CD4をもつT細胞の機能は低下し、しだいに免疫機構全体が破綻されてしまう（図F-5）。

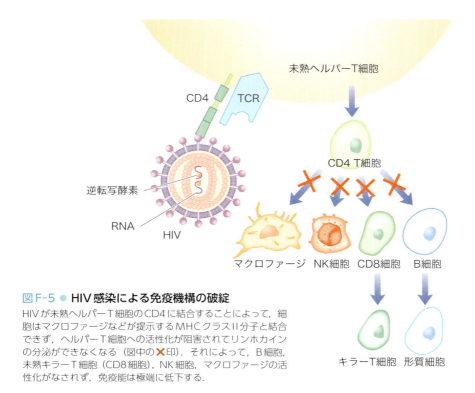

図F-5 ● HIV感染による免疫機構の破綻
HIVが未熟ヘルパーT細胞のCD4に結合することによって，細胞はマクロファージなどが提示するMHCクラスII分子と結合できず，ヘルパーT細胞への活性化が阻害されてリンホカインの分泌ができなくなる（図中の×印）．それによって，B細胞，未熟キラーT細胞（CD8細胞），NK細胞，マクロファージの活性化がなされず，免疫能は極端に低下する．

胞不全，貪食機能異常，補体機能不全，B細胞・T細胞機能不全など，先天的な免疫系の欠陥によって起こる．

続発性免疫不全症は，原発性よりはるかに高頻度に認められ，本症の素因としては，①栄養不良，②細胞性・体液性免疫系因子の喪失，③腫瘍，④細胞傷害性薬剤／放射線，⑤感染症（特にHIVによる感染症），⑥他の疾患（糖尿病など）との合併症などがあげられる．

免疫不全症では，必ず易感染性宿主[※17]となり，弱毒性微生物感染などの**日和見感染症**がみられる．

VII 臓器移植と免疫抑制剤

一般に，同種間で臓器移植を行うと宿主内で拒絶反応が起こる．この際，宿主は移植片の移植抗原（抗原ペプチド-MHCクラスI複合体）を認識し，一方的に移植片に対して免疫学的攻撃を起こす．これに対して，移植片自体の中に一定数の免疫担当細胞（T細胞）が含まれ，かつ宿主が種々の原因で免疫学的不全に陥っている場合には，移植片に含まれるT細胞によって宿主側の同種抗原が認識され，移植片側による一方的な免疫反応が起こる．

免疫抑制剤は，臓器移植後に起こる拒絶反応を抑えるのになくてはならないものである（図F-6）．しかし，免疫抑制剤は，生体の防御システムそのものを破壊する危険性を常に秘めている．

[※16] AIDS：acquired immunodeficiency syndrome；後天性免疫不全症候群．AIDSとは，HIV感染の進行に伴って現れる一連の臨床症状で，免疫機能低下を示す少なくとも2つの検査所見（例えばCD4をもつT細胞の減少や高γグロブリン血症）が認められ，AIDS患者では，健康なときには病気を起こさない細菌，ウイルス，真菌（カビ），原虫などが繁殖して，いろいろな日和見感染症によって死亡する．

[※17] 易感染性宿主：本来なら感染する可能性の低い弱毒性の微生物や体内に棲息する常在菌によって感染および発症してしまうような人．

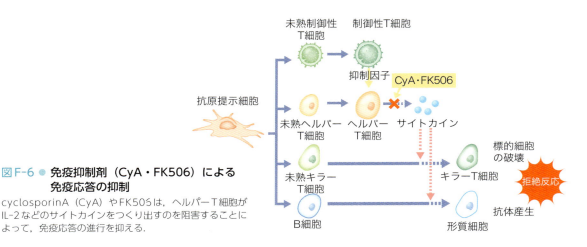

図F-6 ● 免疫抑制剤（CyA・FK506）による免疫応答の抑制

cyclosporinA（CyA）やFK506は，ヘルパーT細胞がIL-2などのサイトカインをつくり出すのを阻害することによって，免疫応答の進行を抑える．

表F-1 ● 炎症に関与する主な化学伝達物質

血管透過性因子	アミン類，キニン物質 アラキドン酸の誘導体（プロスタグランジン，ロイコトリエン，トロンボキサン） 補体など
白血球走化性因子	リンホカイン アラキドン酸の誘導体（プロスタグランジン，トロンボキサン） 補体など

VIII 炎症と化学伝達物質

炎症とは，生体組織に刺激を与える何らかの物質（起炎物質）が作用したとき，生体が示す局所の反応であり，生体の防御反応の一過程である．臨床的には，局所の疼痛，発熱，発赤，腫脹，機能障害の5徴候がみられる．急性炎症反応では，炎症の初期にみられる血管の変化と，少し遅れてゆっくり進行する細胞性変化の2つの基本的な変化が現れる．これらの変化は，血管透過性因子や白血球走化性因子などの数多くの内因性の化学伝達物質（表F-1）によって誘発される．

> **まとめ**
> - 免疫担当細胞は，骨髄にある未熟な細胞が分化したものである．
> - 体内に侵入した異物（抗原）は，さまざまな免疫担当細胞のはたらきによって排除される．
> - 防御タンパク質のうち抗体は，B細胞が分化した形質細胞によって産生され，サイトカインは，さまざまな免疫担当細胞や組織を構成する細胞によって産生される．
> - 免疫には，抗体が抗原と特異的に結合して抗原を排除しようとする体液性免疫と，T細胞が抗原を直接攻撃する細胞性免疫とがある．
> - アレルギーや自己免疫疾患は，免疫応答が不適当な形で起きたものである．

G 構造タンパク質 ―細胞外マトリックスの主成分―
structural protein

　構造タンパク質とは，細胞，組織，器官に機械的強度をもたせて，生体の構造をつくり上げるために必要なタンパク質である．例えば，代表的な構造タンパク質であるコラーゲンやエラスチンは，線維成分として結合組織の骨格を形成し，プロテオグリカンや糖タンパク質は，線維間を埋めて機械的強度の維持に役立っている．骨・軟骨は，ともに広義の結合組織に含まれる．また，骨は，線維や線維間を埋めているマトリックス成分の大部分が石灰化している点で，軟骨や他の結合組織とは異なる．

概略図-G　上皮細胞層の下にある結合組織

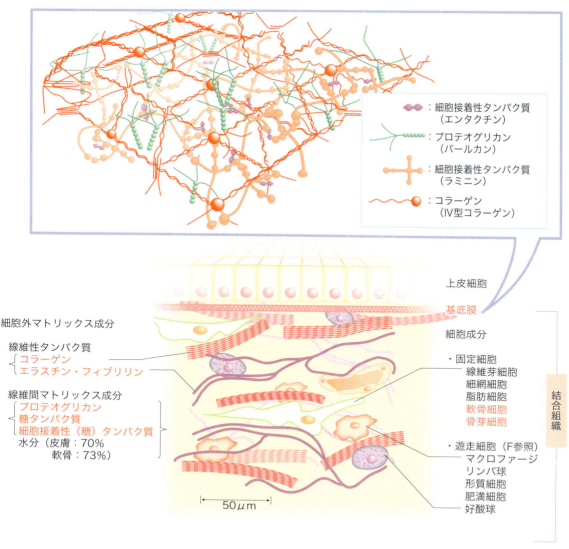

図中色文字で示したものについては本項で紹介している

G-1 結合組織
connective tissue

広義の結合組織は，中胚葉性（および一部では外胚葉性）の間葉から生じる組織で，固有結合組織（狭義の結合組織），骨・軟骨組織，血液・リンパに大別される．結合組織は，生体の組織空間を埋める連続した組織で，細胞成分と細胞外マトリックス成分から構成される（概略図-G）．細胞外マトリックスは，不溶性の線維性タンパク質からなる線維，細胞間を埋めているマトリックス物質からなり，組織の性質は，細胞成分よりも発達した細胞外マトリックス成分の性質に依存する[※1]．

I 線維性タンパク質

コラーゲン
collagen

コラーゲンは，結合組織を構成する主要なタンパク質成分で，哺乳動物ではからだの総タンパク質の約30％を占めている．コラーゲンは，結合組織では線維（コラーゲン線維）を形成し，皮膚，腱，骨，軟骨，歯の象牙質やセメント質などの構造の維持に重要な役割を果たしている．また，コラーゲンは，結合組織以外にも肝，肺，角膜などほとんどすべての組織に存在し，個々の細胞の結合に関与して1つの組織を構成している．

コラーゲン線維を形成している基本単位はコラーゲン分子と呼ばれ，同じ大きさのポリペプチド鎖（α鎖）3本からなる（図G-1）．

α鎖のアミノ酸配列の違い，α鎖からなる分子形態の違いによって，異なった型のコラーゲン分子種の存在が明らかにされている．

コラーゲン分子のアミノ酸組成の共通な特徴は次の通りである．

[※1] 軟骨では，II型コラーゲンと高分子量のプロテオグリカンがマトリックスの大部分を占めているが，骨や歯の象牙質では，マトリックスの約80％はI型コラーゲンであり，2～3％を占めるプロテオグリカンは低分子量のものが多く存在する．また，皮膚などの軟組織のマトリックスの組成は，骨と類似しているが，プロテオグリカンの分子量は高分子量で，しかも，グリコサミノグリカン鎖の構成が，骨とは異なっている．

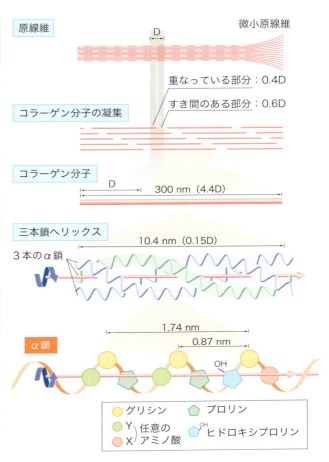

図G-1 ● コラーゲンの原線維からα鎖までの構造

各列のコラーゲン分子間には，約40 nmの隙間があり，骨や歯の象牙質の石灰化の際に重要な役割を果たすと考えられている．Dは大きさの指標．Prockop DJ, Guzman NA：Hosp Pract, 12：61, 1977をもとに作成．

①**グリシンが全アミノ酸の約1/3を占める**：分子のらせん軸の中心に位置して三本鎖ヘリックス構造の保持に役立つ．

②**ヒドロキシプロリン（Hyp）とヒドロキシリシン（Hyl）を含む**：Hypは，③に示すProとともにヘリックス構造のピッチを決定し，ヘリックス構造の安定化に役立つ．Hylは，結合する糖残基を介して分子への細胞接着に役立つ．

③**プロリン（Pro）を多く含む**

④**芳香族アミノ酸の含量が少ない**

コラーゲンには，その分子内および分子間に，アルドール縮合やSchiff塩基形成を介する架橋結合がある（図G-2）．これらの架橋は，結合組織の生理状態や年齢によって異なるが，コラーゲン線維の強

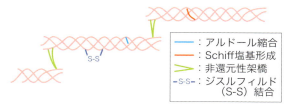

図 G-2 ● コラーゲンの分子内外の結合

― ：アルドール縮合
― ：Schiff塩基形成
＞ ：非還元性架橋
-S-S- ：ジスルフィルド（S-S）結合

化に重要な役割を果たしている．これらの架橋の形成には，α鎖のリシン残基あるいはヒドロキシリシン残基が深くかかわっている．

エラスチンとフィブリリン
elastin & fibrillin

エラスチンとフィブリリンは，弾性線維を形成する．フィブリリンからなる微細線維（microfibrils）の束（オキシタラン線維）にエラスチンからなる無定形の物質が沈着して弾性線維となる．フィブリリンは，タンパク質の翻訳後修飾（5章B Ⅳ 参照）によって非常に多数のジスルフィド結合が形成される難溶性分子である（5章 図B-4参照）．また，成熟したエラスチンにも，翻訳後修飾でデスモシン，イソデスモシンという特殊なアミノ酸からなる架橋構造が形成され，伸展やねじれによる変形を受けても自身の弾性でもとに戻るという特性を示すようになる．弾性線維は，血管壁，肺，皮膚，靭帯などに豊富で特に太い動脈では線維というよりも板状の構造（弾性板）が発達している．

Ⅱ 線維間マトリックス成分

細胞外には，コラーゲン線維や弾性線維などの光学顕微鏡で見ることができる線維系の他にも，微細な細胞外の網状構造があって，それは多種多様なタンパク質から構成される．これらは性状も役割もさまざまである．以下では，プロテオグリカンと細胞外の接着性（糖）タンパク質について解説する．

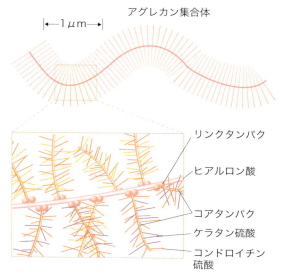

図 G-3 ● アグレカンの基本構造
アグレカンは，軟骨に存在するプロテオグリカンの約90％を占める高分子プロテオグリカンで，軟骨基質のコラーゲン線維の間を埋め尽くすように存在する．図中のヒアルロン酸・コンドロイチン硫酸・ケラタン硫酸はグリコサミノグリカンである．

プロテオグリカン
proteoglycan

プロテオグリカンは，**コアタンパク**（core protein）と呼ばれる1本のポリペプチド鎖と**グリコサミノグリカン**（glycosaminoglycan：GAG）からなる．GAG鎖は，特徴的な二糖（アミノ糖とウロン酸）が何度も繰り返し連なった分岐のない長鎖状ヘテロ糖で[※2]，コアタンパクのセリン残基に共有結合している．プロテオグリカンは，軟骨，骨，皮膚，関節液，硝子体などに豊富である．軟骨では，多数のアグレカンというプロテオグリカン分子[※3]が，リンクタンパク（link protein）の助けを借りて，ヒアルロン酸に結合することで，三次元的な網状構造をなす集合体をつくっている（図G-3）．

プロテオグリカンのはたらきは，

①**大量の水と結合**：組織への圧迫に対するクッションとして作用．
②**粘性が大きい**：関節や腱鞘内で潤滑剤として作用．

[※2] GAGはかつてムコ多糖と呼ばれていた．構成糖のアミノ糖とウロン酸の種類や硫酸エステル化の有無によって，コンドロイチン硫酸，デルマタン硫酸，ヘパラン硫酸，ケラタン硫酸，ヒアルロン酸など，種々のGAGがあり，プロテオグリカンの構成要素として以外に，組織中に単独でも存在する．

[※3] コアタンパクとそれに結合するGAG鎖の違いによって，アグレカン，バーシカン，デコリン，シンデカン，パールカンなど，種々のプロテオグリカンが知られる．

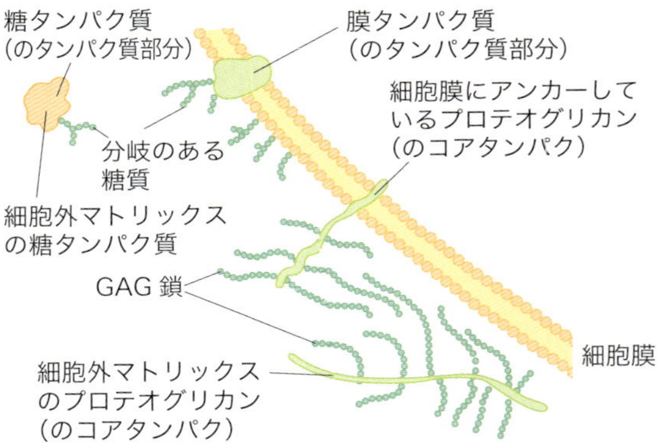

図 G-4 ● プロテオグリカンと糖タンパク質

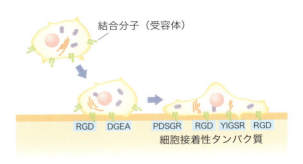

図 G-5 ● 細胞接着のプロセス

③ **陽イオンとの強い結合能**：陽イオン交換反応を伴った塩類調節を行う．
④ **抗凝血作用や血液中から中性脂肪を取り除く**：各種の血液凝固因子の阻害活性の促進，毛細血管内皮細胞表面にあるリポタンパク質リパーゼを血流中に放出（ヘパリン）．

接着性（糖）タンパク質
adhesive glycoprotein

糖タンパク質は，タンパク質に糖が付加された生体分子[※4]であるが，その糖鎖は約15残基以内と比較的短く分岐もあり，多くは末端にシアル酸がつくなど，GAG鎖をもつプロテオグリカンとは異なる特徴をもつ（図G-4）．細胞の膜タンパク質の多くも糖タンパク質であるが，ここで述べる接着性（糖）タンパク質とは，生体組織の細胞外に広く分布し，線維性タンパク質やプロテオグリカン分子への結合能をもつタンパク質を指す．

接着性タンパク質自身も互いに会合してポリマーを形成するが，それ以上に重要なことは，細胞との接着に関与するアミノ酸配列をもつ点である．フィブロネクチン，ラミニン，テネイシン，オステオネクチン，ビトロネクチン，トロンボスポンジンなど，多数の接着性タンパク質が知られ，細胞接着に関与するアミノ酸配列には，アミノ酸3つからなるペプチドArg-Gly-Asp（**RGD配列**），アミノ酸5つからなるペプチドTyr-Ile-Gly-Ser-Arg（**YIGSR配列**）やPro-Asp-Ser-Gly-Arg（**PDSGR配列**）などがある．こうした特異なアミノ酸配列を認識する細胞側の分子は膜タンパク質として存在するインテグリンである（1章D Ⅳ「インテグリン」参照）．接着性タンパク質を培養ディッシュにコーティングして細胞培養を行うと，細胞はその基底面でこれらに接着して，細胞質をうすく広げて伸展する（図G-5）．

Ⅲ マトリックス成分の分解

コラーゲンを中心とする線維成分やコラーゲン以外の線維間マトリックス成分の分解は，コラゲナーゼ，ゼラチナーゼおよびストロムライシンなどの酵素によって行われる．これらの酵素は，その活性発現にCa^{2+}やZn^{2+}などの金属イオンを必要とし，同じ遺伝子ファミリーに属するので，**マトリックス金属プロテアーゼ**（matrix metalloproteinase：**MMP**）として1つのグループにまとめられている．

細胞によって産生されるMMPや金属プロテアーゼ組織インヒビター（tissue inhibitor of metalloproteinase：**TIMP**）量は，炎症や組織修復に関与する種々のサイトカインによって調節される[※5]．

[※4] 糖質を含む生体分子を複合糖質と総称し，これには，プロテオグリカン，糖タンパク質，糖脂質（2章参照）などが含まれる．糖鎖は，いずれもペプチドあるいは脂質と共有結合して存在している．これらのうち，糖脂質は，分子内に水溶性糖鎖と脂溶性基の両方を含む物質の総称で，脂溶性基の違いによって動物界のスフィンゴ糖脂質と植物・微生物界のグリセロ糖脂質に分類される．

[※5] ケガなどによって局所に炎症が起こると，炎症系の細胞によって産生されるサイトカインによって局所の細胞が刺激され，MMPをはじめとするさまざまなプロテアーゼが産生されて組織の分解が起こる．異物の排除がなされると，TIMPの産生量が増加してMMPの作用は弱められ，コラーゲン合成が促進されることによってなど組織の修復が行われる．

G-2 骨と軟骨
bone & cartilage

骨は石灰化した結合組織で，細胞（骨芽細胞，骨細胞，破骨細胞）と，主に骨芽細胞によって産生される細胞外マトリックス成分とから構成されている．有機質の大部分は，線維（Ⅰ型コラーゲン）であり，線維間は，さまざまな非コラーゲン性タンパク質やプロテオグリカンによって埋められている．骨は，支持組織としてだけでなく，体液中の塩類調節，カルシウム（Ca）やリン（P）の貯蔵所としての役割も果たしている．

軟骨は，血管と神経が存在しない特殊な結合組織で，軟骨細胞とその細胞によって産生される細胞外マトリックス成分とから構成されている．有機質は，線維（Ⅱ型コラーゲン）とプロテオグリカンやグリコサミノグリカンなどの線維間マトリックス成分とからなっている．

歯は，石灰化組織であるエナメル質，象牙質，セメント質と，非石灰化組織である歯髄とからなる．本項では，骨とさまざまな点で共通な性質を示す歯のエナメル質，象牙質，セメント質についてもその一部を紹介する．

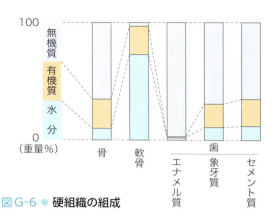

図 G-6 ● 硬組織の組成

表 G-1 ● 硬組織を構成する主な元素とCa/P比

	骨	エナメル質	象牙質
Ca	24.5	36.0	27.0
P	10.5	17.7	13.0
CO_2	5.5	2.5	4.8
Mg	0.55	0.44	1.1
Na	0.7	0.5	0.3
K	0.03	0.08	0.05
Cl	0.1	0.3	0.01
Ca/P（重量比）	2.33	2.03	2.08

（乾燥重量％）

Ⅰ 骨，軟骨，歯の組成

骨，軟骨および歯のエナメル質・象牙質・セメント質の組成（重量％）を，図 G-6 に示す．骨の組成は，歯の象牙質やセメント質に類似し，組織の大部分を占める無機質の他，有機成分と少量の水分とからなる．軟骨は，水分が大部分を占め，有機成分とごく少量の無機成分とからなる．

骨や歯の無機質
mineral of bone & tooth

骨や歯の無機質は主にCaとPによって占められており，その他に CO_2，Mg，Na，K，Clなど，多くの種類の微量元素を含む（表 G-1）．

骨の無機質の基本構造は，歯のエナメル質や象牙質と同様に**ヒドロキシアパタイト結晶 [$Ca_{10}(PO_4)_6(OH)_2$]** である．骨のアパタイト結晶は，非常に大きな表面積をもち，周囲の溶媒中のイオンとイオン交換をしている．

骨や歯の有機質
organic compound of bone & tooth

骨の有機質は主に骨芽細胞によって，また，歯の有機質はエナメル芽細胞・象牙芽細胞あるいはセメント芽細胞によって産生される．発生学的には，エナメル芽細胞は外胚葉に由来し，その他の細胞は中胚葉性あるいは外胚葉性の間葉に由来するため，歯のエナメル質と，骨や象牙質・セメント質とでは，その組成が大きく異なる．

骨や歯の象牙質・セメント質の有機質の主成分はタンパク質と多糖体であり，タンパク質では，線維成分としてのⅠ型コラーゲンが大部分を占め，線維間は骨Glaタンパク質（オステオカルシン）やプロテオグリカンなどの非コラーゲン性タンパク質と呼ばれる成分によって埋められている．

一方，エナメル質に存在するタンパク質は，エナメルタンパク質と呼ばれ，主にエナメル質形成期の幼弱なエナメル質にみられる．

骨と軟骨の細胞
cells of bone & cartilage

骨には，細胞成分として骨芽細胞，骨細胞，破骨細胞が存在し，軟骨には，軟骨細胞が存在する．これらの細胞は，いずれも未分化間葉細胞から分化したもので，細胞の分化や増殖には，種々の成長因子やサイトカインがかかわっている．

骨芽細胞は，高いアルカリホスファターゼ活性とⅠ型コラーゲン合成能を有する．また，骨芽細胞には，血中カルシウム（Ca）濃度の調節にかかわる副甲状腺（上皮小体）ホルモンや活性型ビタミンD_3などに対する受容体が存在する．また，細胞の分化や増殖を調節する因子を産生する．

骨細胞には多数の細胞質突起がある．この突起は石灰化基質中の骨細管を通っている．隣接する骨細胞同士あるいは骨細胞と骨芽細胞は，突起の先端部のギャップ結合（1章DⅡ参照）で互いに連絡している．これは，骨表層の骨芽細胞から骨の深いところに位置する骨細胞への情報伝達を担っている．

破骨細胞は骨吸収能を有する多核巨細胞で，骨のリモデリングにおいても重要な役割を果たしている．

軟骨細胞は，軟骨の細胞外マトリックス成分の合成・分泌に関与する．また，細胞の分化や増殖を調節する因子を産生している．

Ⅱ 骨の形成と吸収

骨の形成と骨基質の石灰化
bone formation & calcification of bone matrix

骨は，未分化間葉細胞が骨芽細胞に直接分化して骨がつくられる**膜内骨化**（膜性骨の発生）と，まず軟骨がつくられた後に骨に置換する**軟骨内骨化**（置換骨の発生）という2つの様式で生じるが，いずれの場合もその後の形成は，添加性の骨形成が骨リモデリング（改造）をともないながら進行する．なお，膜内骨化は，頭蓋部（頭蓋底を除く）の骨や鎖骨の発生時にみられ，軟骨内骨化は，体幹・体肢（鎖骨を除く）の骨や頭蓋底の発生時にみられる．

骨の吸収
bone resorption

骨吸収において主役を演じるのは**破骨細胞**である．破骨細胞は，細胞膜にあるインテグリンが受容体となって，RGD配列（Arg-Gly-Asp）をもつ骨基質中のタンパク質であるオステオポンチンを認識して骨表面に接着する．接着によって骨面との間に形成された微小環境内は，プロトン（H^+）の放出によってpH 3〜4の酸性条件が持続的に保たれて無機質の溶解がはじまる．また，タンパク質分解酵素がゴルジ体，リソソームを経由して波状縁から分泌され，コラーゲンをはじめとするさまざまな有機質成分が分解される（図G-7）．

破骨細胞の分化と機能
differentiation & function of osteoclast

破骨細胞の形成には，骨芽細胞が深く関与している．破骨細胞の形成は，骨吸収促進因子（表G-2）が骨芽細胞を刺激することからはじまる．骨吸収を促進するホルモンやサイトカイン（表G-2）は骨芽細胞の細胞膜上に**破骨細胞分化因子（RANKL）**の発現を誘導し，破骨細胞の分化と機能を促進する．破

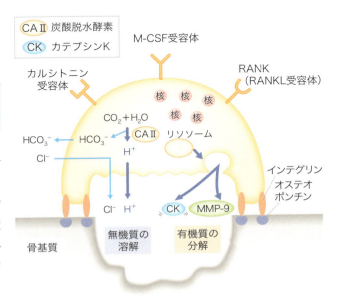

図G-7 ● 破骨細胞による骨吸収のしくみ

骨細胞前駆細胞（単球／マクロファージ）は細胞膜上にRANKLの受容体であるRANKを発現し，細胞間接触によってRANKLを認識して破骨細胞に分化する．一方，骨芽細胞はRANKLに対するおとりの受容体（**オステオプロテゲリン；OPG**）を分泌して，破骨細胞の分化と機能を抑制する．また，破骨細胞の分化には，骨芽細胞と破骨細胞前駆細胞の細胞間接触以外に骨芽細胞が分泌する**マクロファージコロニー刺激因子（M-CSF）**が関与している（図G-8）．

破骨細胞の機能を抑制する因子として，甲状腺の傍濾胞上皮細胞から分泌される**カルシトニン**がある（表G-2）．破骨細胞の細胞膜上の受容体にカルシト

表G-2 ● 骨吸収調節因子

骨吸収促進因子	骨吸収抑制因子
・活性型ビタミンD₃〔1α，25(OH)₂D₃〕 ・副甲状腺ホルモン（PTH） ・PTH関連ペプチド（PThrP） ・プロスタグランジンE₂（PGE₂） ・インターロイキン（IL-1, IL-6）	・カルシトニン（CT）

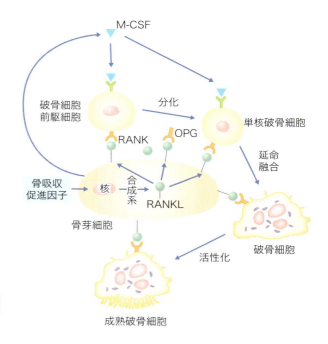

図G-8 ● 破骨細胞形成のしくみ

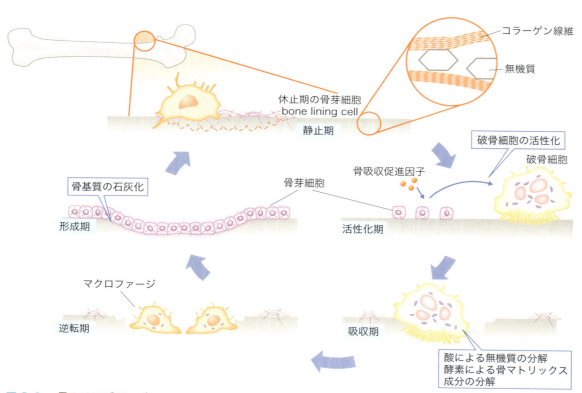

図G-9 ● 骨のリモデリング

ニンが結合すると（p.81の脚注※7参照），骨吸収能は急激に低下する．

骨のリモデリング
bone remodeling

私たちのからだの大部分を占める結合組織は，絶えず古い部分を壊し新しい組織に置き換えられている．骨も例外ではなく，絶えずその一部は破骨細胞により吸収され，骨芽細胞によって新しく骨が形成されている．その変化は光学顕微鏡的なレベルで起こり，肉眼的な形状は変わらない．これを**骨のリモデリング（骨改造）**といい，破骨細胞，骨芽細胞，あるいはそれらの前駆細胞が互いに密接にかかわり合いながら骨吸収と骨形成が起こり，全体として調和のとれた動的平衡状態が保たれている（図G-9）．

骨リモデリングは，骨芽細胞を介して破骨細胞が活性化される"活性化期"，破骨細胞が中心となって骨吸収が起こる"吸収期"，古くなった破骨細胞がマクロファージによって貪食されたり，破骨細胞の機能が抑制されて骨芽細胞が活性化される"逆転期"，骨芽細胞によって骨形成が起こる"形成期"の4つの時期からなる．

血清Ca濃度の調節
regulation of serum Ca concentration

ヒトの血清Ca濃度は，きわめて厳格に9〜10 mg/dL（約2.5 mM）に保たれている．この値の恒常性の維持には，骨（Caの貯蔵庫），十二指腸（Caの取り込み口），腎臓（Caの排泄口）の3つの臓器と，**活性型ビタミンD_3（活VD_3），副甲状腺ホルモン（PTH），カルシトニン（CT）**の3つの血清Ca濃度調節因子が関与する．

血清Ca濃度が低下すると，副甲状腺からPTHが分泌される．PTHは，腎臓に作用してCaの再吸収を促進させ，また，活VD_3の生成を促進する．PTHと活VD_3は，骨に作用して骨吸収を促進し，骨から血液中にCaが流出する．また，活VD_3は小腸に作用して腸管からのCa吸収を促進させる．その結果，血清Ca濃度は上昇する．

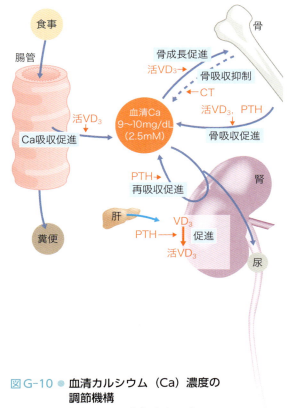

図G-10 ● 血清カルシウム（Ca）濃度の調節機構
PTH ：副甲状腺ホルモン（パラトルモン）
活VD_3：活性型ビタミンD_3
CT ：カルシトニン

一方，血清Ca濃度が高くなると，甲状腺からCTが分泌され，破骨細胞の骨吸収作用を抑制し，血清Ca濃度は下降する（図G-10）．

> **まとめ**
> - 結合組織は，組織間・細胞間の結合や支持の他，炎症など防衛反応の場としても重要な機能を有する．
> - コラーゲンは体タンパク質の約30％を占めている．
> - 骨はリモデリングによって，常に組織の改造を行っている．
> - 骨は体液中の塩類調節，CaやPの貯蔵所としての役割も果たし，ヒトの血清Ca濃度は約2.5 mMに調節されている．

第2部 タンパク質の機能と遺伝のしくみ

4章 遺伝子とその継承

gene & its inheritance

　遺伝子（gene）という言葉の歴史は古い．そして，DNAの二重らせんモデルが発表されてすでに半世紀以上が経過している．ここでは，遺伝情報を担う物質であるDNAの構造や特徴，特にその正確なコピーがつくられ続けるメカニズム，また，"DNA" "染色体" "ゲノム"という密接に関連するが異なる3つの用語の意味，さらに，遺伝するDNAと遺伝しないDNAが存在することを具体的にみていくことにする．

　DNAの二重らせんモデルはハーシー（Hershey）とチェイス（Chase）によってDNAが遺伝情報を担うことが明らかにされた翌年の1953年に，米国のワトソン（Watson）と英国のクリック（Crick）によって発表された．このモデルは，DNAが細胞に対する指令をコードする方法，そしてまた，その指令がどのようにして細胞や次の世代の生物に継承されるのかを，DNA分子の構造から説明するうえできわめて重要なものとなった．

概略図　遺伝子とDNAに関する初期の主な研究・発見

1865年	メンデルの法則の発見（Mendel）［コラム「メンデルの法則」参照］
1869年	核酸の発見（Miescher）
1900年	メンデルの法則の再発見（Correns，Tschermak，de Vries）
1928年	肺炎双球菌（肺炎球菌）で形質転換物質の存在を発見（Griffith）
1944年	肺炎双球菌（肺炎球菌）の形質転換物質がDNAであることを証明（Avery）
1952年	DNAが遺伝物質であることを証明（Hershey，Chase）
1953年	DNAの二重らせんモデルの発表（Watson，Crick）

Column　ゲノムプロジェクト

　ヒトゲノムの塩基配列（30億対）をすべて解読するというヒトゲノムプロジェクト（Human Genome Project）は，1990年に米国において15年計画でスタートしたが，科学・情報技術の進歩や国際協力のもと，その進捗は加速し，2000年6月にドラフト公開，2003年4月には完成をみた．これはワトソンとクリックによるDNA二重らせんモデルの発表（1953年）からちょうど50年目にあたる．現在に至るまでにマウス，ニワトリ，ゼブラフィッシュ，ショウジョウバエ，線虫などの主要な実験動物のゲノム解析はすでに完了し，まだまだ多数の動植物のゲノム解析が進行している．その数は，過去10年間で10倍以上になる（2016年6月3日現在，真核生物で，解読完了328種，解析中3,158種）．医学，生物学の基本となるゲノム情報は人類共有の財産であるという観点から，ヒトゲノムプロジェクトに際して打ち立てられたバミューダ原則（1996年2月）を規範に，解読された塩基配列情報は，人類の福利と研究の促進のために公開されている．

遺伝情報を担う物質
molecules conveying genetic information

　1869年，スイスのミーシャ（Miescher）は，外科病棟を歩きまわり，化膿した傷口にあてられたガーゼに浸み込んだ膿から，リン酸に富んだ物質を抽出した．この物質は，膿の中に豊富に含まれる炎症性細胞の1つである好中球の細胞核に由来する酸性物質であることから，核酸と命名された．当時すでにメンデルの法則（**次頁コラム「メンデルの法則」参照**）は発見されていたが，まだ広く受け入れられておらず，また，比較的単純な構造をもつ核酸が遺伝情報を担う本体であるとは，長い間，誰も想像さえしなかった．ここでは，まず核酸の構造を理解し，そのうえで，この物質が遺伝情報を担っていることがどのような研究によって明らかにされてきたのかをみていくことにする．

概略図-A　核酸とその構成成分の化学構造

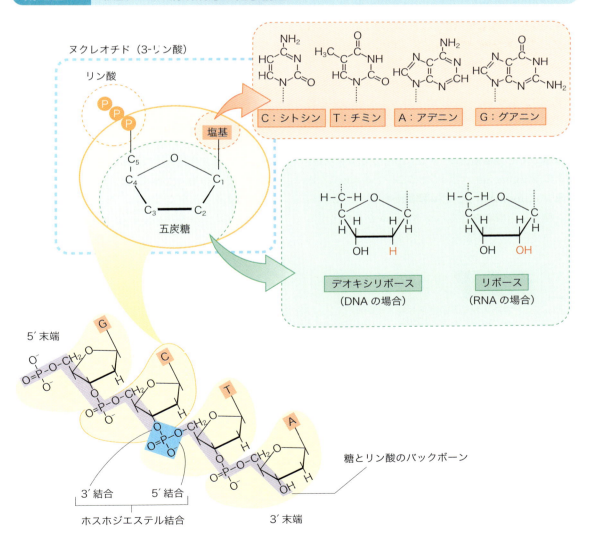

I 核酸の構造

核酸は，リン酸，糖，塩基からなる**ヌクレオチド**※1と呼ばれる単位からなる（概略図-A）．ヌクレオチドを構成する糖には，デオキシリボースとリボースの2種がある．構成糖がデオキシリボースであるヌクレオチドを，**デオキシリボヌクレオチド**と呼び，これが鎖状に連なったものが**デオキシリボ核酸**（deoxyribonucleic acid：**DNA**）である．また，リボースを構成糖とする**リボヌクレオチド**が連なったものが**リボ核酸**（ribonucleic acid：**RNA**）である．

ヌクレオチドは，その構成糖の3番目の炭素についたヒドロキシ基（-OH基）と5番目の炭素についたリン酸とによる**ホスホジエステル結合**（概略図-A）によって鎖状に連なる．つまり，糖とリン酸の繰り返し構造が，鎖状の核酸分子のバックボーンをつくっている．核酸分子の両端には，結合に関与していない糖とリン酸が存在することになり，これらをそれぞれ，3′末端，5′末端と呼ぶ※2．

糖，リン酸とともに，ヌクレオチドのもう1つの構成成分である塩基には，**アデニン**（adenine：A），**グアニン**（guanine：G），**シトシン**（cytosine：C），**チミン**（thymine：T）の**4種類**があり※3，これらは，糖とリン酸からなるバックボーンから突出するように並ぶ．現在では，これら4種の塩基の並ぶ順番がDNAのもつ情報そのものであることがわかっており，タンパク質を構成するアミノ酸の種類や配列もこれによって規定されている（5章 表B-1参照）．

II 遺伝情報を担うDNA

DNAが遺伝情報を担うことは，20世紀前半に行われたいくつかの研究によって段階的に明らかになった（100頁の概略図）．

肺炎球菌は，病原性があり表面が平滑なS型菌と，病原性がなく表面の粗いR型菌がある．1928年，グリフィス（Griffith）は，熱処理をして殺したS型菌を，病原性のないR型菌と混ぜてネズミに注射すると肺炎になること，つまり死んだS型菌の中にはR型菌の形質（形態的な特徴や性状）を変える物質が存在することを示した．この形質を転換させる物質がDNAであることを明らかにしたのは，エイブリー（Avery）で1944年のことである．彼は，熱処理したS型菌から，タンパク質，DNAなどいろいろな物質を取り出して病原性のないR型菌に入れる実験を行った．その結果，DNAを入れた場合のみ，R型菌が病原性のあるS型菌に変わることを示した．DNAが肺炎球菌の形質を決めていることが明らかになっ

Column メンデルの法則

オーストリアの修道士メンデルは，エンドウ豆を用いた実験結果から，遺伝の根本法則といえる分離，独立，優性という3つの法則を1865年に発表した．しかし，1900年に別の3人の研究者によって独自に再発見されるまで，その意義は理解されることのないままに過ぎた．

分離の法則は，父親および母親から受け継いだ1対の（対立）遺伝子が，互いに融合することなく，次世代を生み出すための精子や卵子などの配偶子がつくられるときに，明確に分かれるという法則である．独立の法則は，配偶子がつくられるとき，2対以上の（対立）遺伝子は互いに影響することなくふるまい，受精するときにも，独立した任意の組み合わせになるという法則である．優性の法則がなり立つのは，むしろ例外的な状況であることが現在明らかになっており，分離と独立の法則をメンデルの法則として扱うことがある．

対立遺伝子に関しては，p.162のコラム「対立遺伝子」を参照のこと．

※1 リン酸を除く，糖と塩基からなる単位をヌクレオシドと呼ぶ．
※2 3′や5′の「′」は「ダッシュ」あるいは「プライム」と読む．
※3 これはDNAの場合である．RNAの場合，Tの代わりにウラシル（uracil：U）という塩基をもつ（右図）．他の3種の塩基はDNAとRNAで共通である．

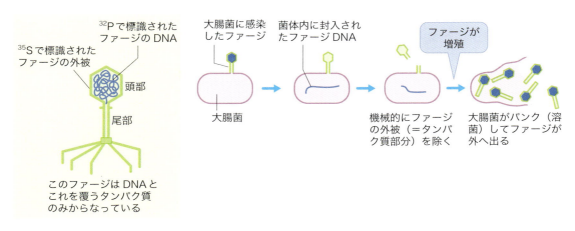

図A-1 ● ファージの構造とハーシーとチェイスの実験
DNAさえ菌体内に入っていれば，それをもとにファージのタンパク質部分が合成されて，子孫のファージができる．

たのである．

1952年ハーシーとチェイスの2人は，ファージと呼ばれる大腸菌に感染するウイルスを使った実験によって，DNAが形態的な特徴や性格を決めるだけでなく，次の世代へ遺伝することを証明した．ファージは感染後，大腸菌の内部で増殖し，つまり多数の次世代のファージをつくる．ハーシーらは，ファージの構成成分であるタンパク質とDNAをそれぞれ ^{35}S，^{32}P という放射性同位元素で標識し，大腸菌に感染させ，実際に大腸菌の中に入って同じ性格をもった次世代のファージを生み出すのは，タンパク質でなくDNAであることを示したのである（図A-1）．

III DNAの二重らせんと相補性
double helix structure of DNA & complementation

2本のDNA鎖が"らせん"構造をとるとするワトソンとクリックの**二重らせんモデル**（図A-2）で重要な点は，糖とリン酸からなるバックボーンが，二本鎖DNAの外側にあり，塩基が二重らせんの内側にあるということである．そして，これら内側に突出した塩基は一方のDNA鎖上にAがある場合はこれに対面するもう一方にはTがあり，一方にGがある場合はこれに対面するもう一方にはCがあるという形で対を形成している※4．これがために，2本のDNAには，お互いに補い合うという意味の**相補性**が

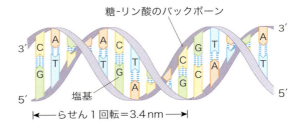

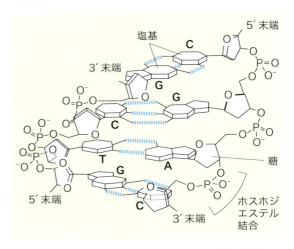

図A-2 ● DNAの二重らせん内での塩基対の形成
┈┈┈ : 水素結合

※4 AとT，GとCという組み合せは，これらそれぞれの塩基間での水素結合の数が最も多くなる組み合せである．AとTでは2つの，GとCでは3つの水素結合があり（図A-2）二本鎖DNAの安定化に役立っている．

存在することになる．

　こうした二本鎖DNAの相補性は，AとTの量，GとCの量がそれぞれ生物種が異なっても常に同じであるというシャルガフ（Chargaff）の法則をうまく説明できる．しかし，DNAの相補性がさらに重要であるのは，塩基配列という形でDNAに記録されている情報を複製・伝達する方法をも，合理的に説明できる点にある．DNAの複製については**本章B**で述べる．

> **まとめ**
> - 核酸は，塩基，五炭糖，リン酸からなるヌクレオチドが鎖状に重合したものであり，デオキシリボ核酸（DNA）とリボ核酸（RNA）とがある．
> - DNAには，アデニン（A），グアニン（G），シトシン（C），チミン（T）という4種の塩基があり，RNAは，Tの代わりにウラシル（U）をもつ．
> - 細胞核に格納されているDNAは，遺伝情報を担う本体である．
> - 相補的な塩基をもつ2本のDNA鎖は，二重らせん構造をとっている．

B DNAの複製
DNA replication

　DNAは無から合成されるわけではなく，手本となる既存のDNA鎖を鋳型（template）にして"複製"される．複製過程では，鋳型DNAや，新たにつくるDNA鎖の材料となる4種類のデオキシリボヌクレオシド3-リン酸が必要となることはもちろんであるが，この他にも，DNAポリメラーゼをはじめとする細胞内の多数のタンパク質や酵素が関与する．哺乳類のDNA複製では，毎秒約50個の速度でヌクレオチドが連結（重合）されるといわれる．

概略図-B　DNAの半保存的な複製

a) 複製反応

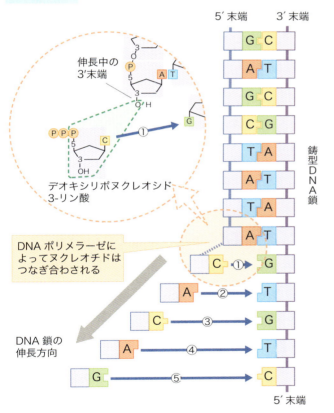

b) 半保存的複製

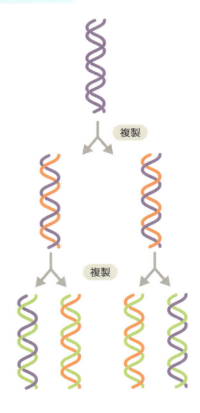

I DNA複製の基本的な機構

二本鎖DNAの塩基配列は互いに相補的であるので，塩基の配列順によってあらわされる情報は，2本のDNA鎖で事実上同じである．そこでDNAの複製時には，二本鎖DNAがほどけてそれぞれが鋳型DNAとなる．合成されるDNA鎖の材料となる4種類のデオキシリボヌクレオシド3-リン酸は，鋳型DNAの塩基配列と相補的になるように順につなぎ合わされる．この重合反応を触媒するのが，**DNAポリメラーゼ**と呼ばれるDNA合成酵素である．DNAポリメラーゼは，鋳型DNAの塩基と正しい塩基対を形成することができるデオキシリボヌクレオシド3-リン酸のみを，合成中のDNA鎖の3′末端に次々に付加していく（概略図-Ba）．このため，鋳型となったDNA鎖と新たにつくられたDNA鎖もまた，互いに正確に相補的な二本鎖DNAを形成できる．

こうした方法で複製が行われるために，複製によって生じた2組のDNAでそれぞれの二本鎖のうち1本は鋳型DNAそのものであり，もう1本が複製過程で合成されたものとなる．このためDNAの複製は**半保存的な複製**と呼ばれる（概略図-Bb）．

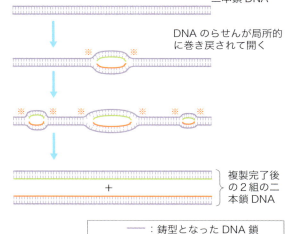

図B-1 ● フォークによる複製の進行

II DNA複製フォーク
DNA replication fork

二本鎖DNAのおのおのが複製の鋳型となるためには，二本鎖が"ほどける"必要があるが，実際には，DNAの複製に先立って二本鎖が完全にほどけてしまうことはない．複製が開始される部分において局所的にらせん構造が巻き戻され，**DNA複製フォーク**と呼ばれるY字型構造が2つ出現する（図B-1）．これら2つのフォークが互いに遠ざかるように移動しながらDNAの複製が進行するのだが，このためには，フォークより先の部分でDNAの二本鎖が順次開かれねばならない．ところが，二本鎖DNAは通常は非常に安定で，試験管内で二本鎖を分離しようとする場合は，沸騰水に近い90℃以上で処理する必要がある．これを生体内で無理なく実現するのが**DNAヘリカーゼ**と呼ばれる酵素である．ヘリカーゼの存在によって，二本鎖DNAは両方向に順次ほどかれ（図B-2），同時にDNAの複製も進行する[※1]．

III DNAの不連続的な合成

二本鎖DNAの向きは互いに逆（一方は5′→3′，他方は3′→5′）なので，複製フォークは非対称である．また，複製を直接的に担うDNAポリメラーゼは，5′→3′方向にヌクレオチドを付加し，重合を進めることしかできない．このため，複製フォークの一方では，**リーディング（leading）鎖**と呼ばれるDNA鎖が連続的に合成されるが，もう一方では連続的な合成は望めない．この**ラギング（lagging）鎖**と呼ばれる側では，DNAポリメラーゼによって5′→3′方向に，まず100〜200個のヌクレオチドの断片（**岡崎フラグメント**[※2]）が合成される（図B-2）．

[※1] ほどけた一本鎖DNAに結合して，その状態を保つことで，DNAポリメラーゼによるヌクレオチドの重合反応を助ける一本鎖DNA結合タンパク質（SSBタンパク質）の存在も知られる．

[※2] ラギング鎖側での不連続なDNA合成をはじめて明らかにした日本人研究者（岡崎令治博士，名古屋大学）にちなんで名づけられている．

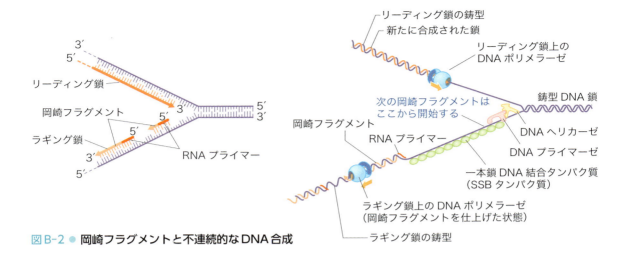

図 B-2 ● 岡崎フラグメントと不連続的な DNA 合成

その後，こうした不連続なフラグメントが DNA リガーゼと呼ばれる酵素によってつなぎ合わされる．

IV DNA プライマーゼ
DNA primase

DNA ポリメラーゼは，鋳型に見合ったヌクレオチドを，1つ前のヌクレオチドの 3′ 末端に付加して DNA 鎖を伸長させる．ところが，合成をはじめる最初はそうした 3′ 末端をもつヌクレオチド，つまり出発点が存在しない．特に，複数の不連続な合成が行われるラギング鎖では，岡崎フラグメントの合成をはじめるたびに，2番目以降を付加するための 3′ 末端をもったヌクレオチドが必要となる．これを提供するのが，**DNA プライマーゼ**という酵素（図 B-2）で，この酵素は 10 塩基程度の短い RNA 鎖（RNA プライマー）を合成し，このプライマーの 3′ 末端に第1番目のヌクレオチドが付加される．もちろん，岡崎フラグメントがつなぎ合わされ連続的な DNA 鎖になる過程で，RNA プライマーの部分は DNA 鎖に置き換えられる[※3]．

まとめ

- 互いに相補的な二本鎖 DNA は，それぞれが鋳型となり，DNA ポリメラーゼによって新たな DNA 鎖が複製される．
- 倍加した二本鎖 DNA の一方は，鋳型であった DNA 鎖であるため，DNA の複製は半保存的であるといわれる．
- DNA の複製中は，複製フォークと呼ばれる Y 字型の構造が出現する．
- DNA 鎖の合成は常に 5′→3′ 方向に進むため，複製フォークの一方ではリーディング鎖が合成され，もう一方では，まず，岡崎フラグメントと呼ばれる DNA 断片が合成され，その後つなぎ合わされる．

※3　ヘリカーゼによって DNA がほどかれ，複製フォークが移動し続けるためには，複製フォークの進行方向にある二本鎖 DNA 全体が非常に速いスピードで回転しなければならなくなる．それは 10 塩基分の複製のたびに 1 回転するほどとなる．しかし，莫大なエネルギーを要するこうした回転は実際には起きない．トポイソメラーゼという酵素によって，二本鎖 DNA の一方あるいは両方を一時的に切断し，DNA のよじれが戻されるのである．

C DNA，染色体，ゲノム
DNA, chromosome, genome

　遺伝情報を担うDNAという物質は，遺伝情報を複製・継承していくという面から考えると，実に理にかなった構造をもつことを前節までで解説した．遺伝子の本体はDNAであるという表現をしばしば耳にするが，DNAと遺伝子とは同一のものと考えてよいのであろうか．また，DNAあるいは遺伝子は，私たちのからだを構成している細胞の中に実際にどのように格納されているのであろうか．

概略図-C　真核細胞におけるDNAの存在様式

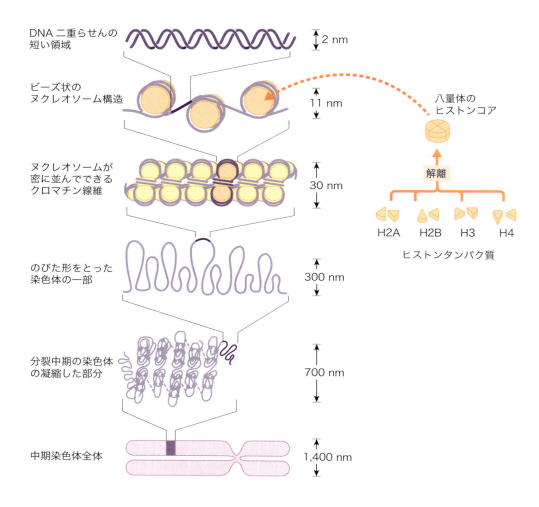

I DNAと遺伝子の関係

ミーシャが好中球の核から核酸を見出した（本章A参照）ことからもわかるように，DNAは細胞核の中に存在する．ヒトを構成する細胞は全部で約60〜70兆個あるといわれ，それら細胞の核のどれにおいても，全長約2 m，ヌクレオチドの数でいえば約30億対分のDNAが保持されている．

遺伝子とは，DNAを構成するヌクレオチドがもつ塩基の"並び順"として記録されている遺伝情報である．

DNA上でアミノ酸配列が塩基配列として記録（コード）されている領域は，転写によってmRNAを介してタンパク質に翻訳されるので（5章A，B参照），タンパク質分子の構造を規定している**構造遺伝子**と呼ばれる．また，DNA上には，RNA合成の制御にかかわる酵素やタンパク質分子などによって認識されるプロモーターあるいはオペレーターなどと呼ばれる特異な塩基配列を示す部分も存在し，これらは**調節遺伝子**と呼ばれる[※1]．従来，特に狭義での遺伝子とされてきたのは，構造遺伝子であり，これに注目すると，全長2 mに及ぶDNA鎖には，約2万2,000個の遺伝子が存在すると考えられる．DNAに散在するこれらを1カ所にまとめるとその長さの和は核内のDNA全長のわずか2％以下に過ぎないことになる[※2]．このことは，これまであまりに不合理，不可解な事実とされていた．

ところが近年，DNA上には転写後タンパク質にまで翻訳されないさまざまな**ノンコーディングRNA**（non-coding RNA）の存在が次々と見出されている（5章A Ⅵ参照）．こうした非翻訳性のRNAには，tRNAやrRNA[※3]なども含まれるが，この他にも多種多様なノンコーディングRNAが存在し，核内でのRNAスプライシングあるいはタンパク質合成過程でのシグナルペプチドの認識など従来知られていた役割以上に，さまざまな調節的な機能を果たすことが解き明かされつつある．そしてなによりも，これらのRNAが転写される領域を含めると，ヒトDNA全長の約70％が転写されているとも試算される．したがって，タンパク質をコードするのが遺伝子という考え方は，今後，タンパク質であれRNAであれ機能分子の発現が可能なDNA領域は遺伝子であるという考え方に拡張されていくかもしれない．

II DNAの存在様式

原核細胞では，DNAはほぼむき出しの状態で細胞質内に存在する．しかし，核膜によって細胞質から隔離された細胞核をもつ**真核細胞**[※4]では，**ヒストン**と呼ばれるタンパク質とDNAとが結合し，核内に効率よく詰め込まれている．すなわち，二重らせん構造をとるDNAは，4種類のヒストン（H2A，H2B，H3，H4）が2分子ずつ，合計8分子のタンパク質からなるコアに，DNAが約2回巻き付き**ヌクレオソーム**（nucleosome）というビーズ状構造をつくっている．さらに，ヌクレオソームが密に並んだ径約30 nmの線維状構造である**クロマチン線維**となっている（概略図-C）．

分裂間期の細胞核を電子顕微鏡で観察した場合，クロマチン線維は，濃淡入り混じったクロマチン（chromatin：染色質）として認められる．濃い部分は，クロマチンが不活性な部分，つまりDNA上に記録された情報の読みとり（転写）が行われていない部分で，**ヘテロクロマチン（異染色質）**と呼ばれる．一方，淡く明るい部分は，転写活性が高い部分，つまりDNA上に記録された情報の読みとりがさかんな部分で，**ユークロマチン（正染色質）**と呼ばれる（図C-1）[※5]．

[※1] 元来，こうした領域のみを調節遺伝子と呼んでいたが，今日では，こうした領域に結合して転写活性を制御する役割をもった分子の構造を規定する遺伝子についても調節遺伝子と呼ぶことがある．5章C Ⅲを参照のこと．

[※2] かつてヒトの遺伝子は約10万個存在するとされていた．しかし，ヒトゲノムの解読の進捗にともない，2001年には，それまでの推定よりはるかに少ない3万〜4万個であるとされ，その後の研究でさらに修正され，現在では約2万2,000個とされる．

[※3] いずれもRNA分子の一種で，tRNA（transfer RNA）は，タンパク質合成においてアミノ酸の運び屋として機能するRNA分子で，rRNA（ribosomal RNA）は，細胞質中でのタンパク質合成の場となるリボソーム粒子を構成するRNA分子である．詳しくは5章Aを参照．

[※4] ヒトのからだを構成する細胞も真核細胞である．

[※5] 細胞核内に存在する核小体（または"仁"）と呼ばれる部分では，rRNAの転写がさかんである．

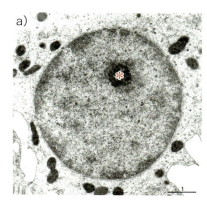
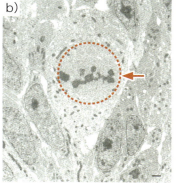

図C-1 ● 分裂間期と分裂期の細胞核

a) 分裂間期の細胞核．色の濃いヘテロクロマチンと，淡く明るいユークロマチンがわかる．＊印は核小体．**b)** 分裂中期の細胞．消失間近で不明瞭な核膜を点線で示す．その中央である赤道面に非常に凝縮した染色体が集まっている（矢印）．図中のスケールが1μm．

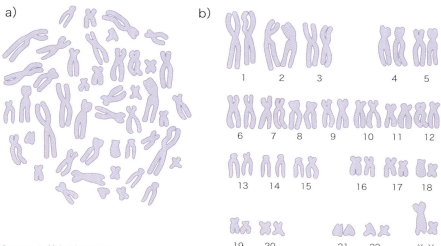

図C-2 ● ヒト体細胞の核型

ヒト細胞で細胞分裂を中期で停止させ，形成されていた染色体をとり出した状態（a），および，その染色体を形態的特徴でペアリングして大きさの順に並べた状態（b）を示す．娘細胞への分配目前の時期なので，染色体は，どれもDNAの複製が済んで染色分体2つがセントロメアの部分で付着したX字形あるいはハサミ形をしている．数字は第1〜22番までの常染色体，X, Yは性染色体を示す．性染色体も含めた23対は互いに相同な染色体のペアで，その一方は母親由来，他方は父親由来である．X, Yがあるので，この図の染色体は，男性の細胞からとり出され，Xは母親由来，Yは父親由来とわかる．女性の細胞からとり出された場合，性染色体はXXのペアとなる．
Open Computing Facility（http://www.ocf.berkeley.edu/~edy/genome/chromosomes.jpg）をもとに作成．

細胞周期のなかでも分裂期では，クロマチン線維はさらに密に凝縮し，**染色体**（chromosome）という構造をとるようになる（概略図-C）．つなぎ合わせれば全長2mにもなるDNAを，分裂で生じる細胞に受け渡すための巧妙なパッケージング方法であるといえる．

細胞分裂時に現れる染色体は，ヒトの場合46本である．これは，核内にある全長約2mといわれるDNAが，実は独立した46本のクロマチン線維として存在していることを示している．

46本の染色体の内訳は，父親（精子）由来の23本，母親（卵子）由来の23本である．これら23本はそれぞれ，大きさとセントロメアの位置という形態的な特徴で並べると（図C-2），父親由来と母親由来とで特徴が類似するペアがみつかる．これらのペアは**相同染色体**と呼び，その形態的類似性だけでなく，同じ遺伝子（あるいはその対立遺伝子）が同じ順序で同じ位置に並んでいる染色体である．23対

の相同染色体のうち，22対（計44本）は**常染色体**で，1対（2本）は**性染色体**である．常染色体は，大きさの順に第1〜22染色体と名づけられている．また，1対の性染色体は，男性の場合はX染色体とY染色体であり[※6]，女性の場合はX染色体2本である．

IV ゲノム
genome

遺伝子の存在によって，カエルからはカエル，ヒトからはヒトが生まれ，自分の子どもは他人の子どもとは明らかに異なって確かに自分の子どもとなる．このような"遺伝"では，DNA上に記録された遺伝子全体がひとまとまりとして受け継がれる必要がある．ひとまとまりの遺伝子のセットは，それぞれの生物種あるいは個体に固有なものであり**ゲノム**と呼ばれる．また，個体を構成する細胞は，調和のとれた機能を営むために，やはりゲノムというセットとしてDNAをもっている必要がある．

ヒトの体細胞は二倍体，つまりゲノムを2セット保持している．これは，父親（精子）由来の1セットと母親（卵子）由来の1セットが合わさったためである．このようにゲノムに注目した場合，二倍体のヒト体細胞は2n，一倍体の精子や卵子は，nと表現できる．なお，n = 23（常染色体22，性染色体1）とすれば，体細胞や精子・卵子の染色体数があらわされる．

> **まとめ**
> - DNA上の塩基配列のなかで，タンパク質や翻訳されないRNAをコードする遺伝子あるいは転写調節などにかかわる遺伝子として機能する部分は，全体のごくわずかな部分に過ぎない．
> - 原核細胞のDNAは，細胞質内にむきだしのまま存在するが，真核細胞のDNAは，核膜で囲まれた核内にあって，ヒストンと結合し，ヌクレオソームを形成している．
> - ヌクレオソームはクロマチン構造をとり，細胞分裂時には，染色体へとパッケージングされる．
> - ヒトの染色体は，23対（46本）あり，うち22対は常染色体，残り1対は性染色体である．男性個体の性染色体はXとYであり，女性個体ではXが2本ある．
> - 生物あるいは細胞として機能するためには，遺伝子はゲノムというセットとして，細胞内に存在・保持される必要がある．

[※6] XとYの染色体は相同染色体として扱うが，その形態やこれらに存在する遺伝子には差異がある．

D 遺伝するDNA・遺伝しないDNA
inheritable DNA & nonheritable DNA

　細胞核内のDNAの全長にわたって実際に機能する遺伝情報が記録されているわけではないが，DNAが遺伝情報を担っていることは間違いない．一方で，体細胞の中にあるDNAと生殖細胞の中にあるDNAとでは，その役割や意義は大きく異なる．体細胞が保持するDNAは，次世代へ"遺伝しない"のである．ここでは，次世代の個体に継承されるDNAと，分裂によって生じる細胞に継承されるが個体の生涯とともに消滅するDNAの違いとを理解し，それぞれにかかわる細胞レベルでの機構をみていく．

概略図-D　種を維持する細胞と個体を維持する細胞

a) ヒトを構成する細胞のライフサイクル

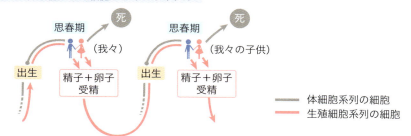

b) 体細胞分裂におけるゲノムの分配

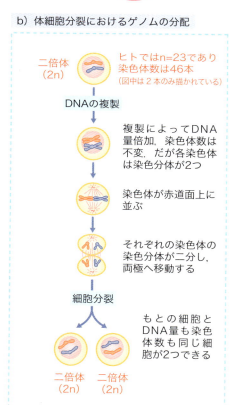

c) 減数分裂におけるゲノムの分配（男性生殖細胞の場合）

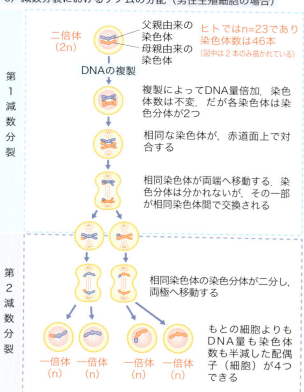

I 生殖細胞系列と体細胞系列
germ cell lineage & somatic cell lineage

ヒトという個体を形成している約60〜70兆個といわれる細胞の大部分は**体細胞**の系列に属する細胞である．一方，次世代を生み出すために個体の中で特別に用意される細胞は**生殖細胞**と呼ばれ，体細胞とは別の系列に属する．

ヒトの場合，卵子と精子の受精によって生じる1つの細胞（受精卵）が分裂・増殖・分化することによって発生が進行する．この過程の初期，受精後第3週目の終わり頃に卵黄嚢壁の一部に出現した原始生殖細胞（図D-1）が，第4〜5週目に胚（embryo）内の将来卵巣や精巣となる原始生殖腺に移動する．ヒトの胎生期間は約10カ月であるから，出生する9カ月ほど前の頃には，その個体が出生後に成人して自分の子供をもうけるために必要な細胞やゲノムが用意されるのである．この細胞群が生殖細胞系列の細胞であり，胚内のその他の細胞はすべて体細胞系列の細胞である．

生殖細胞系列の細胞は，減数分裂という特殊な細胞分裂を経て，卵子あるいは精子と呼ばれるおのおの1セットのゲノムをもった配偶子を形成する．一方，体細胞系列の細胞は，通常の細胞分裂（体細胞分裂）をして，個体の種々の組織・器官を構成する細胞となり，おのおの2セットずつのゲノムをもつ．したがって，生命あるいは生物の連続性という意味では，体細胞系列の細胞は，ゲノムあるいは遺伝子としてのDNAを次世代に受け渡す生殖細胞を守り育む"里親"としての役割を果たすに過ぎないといえる（概略図-Da）．体細胞に保持されるDNAは次世代には継承されず，実際には"遺伝"するわけではないのだ[※1]．

※1 クローン技術の成功は，こうした体細胞が保持するDNAも，生殖細胞がもつDNAと本質的に変わりはなく，人為的に条件を整えさえすれば特別な個体（クローン）を発生させるに足る遺伝情報を確かにもっていることを示している．しかし，自然界では体細胞のDNAが次世代に継承されることはありえない．詳しくは，本項VIを参照のこと．

※2 男性では，思春期以降に順次，減数分裂がはじまり精子がつくられる．しかし，女性では，一次卵母細胞の第1減数分裂は，母胎にいる時点で開始され分裂途中で停止する．思春期以降閉経期までの間に順次，分裂の進行を再開し，第2減数分裂を経て，成熟卵子となり排卵される．

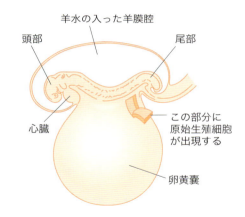

図D-1 ● 受精後第3週終わり頃のヒト胚

II 体細胞分裂とゲノムの分配

体細胞では，細胞周期のなかで分裂期を迎えるときまでにすでにDNAの複製が完了している．したがって，分裂の中期（1章 概略図-E参照）に，分裂中の細胞の赤道面に並んだ23対合計46本の染色体は，それぞれ染色分体に二分し，紡錘糸によって両極に牽引され，分裂によって生じる2つの（娘）細胞に継承される．当然，分裂前の細胞が保持していた2セットのゲノムと全く同じ内容のゲノムが娘細胞に受け渡されるわけである．1セットのゲノムあたりのDNA量を1とすれば，二倍体である体細胞での相対的なDNA量は2であり，これが分裂前のDNA複製によって一時的に4となり，分裂後の2つの娘細胞では再びそれぞれが2のDNA量となる（概略図-Db，図D-2）．

III 減数分裂による配偶子の形成

生殖細胞系列に属する原始生殖細胞は，原始生殖腺に移動した後，細胞分裂によって，順次，男性では**精祖細胞**（女性では**卵祖細胞**），**一次精母細胞**（女性では**一次卵母細胞**）が生じる．その後，一次精（卵）母細胞は減数分裂と呼ばれる特異な細胞分裂を遂げる[※2]．

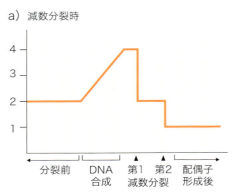
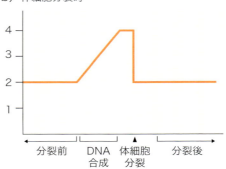

図D-2 ● 細胞分裂におけるDNA量の変化
ゲノムDNA量を1として，分裂中の1細胞あたりのDNA相対量（縦軸）を示す．

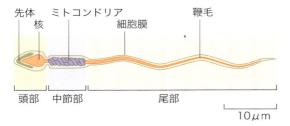

図D-3 ● ヒトの精子

IV 減数分裂におけるゲノムの分配

生殖細胞系列の細胞も当初，体細胞と同様に2セットのゲノムをもった二倍体の細胞である（2n）．ところが，一次精（卵）母細胞が遂げる減数分裂では，細胞分裂が2回生じるにもかかわらず，DNAの複製が1度しか生じないために，形成される精子・卵子といった配偶子ではゲノムDNA量は半減する．このため，配偶子は一倍体（n）の細胞である．

第1減数分裂に先立って生じるDNAの複製によって，減数分裂開始時の一次精（母）細胞のDNA量は一時的に倍加する．第1減数分裂では，体細胞分裂とは異なり，もともと父親および母親に由来する相同染色体が向き合って配置（相同染色体の対合）し，紡錘糸によって両極に牽引される．この結果，生じた2つの二次精（卵）母細胞がもつ相対的なDNA量は体細胞と同量となる．ただし，体細胞分裂で生じた娘細胞とは全く異なり，同じ1セット分のゲノムを2コピー含む細胞となる．DNAの複製のないままに続いて起きる第2減数分裂では，23本の相同染色体それぞれの染色分体[※5]が二分して両極に牽引され，1セットのゲノムをもった一倍体（n）の精子細胞あるいは卵子が生じることになる（概略図-Dc）．

減数分裂（還元分裂）では，第1および第2減数分裂と呼ぶ2回の細胞分裂が連続して起こる．第1減数分裂の結果，一次精（卵）母細胞から2つの二次精（卵）母細胞が生じ，これら2つの細胞がおのおの第2減数分裂を遂げることによって，男性では合計4つの精子細胞が，女性では1つの卵子と3つの極体と呼ばれる細胞が生じる[※3]．卵子が，次世代に継承するためのゲノムとともに豊富な細胞質を有するのに対して，精子は，継承すべきゲノムをコンパクトにセットした弾頭（頭部）[※4]，ミトコンドリアという動力源が豊富な中節部，推進装置としての尾部を備えた"ゲノムを送り届けるミサイル"といった形態をもっているのである（図D-3）．

[※3] 一次精母細胞では，2度の減数分裂において細胞質が均等に分裂するため，4つの精子細胞が生じるが，一次卵母細胞では，第1減数分裂で細胞質が不均等に分裂し，より多くの細胞質を受けた一方が第2減数分裂で再び不均等に分裂する．このため，最終的に豊富な細胞質をもつ細胞は1つのみ生じることになる．これが卵子である．

[※4] 精子の先端部に位置する先体はゴルジ体に由来する小胞で，受精に先立って卵子周囲の障壁を消化・破壊する酵素を豊富に含んでいる．

[※5] 分裂期の染色体は，分裂に先立つ複製によってDNAが倍加しているため，それぞれ2本ずつの染色分体からなっている．

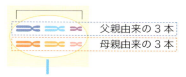
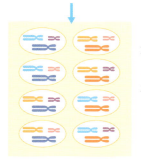

第1減数分裂で相同染色体が分離する際は，父親・母親由来の（ここでは）3対がそれぞれ独立して分離する

第1減数分裂の結果生じる細胞がもつ染色体の組み合わせは（ここでは）$2^3 = 8$通りとなる＊
（＊23対の相同染色体をもつヒトの場合は，実際には2^{23}通りとなる）

図D-4 ● 相同染色体の分離による配偶子の多様性
23対（46本）ある染色体のうち相同な3対（6本）のみ描かれている．

父親由来の染色体
母親由来の染色体 }相同染色体

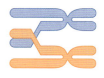
相同染色体間で交叉が生じる

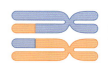
相同染色体の分離の過程で染色体の一部が交換（組換え）される

図D-5 ● 相同染色体間での交叉と組換え

V 遺伝的多様性

受精によって発生がはじまる次世代の個体（子供）は，精子（父親）に由来するゲノムと卵子（母親）に由来するゲノムとを合わせもつことになる．地球上に出現して以来，生物は遺伝的に多様な次世代を数多く生み出すという方法をとっている．この方法は，ある特定の個体の生存のためには必ずしも有利でないときもある．しかし，環境変化への対応や病原性微生物との戦いなどを考えた場合，種（species）というレベルで生物を永続させるために，実に有効な手段といえる．

遺伝的に多様な次世代の個体を生み出すうえでの基本は，遺伝的に多様な配偶子をつくることである．配偶子の形成過程で生じる第1減数分裂では，父親由来の染色体とこれに相同な母親由来の染色体が対合し，これらが2つの細胞（二次精母細胞あるいは二次卵母細胞）に分離・継承される．こうした分離は，ヒトの場合は性染色体を含めた合計23対の相同染色体のおのおののペアについてランダムに生じる（図D-4）．その結果，相同染色体の分離によって生み出される配偶子の多様性は，$2^{23} = 8.4 \times 10^6$通りにものぼる．

さらに，第1減数分裂の期間中に，相同染色体間でその一部が交叉し，染色体の一部分が交換されてしまう現象が生じる．こうした染色体の組換えは遺伝的な組換えである．対をなす相同染色体間の複数の部位で交叉が生じ，組換えが起きることも稀でない．このため，ある特定の相同染色体に注目した場合，配偶子は，父親由来の染色体あるいは母親由来の染色体のいずれか一方を有するという状況ではなく，両者がいわばモザイク状にミックスした染色体をもつことになる（図D-5）．染色体の組換えは，相同染色体のランダムな分離による配偶子の多様性の値（2^{23}通り）をさらに著しく増大させる[※6,7]．

[※6] こうした遺伝的に多様な配偶子（精子および卵子）は，ランダムな組み合わせで受精するため，次世代の個体のゲノムの構成は実に多様なものとなる．なお，ヒトの場合は，精子が性染色体として，X染色体をもつかY染色体をもつかによって，受精の瞬間に，個体の"性"が決定する．

[※7] 同一の染色体上にある2つの遺伝子間で組換えの起きた個体が生じる度合を"組換え価"という．2つの遺伝子間の距離が大きければ組換え価は大きくなるので，組換え価は，遺伝子間の距離の測定や遺伝子地図の作製に利用される．

VI クローン動物

　ヒトの発生では，精子と卵子が受精することで遺伝的に多様な次世代を生み出している．このため，一卵性双生児の場合を除いて，近縁者でも個体の遺伝的な背景は必ず異なる．これに対して，遺伝的背景（細胞の核内のゲノム情報）が全く同一の個体からなる集団を**クローン**という[※8]．ヒト（や多くの脊椎動物）ではクローン集団が自然発生することはないが[※9]，人為的な方法によるクローン動物の作製は行われている．

　クローンには，核を取り除いた未受精卵に，受精後ある程度分裂した細胞（割球）から得た核を注入して作出する受精卵クローン，もしくは初期化処理をした体細胞から得た核を注入して作出する体細胞クローンがあり，いずれの場合も哺乳類では仮親の母胎に移植してクローン動物を出産させる．育種・増産や移植医療などの面からは期待される技術だが，生態系への影響や，特にヒトへの応用は生命倫理や社会秩序の面できわめて深刻な問題がある．

　クローン動物は，安全面も含めて，いまだ予見できない問題もある．例えば，世界ではじめて哺乳類の体細胞（乳腺細胞）を使って作製されたクローン動物のヒツジの「ドリー」では，同年齢のヒツジよりも**テロメア**[※10]が約20％短く，これがために早老であったとする見方がある．クローン作製に用いた体細胞は6歳の個体に由来し，ドリーは出生時にすでに細胞学的には6歳相当であったのかもしれない．

まとめ

- ヒトを構成する細胞には，生殖細胞系列および体細胞系列の2種があり，遺伝するDNAを保持するのは生殖細胞系列の細胞である．体細胞系列の細胞がもつDNAは，個体の死とともに消滅する．
- 体細胞がもつ2セットのゲノムは，分裂時には正確に複製・分配され，2つの娘細胞に，基本的に同じ2セットのゲノムが継承される．
- 生殖細胞系列の細胞でみられる減数分裂では，DNAの複製が1度しか行われないにもかかわらず，細胞分裂が2度生じるため，分裂の結果生じる配偶子（精子と卵子）は，1セットのゲノムをもつようになる．
- 減数分裂の過程で生じる相同染色体の分離や組換えによって，配偶子の多様性は著しく増加し，種の保存や進化的に大きな意義をもつ．
- 遺伝的背景が全く同一の個体集団をクローンという．自然界でヒトクローンは存在しないが，人為的にはクローン動物が作製されている．

※8　脊椎動物では，原則として有性生殖によって遺伝的多様性が維持されているが，遺伝的に均質な次世代を生みだすクローン生殖の事例が，ギンブナなど約20数種ほどの魚類で知られている．一方，脊椎動物以外ではクローン生殖は稀ではない．

※9　一卵性双生児は遺伝的な背景が全く同じクローンであるといえる．ただし，エピジェネティックな観点からは，2人は全く同一ではない．5章C Ⅷ を参照．

※10　テロメア（telomere）：染色体の両末端にあるDNA配列で，細胞分裂のたびに短縮し，分裂回数の限界すなわち細胞の老化や寿命の指標とも解される．短縮分を延長するはたらきをもつテロメラーゼ（telomerase）という酵素が，生殖細胞やがん細胞では発現しているが，ヒト体細胞では発現していない．

第2部　タンパク質の機能と遺伝のしくみ

5章　遺伝子DNAの発現とタンパク質合成

gene expression & protein synthesis

　DNA上に一次元的な塩基の配列として記録（コード）されている情報は，RNA分子に写しとられる（DNAの発現）．これらのRNAのうち，tRNAやrRNAはそれぞれ細胞内で，アミノ酸の運び屋あるいはタンパク質合成の場として機能するが，mRNAと呼ばれるRNA分子に写しとられた情報は，多くの場合，さらにアミノ酸鎖へと翻訳される．一次元的な塩基配列が，アミノ酸の配列を規定していることによって，細胞内外の種々のタンパク質分子の一次構造が決められているのである．DNAからRNAへ，そして，RNAからタンパク質へという一方向の流れは生物の中心命題（セントラルドグマ）と呼ばれ（概略図），タンパク質を構成するアミノ酸配列の情報からDNAやRNAといった核酸がつくられることはない．

　ここでは，こうしたタンパク質合成のための一連の過程と遺伝子発現の調節機構についてみていくことにする．

　原核細胞でも真核細胞でも，DNA→RNA→タンパク質というセントラルドグマは共通している．しかし，原核細胞のDNAは核膜によって取り囲まれておらず，リボソームが自由に接近できるため，mRNAへの転写が行われている最中に，先に転写されたmRNA部分からタンパク質合成（翻訳）が起きる．一方，真核細胞では，DNAがエキソンとイントロン（exonとintron）の繰り返しからなっている（概略図-A参照）ため，hnRNAと呼ばれるDNAのベタコピーをまずつくり，修飾やイントロンを取り除くといったプロセシングがなされ，その後に細胞質中へ搬送されてリボソームと出会う．つまり真核細胞の核膜は，こうした作業を行う「場（核）」を確保しているといえる．

概略図　セントラルドグマ

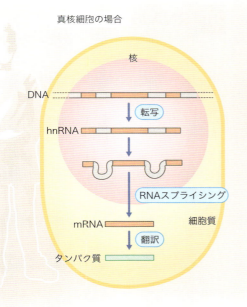
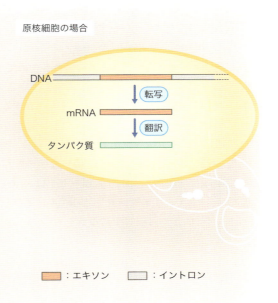

A DNAからRNAへの転写
transcription

DNA上の情報がRNAへ写しとられる過程を転写（transcription）という．この過程は，RNAポリメラーゼという酵素が，鋳型となるDNA上を移動し，その情報を読みとりながら，RNAを合成していくことによって達せられる．

概略図-A　RNAスプライシングによるmRNAの生成

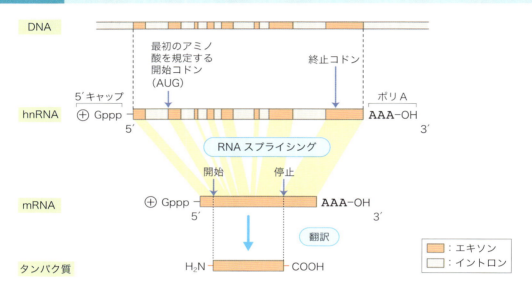

I RNAポリメラーゼ

真核細胞からなる生物では，ヒトの場合も含めて，3種類のRNAポリメラーゼが細胞内に存在している．哺乳類では1細胞あたり約2万〜4万分子も存在するといわれるRNAポリメラーゼⅡが，最終的にタンパク質に翻訳される遺伝子をmRNAに転写することに加えて，snRNAやmiRNA（後述 Ⅵ）などの転写も担っている．一方，RNAポリメラーゼⅠはrRNAの大部分を，RNAポリメラーゼⅢはtRNAおよび一部のrRNAをDNAから転写する役割をもつ．

※1　RNAポリメラーゼのプロモーター配列への結合にあたっては，転写因子と呼ばれる一群のタンパク質が関与し，それによって転写の調節が行われている（本章C参照）．

Ⅱ RNAの合成

RNAポリメラーゼは，DNA上の**プロモーター**（promotor）と呼ばれる塩基配列部分に結合し[※1]，DNAの二重らせんを部分的に開き，鋳型となる塩基配列を露出させる．鋳型となる塩基配列は2本のDNA鎖のいずれか一方にあり，どちらのDNA鎖にあるかは遺伝子ごとに異なっている（図A-1）[※2]．プロモーターは結合するRNAポリメラーゼの向きを決定するので，プロモーターによって，二本鎖のどちらが実際に転写されるかが決まる．

※2　DNAの二本鎖のうちアミノ酸配列などの情報を規定している方をセンス鎖（コード鎖）といい，そうでないもう一方をアンチセンス鎖（鋳型鎖）と呼ぶ．つまり，成熟したmRNAと相補的な塩基配列を含むのはアンチセンス鎖である．しかし，遺伝子によって二本鎖のどちらに情報が規定されているかは異なるため，センス・アンチセンス鎖という呼称は，非常に長い二本鎖DNA分子のいずれか一方を指すものではない．

図A-1 ● 二本鎖DNA上の遺伝子とその転写

遺伝子Aについては，a_1がセンス鎖（コード鎖），a_2がアンチセンス鎖（鋳型鎖）である．a_1と同義な塩基配列を有するmRNA（→）は，a_1と相補的なa_2を鋳型にして転写される．遺伝子B，CのmRNA（←，→）も同様に転写される．p.130脚注※2も参照のこと．

プロモーター配列内部にある合成開始点からはじまるRNAの合成は，鋳型上の塩基と相補的な塩基をもつリボヌクレオチド※3が，RNAポリメラーゼによって順に付加されていくことによって行われる．DNA合成（4章 概略図-B参照）と同様に，1つ前のすでにつながれたリボヌクレオチドの3′末端に次のリボヌクレオチドが付加されるという形で進むため※4，合成中のRNAも5′→3′方向に伸長する．そして，ストップシグナルという特定の塩基配列に達すると，RNAポリメラーゼは合成したRNA鎖を完全に離すとともに，自分自身もDNAから解離する．

III mRNA
messenger RNA

細胞核内で合成されるRNA分子の約半数はRNAポリメラーゼIIによるものである．これらはきわめて不安定で寿命が短い．ごく一部が，5′キャップ形成およびポリA尾部の付加などの"RNAの修飾"を受けて，完成した**一次転写産物RNA（hnRNA）**となる．

このhnRNAには，細胞質中で実際にタンパク質へ翻訳が行われる際には不要なイントロンという塩基配列部分があり，これが，**スプライシング**※5と呼ばれるRNAの成熟過程（プロセシング）によって除去される．イントロンが除かれて出来上がったmRNAは，核膜孔（1章 図B-2参照）経由で選択的に細胞質へ搬出される．

RNAの装飾
modification of RNA

5′キャップ (5′-cap)

RNAポリメラーゼIIによって合成中のRNA分子の5′末端には，メチル化された（$-CH_3$がついた）グアノシンが付加される．これを5′キャップと呼び，タンパク質への翻訳開始時に，mRNAのリボソームへの結合に関与し，また，エキソヌクレアーゼと呼ばれる酵素によってRNA分子が分解されるのを防いだりすると考えられる．

ポリA尾部 (poly A tail)

転写産物であるRNAの3′末端は，ストップシグナルによる転写終了でできるのではなく，伸長中にRNA鎖の特定の塩基配列部が切断されて生じた断端に，約200〜300の数珠状につながったアデニル酸（ポリA）が付加されてできる．ポリA尾部は，成熟したmRNAの核外への搬出，細胞質へ搬出されたmRNAの安定化，リボソームによって識別されるシグナルなどとして役立つと考えられている※6．

エキソンとイントロン
exon & intron

DNAの塩基配列によって記録されるタンパク質の一次構造，つまりアミノ酸の並び順についての情報は，真核細胞のDNA上では，連続していない※7．タンパク質の一次構造を記録する塩基配列は，DNA上では，エキソンと呼ばれる2〜50個ほどの部分に分割されており※8，エキソンとエキソンの間には種々の長さのイントロンと呼ばれる無関係な塩基配列が介在している（概略図-A）．RNAポリメラーゼIIによって合成されたhnRNAは，いわばDNAの"ベ

※3 DNAの合成の材料となるのは，デオキシリボヌクレオシド 3-リン酸であるが，RNA合成では，リボヌクレオシド 3-リン酸が使われる．

※4 ただし，DNA合成の場合とは異なって，合成開始時にまず第1番目のリボヌクレオチドを付加する場を提供するプライマーの存在は不要である．

※5 スプライシングは，mRNA前駆体に特有な現象ではなく，tRNA，rRNA分子でもみられる．

※6 tRNAやrRNAとなるRNA分子にはポリA尾部が存在しない．このため，ポリAと相補的なポリdTを用いて，細胞内で微量なmRNA（およびhnRNA）を分離することができる．

※7 原核細胞では連続している．したがって，原核細胞ではイントロンは存在せず，スプライシングも起きない．

※8 ギャップ結合（1章D II 参照）を構成するコネキシン分子の大部分は，タンパク質のコーディング領域が1つのエキソンに存在し，イントロンで分断されていない稀な事例である．

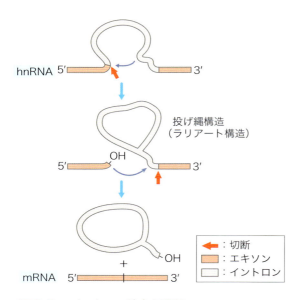

図A-2 ● イントロン除去の過程

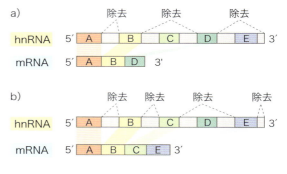

図A-3 ● 選択的RNAスプライシング
スプライシングの起き方によって同じhnRNAから2種類（以上）の異なるmRNAが生成される．

タ"コピーであるため，こうしたイントロンの塩基配列をも含み，非常に長い分子になっている．タンパク質への翻訳に際して不必要なイントロンはRNAスプライシングと呼ばれる過程で除去される（概略図-A）．

RNAスプライシング
RNA splicing

イントロンはタンパク質へ翻訳されない種々の塩基配列からなるが，その両端付近には，スプライスシグナルと呼ばれる塩基配列がある．この部分を互いに接近させるように"投げ縄（ラリアート）"構造が出現する．この部分で切断・再結合がRNAに起き，イントロンが除去される（図A-2）．この過程は，スプライソーム（すなわちsnRNAとこれに結合するタンパク質の複合体）によって行われる．こうした**RNAスプライシング**によって成熟したmRNAが完成する[※9]．

また，エキソン間に介在するイントロンを順に忠実に除去するのでなく，特定のエキソンが選択的に連結されれば，1つのhnRNA（元は1つの遺伝子）から，密接に関連したポリペプチド鎖を複数種つくり出すことが可能となる．**選択的RNAスプライシング**と呼ばれるこうした方法を，細胞は実際に採用しており（図A-3），機能的に多様なタンパク質や，発生や分化の諸段階で必要に応じた組織特異的なタンパク質の産生に役立っている．

IV rRNA
ribosomal RNA

rRNAでは転写されたRNA分子がリボソームの構成成分となるため，細胞1世代で約1,000万個といわれるリボソームに必要なrRNAをすべてDNAから転写しなければならない[※10]．このため，DNA上にはきわめて多数のrRNA遺伝子が存在し，その転写もきわめて活発である．これはタンパク質のアミノ酸配列を規定する遺伝子が通常，1ゲノムあたり1つしか存在しないことと対照的である．

タンパク質合成の場となるリボソームは大・小2つ

※9　RNAスプライシング（およびキャップやポリA尾部の形成）は，イントロンが存在する真核細胞特有の現象である．真核細胞では，核膜によって核と細胞質が隔てられているため，転写後直ちに翻訳が生じない．スプライシングは，スプライスシグナルの塩基配列のわずかな変化で，新しいタンパク質を生み出す可能性を秘めており，進化の過程で生物が得た重要な機構の1つと考えられる．

※10　これに対して，mRNAでは，1分子のmRNAが繰り返し翻訳され，多数のタンパク質が合成されるため，必要なタンパク質分子の数だけmRNAが転写される必要はない．

5章 ● 遺伝子DNAの発現とタンパク質合成　A

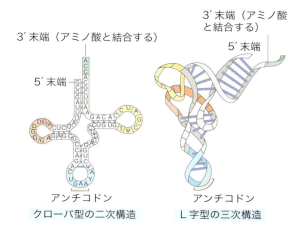

図A-4 ● tRNAの模式図
二次構造でのループ部分が三次構造の図のどの部分になるかを色分けで示している．なお，ψ，D，Yなどで示す塩基は，tRNA転写後に化学修飾を受けた特殊な塩基である．

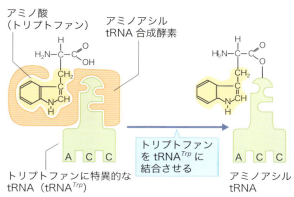

図A-5 ● アミノアシルtRNA合成酵素のはたらき
（トリプトファンの場合）

のサブユニットからなる．RNAポリメラーゼⅠとRNAポリメラーゼⅢによって，大きなrRNA分子（28S rRNA[※11]）と小さなrRNA分子（18S rRNA）が核小体で転写される．転写物はそれぞれリボソームのサブユニットとなる．大・小2つの完成したサブユニットは，核内で会合することはなく，細胞質へ輸送され，成熟したmRNAと出会ってはじめて会合し，リボソームをつくりタンパク質合成の場となる[※12]．

V tRNA
transfer RNA

tRNAは，RNAポリメラーゼⅢによって転写され，やはりプロセシングを受けて完成する約70〜90塩基長の小さなRNA分子である．mRNAのようにタンパク質に翻訳されることなく，RNA分子そのものが機能する．二次構造はクローバ型，三次構造はL字型となるtRNA分子には40〜60の種類が存在し，それぞれ，細胞質中でタンパク質合成に使われる20種のアミノ酸のうちの1つを運ぶ役割を担っている（図A-4）．言い換えれば，20種のアミノ酸それぞれに少なくとも1種以上の対応するtRNAが存在することになる[※13]．

L字型のtRNA分子の一方の端に位置する3′末端は，対応するアミノ酸と結合する部位である．もう一方の端にあるループした部分は，アミノ酸の種類を規定するmRNA上の連続した**3つの塩基（コドン）**を認識する．この部分はアンチコドンと呼ばれ，やはり連続した3つの塩基配列が存在している．つまり，tRNAは，DNAが規定するアミノ酸配列のコピーであるmRNA上の塩基配列情報を読みとり，これをアミノ酸に置き換える"アダプター"として機能するわけである．

特定のtRNAが特定のアミノ酸と結合し，これを運搬できるのは，実は，アミノ酸の種類と同数の20種の**アミノアシルtRNA合成酵素**という第2のアダプターが存在することによる．例えば，トリプトファンというアミノ酸に特異的なアミノアシルtRNA合成酵素は，トリプトファンと，そのトリプトファンに特異的なtRNA^{Trp}とに結合し，tRNAの3′末端にトリプトファンを結びつける（図A-5）．

※11　28S rRNAなどの"S"は，遠心分離時の沈降係数で表される重さの単位（Svedberg：スベドベリ単位）．

※12　こうしたしくみのために，細胞核内の未成熟なRNA前駆体（hnRNA）をもとにしてタンパク質合成が開始してしまうことがない．

※13　グリシンを運ぶtRNA分子は，tRNA^{Gly}と表記される．また，ヒトゲノム中のtRNA遺伝子総数は497個とされる．

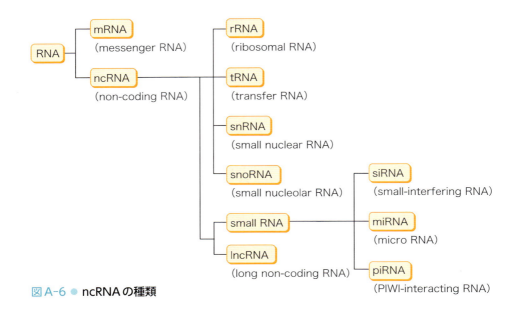

図A-6 ● ncRNAの種類

VI ncRNA
non-coding RNA

　ncRNAは，タンパク質のアミノ酸配列をコードしていない（ノンコーディング：non-coding）RNAである．したがって，ncRNAは，翻訳されるmRNA以外の，ほとんどすべてのRNAといえる．前項までに解説したrRNAやtRNAもncRNAであり，その種類を図A-6で示す．これらncRNAの遺伝子は，DNA上では遺伝子間，イントロンやエキソン上，アンチセンス鎖上にも存在し，ゲノムDNAの広い範囲から転写され，遺伝子の発現制御などにきわめて多様な様式でかかわっている．ゲノムはどの細胞でも同じ情報をもち合わせているが，その転写産物は細胞および組織ごとに多様であることから，それらを個々の転写産物（**トランスクリプト**：transcript）としてでなく総体（**トランスクリプトーム**：transcriptome）として網羅的に解析すること[※14]が必要かつ有効なアプローチになってきている．そのために，細胞内の全RNAを逆転写反応でcDNAに変換して配列を決定するRNAシークエンシングが行われている（6章D VI 参照）．

　ncRNAである**snRNA**は，スプライソソーム（本章A III「RNAスプライシング」参照）のリボ核タンパク質の構成成分で，mRNAのスプライシングにかかわっている．**snoRNA**は，核小体（1章 図B-2参照）のリボ核タンパク質の構成成分で，rRNAの化学修飾などにかかわる．

小分子RNA

　small RNAには，siRNA，miRNA，piRNAなどの分子がある．**siRNA**は，mRNAをだまらせる，すなわちサイレンシングさせるRNA干渉（RNA interference：RNAi）[※15]の過程で，分解酵素複合体Dicer（ダイサー）のはたらきによって，標的mRNAと相補的な配列をもつ二本鎖RNAから生成される23塩基長ほどのsmall RNAである．**miRNA**も，23

[※14] 個々でなく総体として発現のパターンを解析するという考え方は，技術面での革新にも支えられて広く展開されつつある．つまり，個々の遺伝子（gene）でなく，総体としてのゲノム（genome）として捉える，また，個々のタンパク質（protein）でなく，その総体（proteome）として，あるいは，個々の細胞（cell）でなく，その総体としてのcellomeとして，捉えようとするのも同様な姿勢である．こうした視点からの技術・学問領域を，genome, transcriptome, proteome, celllomeについてはそれぞれ語尾に-icsをつけて，genomics, transcriptomics, proteomics, cellomicsと呼ぶ．なお，exon（エキソン）の網羅的解析についても，exome（エキソーム）解析などと呼ぶ．

[※15] RNA干渉：トランスポゾンやウイルスなどの外来性の二本鎖RNA分子を分解する機構で，植物細胞などでは重要な防御機構である．免疫系をもつ動物細胞では，防御機構としての直接的な意義は高くない．しかし，研究者は，特定のmRNAの発現をサイレンシングさせる実験手法としてRNA干渉のしくみを活用している（7章 XIV 参照）．

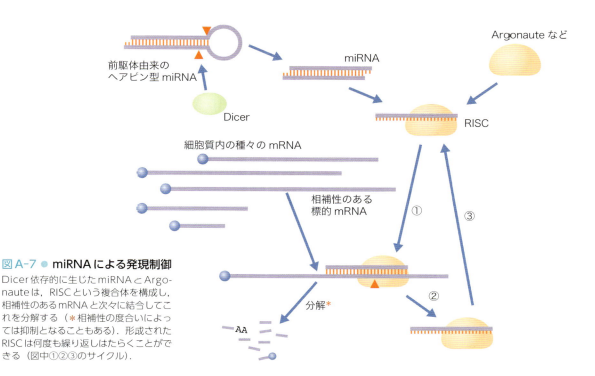

図A-7 ● miRNAによる発現制御
Dicer依存的に生じたmiRNAとArgonauteは，RISCという複合体を構成し，相補性のあるmRNAと次々に結合してこれを分解する（＊相補性の度合いによっては抑制となることもある）．形成されたRISCは何度も繰り返しはたらくことができる（図中①②③のサイクル）．

塩基長ほどのsmall RNAだが，その分子種は少なくとも2,500種以上もあり，遺伝子発現の多様な制御にかかわっている．Dicer依存的に生じたsiRNAやmiRNA[※16]は，RNA誘導性の酵素複合体（RISC）の成分Argonauteに結合し，そのはたらきで，二本鎖の一方が分解され，標的となるmRNAとも相補的な結合をする（図A-7）．miRNAと標的mRNAとの相補性は部分的であり，その度合いによって標的mRNAの翻訳抑制や分解促進，ヘテロクロマチン形成促進などが生じる．piRNAは，Dicer非依存的に生じ，ArgonauteでなくPiwiと結合して，転移性配列などから生殖細胞のゲノムを守るとされる．

長鎖ncRNA
long non-coding RNA

長鎖ncRNAであるlncRNAは，その名が示すとおり，10,000塩基長以上のこともある．また，small RNAと対照的に，RNAサイレンシングにはかかわらない．細胞種や発現時期に高い特異性がみられるが，発現量は乏しく，X染色体の不活化にかかわるXist RNA（X inactive-specific transcript RNA）が知られる他，転写制御因子をトラップする分子スポンジ的な役割も想定されている．

まとめ

- DNAに記録されている情報は，RNAポリメラーゼのはたらきによってRNAにコピー（転写）され，細胞内で利用される．
- 転写されるRNAは，タンパク質に翻訳されるmRNAとタンパク質分子をコードしていないncRNAに大別される．後者には，リボソームの構成成分となるrRNA，タンパク質合成においてアミノ酸の運搬を担うtRNAの他，snRNA，small RNA，lncRNAなどがある．
- 真核細胞のDNAでは，アミノ酸配列をコードする部分（エキソン）が，アミノ酸配列を規定しないイントロンで分断されている．このため，一次転写産物RNA（hnRNA）はイントロンを含むコピーである．
- hnRNAは，一連のRNAプロセシングを経て，mRNAとなる．すなわち，5′キャップ形成，ポリA尾部の付加に加えて，RNAスプライシングによるイントロンの除去などである．
- 選択的RNAスプライシングは，発生段階あるいは組織特異的なタンパク質の産生に役立っている．

※16 Dicerは，長い二本鎖RNAの末端に結合してsiRNAの切り出しや，ヘアピン構造をもつステムループ（miRNA前駆体）からのmiRNAの切り出しを担っている．

B RNAからタンパク質への翻訳
translation

　RNAポリメラーゼIIによるDNAの転写後，修飾やスプライシングを経て成熟したmRNAは，塩基の並び順という形で，タンパク質へ翻訳されるべきアミノ酸配列情報をもっている．たった4種類の塩基の並ぶ順番がどのようにして20種類のアミノ酸の配列を規定し，また，数珠状に連なったアミノ酸であるタンパク質が実際にどのようにして合成されるのかをみていくことにする．

概略図-B　タンパク質の合成反応

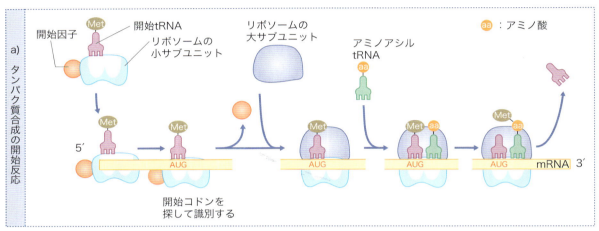

a) タンパク質合成の開始反応

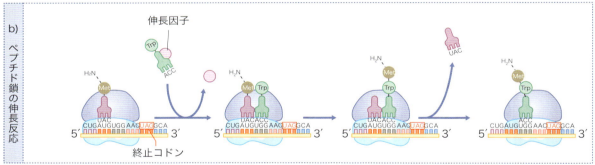

b) ペプチド鎖の伸長反応

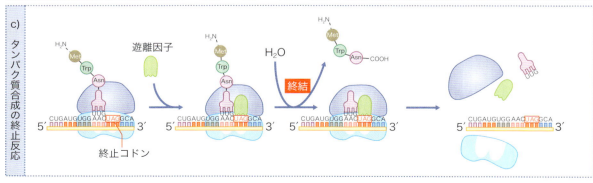

c) タンパク質合成の終止反応

ここでは，3つのアミノ酸からなるタンパク質の合成過程を示す．ただし，実際のタンパク質はもっと長く，多くのアミノ酸からなる．

5章 ● 遺伝子DNAの発現とタンパク質合成 B

表B-1 ● 遺伝コード一覧

GCA GCC GCG GCU	AGA AGG CGA CGC CGG CGU	GAC GAU	AAC AAU	UGC UGU	GAA GAG	CAA CAG	GGA GGC GGG GGU	CAC CAU	AUA AUC AUU	UUA UUG CUA CUC CUG CUU	AAA AAG	AUG	UUC UUU	CCA CCC CCG CCU	AGC AGU UCA UCC UCG UCU	ACA ACC ACG ACU	UGG	UAC UAU	GUA GUC GUG GUU	UAA UAG UGA
Ala	Arg	Asp	Asn	Cys	Glu	Gln	Gly	His	Ile	Leu	Lys	Met	Phe	Pro	Ser	Thr	Trp	Tyr	Val	終止
A	R	D	N	C	E	Q	G	H	I	L	K	M	F	P	S	T	W	Y	V	

I 遺伝コード
genetic code

A，U，G，Cという4種類の塩基2つの組み合せがアミノ酸1分子に対応するとすれば$4^2=16$種類のアミノ酸しか規定できない．塩基3つの組み合せがアミノ酸1分子に対応するならば，$4^3=64$種類のアミノ酸を規定することができ，タンパク質合成に使われるアミノ酸20種類をカバーできる．生物は，実際この方法をとっている．mRNA上の連続した3つの塩基（コドン）による**遺伝コード**は，表B-1のようになっている．20種のアミノ酸はそれぞれ1〜6種のコドンと対応しており，UAA，UAG，UGAという3つは，翻訳作業の終止を示すコドン（**終止コドン**）になっている[※1]．

タンパク質合成の開始
initiation of protein synthesis

まず，①Metと結合した**開始tRNA**という特別なtRNA分子，②リボソームの小サブユニット，③**開始因子**と総称される複数のタンパク質の3者からなる複合体が，核内から細胞質へ搬出されてきた成熟したmRNAの5′末端に結合する（概略図-Ba）．その複合体はmRNA鎖に沿って移動し，mRNA上で最初に現れるMetに対応するコドン（AUG）を探し出し，開始tRNAのアンチコドンの部分でそのAUGと相補的な塩基対を形成する．表B-1の遺伝コード

図B-1 ● **コードされたアミノ酸の読み枠**

開始コドン（図示されていない）から正確に翻訳がはじまらず1もしくは2塩基分のずれが起きると，読み枠もずれてしまう．つまり，正しいアミノ酸配列となるタンパク質は，この図で示された3つの読み枠のうち1つのみである．

には開始コドンがリストアップされていないが，Metに対応するコドンが翻訳開始指令をも兼ねているのである[※2]．

最初のアミノ酸であるMetに対応するコドンがみつかると，開始因子が解離し，代わってリボソームの大サブユニットが結合する（概略図-Ba）．以降は，最初のアミノ酸であるMetに次のアミノ酸，これにさらに次のアミノ酸というように次々にアミノ酸が付加されるペプチド鎖の伸長反応が起きる[※3]．

こうしてMetに対応するコドンから正確に翻訳がはじまることは，図B-1で示すように，mRNAの塩基配列において事実上3通り考えられる**読み枠**（リーディングフレーム：reading frame）のうちの正しい1つが選択されるために重要である．

[※1] 61種（=64-3種）のコドンによって20種のアミノ酸が規定されていることになり，これを"遺伝コードの縮重（degeneracy）"という．tRNA分子とmRNAとの結合では"ゆらぎ"と呼ばれる現象があり，一部のtRNAについてはコドンの1番目と2番目とのみ正確な相補性があればmRNAと結合できてしまう．このため，最低31種類のtRNA分子があれば61種のコドンに対応できる．

[※2] 1つのタンパク質は，その内部にも複数のMetをもつことがあるが，これらに対応するmRNA上のコドン，すなわちタンパク質の途中から合成がはじまることはない．なぜなら，開始tRNAは，mRNAの5′側からMetのコドンを探すからである．

ペプチド鎖の伸長
elongation of peptide chains

2番目以降のコドンに対応するアミノ酸を運搬するtRNAは，アミノアシルtRNA合成酵素（本章 図A-5参照）のはたらきによって，適切なアミノ酸と結合してアミノアシルtRNAとなり，これにさらに，細胞質中に多量にある伸長因子が結合する（概略図-Bb）．この状態のアミノアシルtRNAのアンチコドンが，リボソーム上の最初のMetを運搬した開始tRNAのすぐ隣で，mRNAの2番目のコドンと相補的な塩基対を形成する．すると，そのアミノ酸と第1番目のMetとの間に**ペプチド結合**が形成される[※4]．

1番目（Met）と2番目のアミノ酸がペプチド結合によって結ばれると，リボソームがmRNAに沿って3塩基分移動し，役目が終わった開始tRNAが解離するとともに，2番目のアミノアシルtRNAが開始tRNAのあった部位へ移動する（概略図-Bb）．こうした反応が繰り返されることによってペプチド鎖は伸長する．ペプチド鎖が伸長するスピードは，毎秒アミノ酸約20個分ほどもあるといわれる．

タンパク質合成の終止
termination of protein synthesis

翻訳中のmRNAに3種の**終止コドン**（UAA，UAG，UGA）のいずれかが現れると，アミノアシルtRNAでなく，細胞質中の遊離因子と呼ばれるタンパク質がその終止コドンに結合する（概略図-Bc）．その結果，1つ前の（最後の）アミノ酸に水分子が付加されてC末端が形成されるため，ペプチド鎖が最後のtRNAから離れ，また，mRNAや大小のリボソームサブユニットなども解離する．この場合，合成が完了したタンパク質（ペプチド鎖）は細胞質中に放たれることになるが，細胞膜に組み込まれたり，リソソームの酵素となったり，細胞外へ分泌されたりするタンパク質の多くは，**シグナルペプチド**（後述のⅢ参照）を利用した機構によって小胞体へ運ばれ，その後，糖成分の付加や修飾などを受ける（1章B参照）．

なお，1本のmRNAを利用してタンパク質合成は繰り返し行われる．また，1つのリボソーム上でのペプチド鎖の伸長が完了しないと，別のリボソームがmRNAに結合できないわけではない．このため，細胞質中のmRNA分子にはリボソームが80塩基程度の間隔で複数結合していることが多く，こうした状態を**ポリソーム**（polysome）と呼ぶ（図B-2）．

Ⅱ 翻訳ミスの校正
proofreading

アミノアシルtRNA合成酵素は，tRNA分子が不適切なアミノ酸と結合しそうになると，これを識別して分解・除去する機能がある．また，誤ったアミ

Column 抗生物質

抗生物質は微生物がつくる物質で，DNAからタンパク質へ至る合成過程の特定の段階を阻害する．本来は，微生物が，競合する他の微生物の成育を阻止するために産生する．原核細胞とヒトのからだを構成する真核細胞とではリボソームの構造や機能に差異があるので，その違いに依存した部分でタンパク質合成を阻害するタイプの抗生物質は，ヒトには有害でなく，病原性微生物を選択的にアタックできる．私たちは，このような物質を医薬品として使用している．

例えば，テトラサイクリンは，原核細胞のリボソームへのアミノアシルtRNAの結合を阻害するが，真核細胞からなるヒトではそうした阻害は生じない．ただし，真核細胞でも，ミトコンドリアがもつリボソームは，細胞質内のリボソームと異なり，原核細胞のリボソームと類似する．したがって，抗生物質のなかにも時としてヒトに好ましくない影響を及ぼすものがある．

※3 新たに合成されたタンパク質のN末端はとりあえずすべてMetというアミノ酸となる．しかし，実際には，このMetは，合成直後に特異的なアミノペプチダーゼという酵素で除去されることが多いため，タンパク質のN末端のアミノ酸はMetとは限らない．

※4 このペプチド結合の形成を行うのは，ペプチジル基転移酵素と呼ばれる酵素であるが，その実体は，リボソームの大サブユニットであると考えられる．つまり，タンパク質分子でなく，rRNA分子が酵素活性を示すのである．

ノアシルtRNAがリボソーム上に運ばれた場合，形成されるコドンとアンチコドンの塩基対は不安定となり，運んできたアミノ酸と1つ前のアミノ酸との間にペプチド結合ができる前に，その誤ったアミノアシルtRNAはリボソームから外れてしまうようになっている．こうした機構によって，mRNAからペプチド鎖への翻訳過程で生じうるミスが校正される．

III シグナルペプチド

合成後に細胞質中へ放たれないタンパク質では，合成・伸長中のペプチド鎖のアミノ酸配列の一部が特別な意味（シグナル）をもち，細胞内の特定の目的地へ運ばれる．例えば，小胞体を経由する運命をたどるタンパク質では，伸長中のペプチド鎖のN末端に近い部分が"小胞体行き"という意味をもち，その部分は（小胞体行きの）**シグナルペプチド**と呼ばれる[※5]．

リボソーム上での合成中に，シグナルペプチドの部分が伸長してくると直ちに，この部分を認識する**シグナル識別粒子**（SRP）と呼ばれるRNA[※6]とタンパク質の複合体が結合する．小胞体膜にはこのSRPと特異的に結合できる**SRP受容体**タンパク質が存在するため，それ以降のタンパク質合成は小胞体に結合したリボソーム上で行われることになる（図B-3）[※7]．

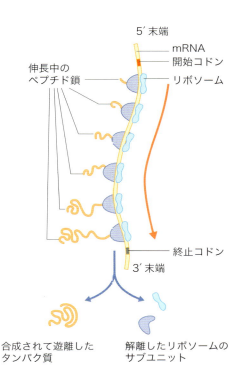

図B-2 ● ポリソームによるタンパク質合成
mRNAに結合した複数のリボソームは5′から3′へ向けてタンパク質を合成しながら移動する．

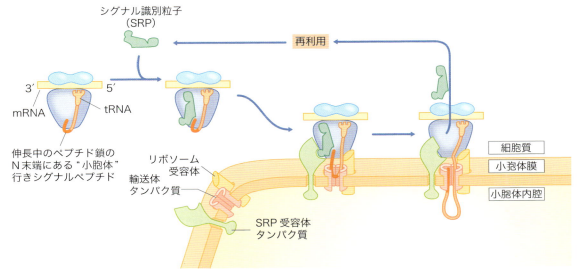

図B-3 ● 小胞体行きシグナルペプチド

a) フィブリリン分子

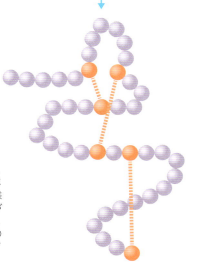

- 8-システインドメイン
- Ca 結合性 EGF 様ドメイン
- その他のドメインや領域

b) Ca 結合性 EGF 様ドメイン

- システイン（Cys）
- その他のアミノ酸
- ジスルフィド結合

図B-4 ● 多数のジスルフィド結合をもつフィブリリン分子

細胞外の微細線維を構成するフィブリリン分子（分子量約 350 kDa）は，多数のドメインが繰り返した特徴的な構造をもつ（a）．8-システインドメイン（赤色の楕円）はフィブリリン1分子あたり7つ，Ca 結合性 EGF 様ドメイン（緑の矩形）は 43 あり，前者には Cys が8つ，後者には Cys が6つ存在する（b）．これら Cys がドメイン内で結合（Cys-Cys）するため，フィブリリン1分子あたりのジスルフィド結合の数は，計算上，7つの 8-システインドメインで 4 × 7 = 28 個，43 の Ca 結合性 EGF 様ドメインで 3 × 43 = 129 個，合計 157 個にも達する．

IV 翻訳後修飾
post-translational modification

ペプチドやタンパク質が合成された後に，アミノ酸残基が化学的修飾を受けることを翻訳後修飾という（**本章C 概略図-C および9章C IV 参照**）．ホルモンや成長因子などが活性を示すのも，細胞外マトリックス分子が本来の機能を発揮するのも，翻訳後修飾を受けた後であることが多く，また，転写因子の活性ON/OFFといった動的で可逆的な切替えもこうした化学修飾によることが多い．

アミノ酸残基の化学修飾には，Lys, Pro のヒドロキシル化（水酸化），Ser, Thr の O-グリコシル化や Asn, Gln の N-グリコシル化による糖鎖付加，分解の標的となるタンパク質がもつ Lys, Met のユビキチン化（1章B Ⅷ 参照），Cys 間でのジスルフィド結合の形成，Ser, Thr, Tyr などのリン酸化などをはじめとして実にさまざまな種類と役割がある．タンパク質の活性制御という点で重要なキナーゼとホスファターゼによる可逆的なリン酸化と脱リン酸化については，「細胞内情報伝達とリン酸化カスケード」（3章 E Ⅴ），「リン酸化とは…？」（p.37 コラム），「キナーゼ活性には…」（p.94 コラム）に解説がある．

細胞外マトリックス分子のコラーゲンでは，分子を構成する3本のポリペプチド鎖間に，また，線維形成に際してはコラーゲン分子間に，架橋形成に供するヒドロキシプロリン（Hyp）がどうしても必要なのだが（3章 図G-1 参照），この Hyp は翻訳後の

※5　運行中のバスの前面上部に行き先が表示されているようなものであると考えることができる．"小胞体行き"のほかにもいろいろな行き先表示の意味をもったシグナルペプチドがある．また，アミノ酸配列ではなく糖成分が行き先表示になっている場合もあり，シグナルペプチドも含めて"選別シグナル"と総称される．

※6　SRP を構成する RNA もノンコーディングRNA（5章A Ⅵ 参照）の一種である．

※7　ペプチド鎖の伸長によって順次現れるアミノ酸配列のなかには，小胞体の膜を貫通する"輸送体タンパク質"を通り抜けられるようにする命令やそれを阻止する命令を意味する部分もある．このため，膜貫通型のタンパク質や小胞体内腔に移行するタンパク質もできる．

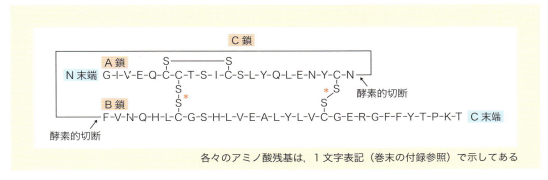

図B-5 ● インスリンの生合成
プロインスリンで，A，B鎖となる部分の間にジスルフィド結合（＊）がまず形成された後に，C鎖部分が切除され，活性をもったインスリン分子となる．この図を，3章 図B-1のインスリンと比べてみよ．

Pro残基のヒドロキシル化で生じる[※8]．また，コラーゲン分子については，翻訳後にLys残基の一部もヒドロキシル化されてヒドロキシリジン（Hyl）となり，Hylにはさらに糖が付加される．弾性線維系のマトリックス分子（3章G-1 I 参照）であるエラスチンは，翻訳後に3つのLys残基を架橋するデスモシンあるいはイソデスモシンが形成され，これが弾性を生みだす分子基盤となる．一方，フィブリリン分子は，Cysが規則的に配置されたドメインが多数連続した構造をもち，これらのCys間で翻訳後に形成されるジスルフィド結合の数は1分子あたり150以上にもなる（図B-4）．このため可溶化が大変難しく，研究者泣かせの細胞外マトリックス分子として知られる．

ジスルフィド結合は，血糖コントロールを担うインスリン分子にも存在する．プロインスリン分子は84アミノ酸残基長であるが，分子のなかほどが切除されて活性のあるインスリンとなる（A鎖21残基，B鎖30残基）．A鎖とB鎖がバラバラでは機能しないため，中央部分（C鎖）の切除の前に，A，B両鎖間の2カ所にジスルフィド結合が形成され，分子形態とその活性の保持が図られている（図B-5）．インスリンではC鎖を切除して活性型となるが，切断で

生じたペプチドおのおのが機能分子となる場合もある[※9]．翻訳後修飾の生理的な意味とは別に，診断上の指標として有意な修飾もある．関節リウマチ患者で増加するArgのシトルリン化や，糖尿病患者におけるヘモグロビン（Hb）の糖化などである．

まとめ

- 4種の塩基からの3つの組み合せ（$4^3=64$コドン）が特定のアミノ酸を規定する遺伝コードとなる．
- mRNAからタンパク質への翻訳は，細胞質中のリボソーム粒子上で行われ，基本的には，tRNAが運搬してくるアミノ酸を，mRNA上の情報に忠実に従って連結することで達せられる．
- Metと結合した開始tRNA，リボソーム小サブユニットおよび開始因子の複合体が，mRNAを5′末端側から走査することによって，塩基配列上で可能な3つの読み枠のうちで正しいものが選択される．
- ペプチド鎖伸長中に生じうる翻訳ミスを校正する機構が存在する．また，mRNA上の終止コドンによって，タンパク質への翻訳は終了する．
- 合成中あるいは合成完了したタンパク質は，選別シグナルによって，細胞内外の目的地へ運ばれ，生理活性や本来の機能発揮のために，ヒドロキシル化，グリコシル化，ジスルフィド結合の形成，リン酸化などをはじめ，さまざまな化学的修飾を受ける．

[※8] Hypを生み出すためのProのヒドロキシル化反応には，ビタミンC（アスコルビン酸）が必須である．このため，ビタミンCの欠乏で発症する壊血病では，コラーゲンの分子や線維の形成不全が血管壁をもろくし，代謝速度が比較的速いため影響が出やすい歯肉組織などに早くから出血傾向が現れる．

[※9] 象牙質シアロリンタンパク質DSPPは，翻訳後にBMP1のはたらきで，DSP/DGPとDPP（象牙質リンタンパク質）とに切断され，その後，前者は，DSP（象牙質シアロタンパク質）とリンカーのDGP（象牙質糖タンパク質）に切断される．

C 遺伝子発現の調節
regulation of gene expression

　ヒトのからだをつくっている細胞はすべて，1つの受精卵に由来する．受精卵がもつ父親（精子）および母親（卵子）由来の合計2セットのゲノムは，その後，細胞分裂を繰り返すたびに，正確に複製されて，分裂後に生じる細胞に継承される．したがって，分化を遂げて多様な性状をもつようになっても，ヒトのからだをつくっている細胞はすべて，原則的には，同一のゲノムセットを保持しており，特定の遺伝子を改変したり削除したりはしない．

　真核細胞からなる典型的な脊椎動物の細胞では，約1万〜2万種類のタンパク質が合成されるが，その大半はきわめて微量で，おそらく数百種類程度のタンパク質の違いで細胞の形態と挙動に大きな差異が生じると考えられている．また，それぞれの細胞種で，全く転写・翻訳されていない遺伝子も少なくない．つまり，個体を構成するすべての細胞で転写・翻訳されているハウスキーピング（housekeeping）遺伝子と総称される遺伝子がある一方で，特定の発生段階や特定の組織中で，細胞はそれぞれ独自の機能を営むために必要となる遺伝子を利用し，不要な遺伝子が使われないようなしくみをもつ．

概略図-C 遺伝子発現を調節する各段階

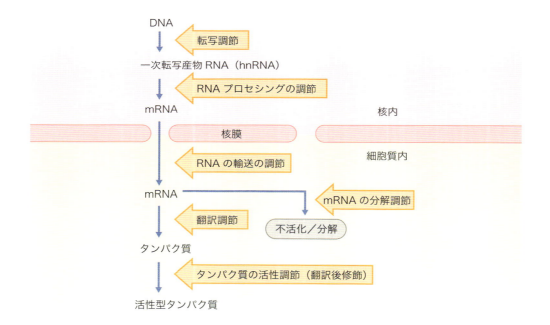

I 遺伝子発現の調節段階

　tRNAあるいはrRNAのようにDNAから転写されたRNAそのものが機能分子となる場合もあるが，転写産物の多くはタンパク質に翻訳されてはじめてさまざまな細胞機能を担うようになる．こうした視点に立てば，DNAの転写にはじまり，合成されたタンパク質の活性調節に至る各段階で，遺伝子発現は調節されているといえる（概略図-C）．この一連の過

程の最初の段階である転写レベル，特に転写開始の調節は，当然その後の複数の段階での調節（転写後の調節）に優先するため最も重要であり，細胞はそのための精巧な機構をもっている．

II 転写調節のためのスイッチ

　DNAからRNAへの転写を開始するためには，DNA上のプロモーターという塩基配列にRNAポリメラーゼが結合する必要がある（本章A II 参照）．そこで，転写開始を制御し，遺伝子の発現をコントロールするには，プロモーターとRNAポリメラーゼの結合を阻害したり，促進したりするスイッチのしくみがあればよい．

　DNA上には，そうしたスイッチとなる塩基配列が存在し，それに結合してスイッチをON/OFFするのは，**転写調節因子**と呼ばれるタンパク質である．プロモーターとRNAポリメラーゼの結合を阻害する転写調節因子は，**リプレッサー**と呼ばれ，RNAポリメラーゼと競合してプロモーター内あるいはその近傍の負のスイッチに結合してしまうため，転写を不活化する（図C-1）．この場合，なんらかの機構によってリプレッサータンパク質を除くことができれば，転写がはじまる．一方，**アクチベーター**と呼ばれる転写調節因子は，正のスイッチに結合し，RNAポリメラーゼのプロモーターへの結合を助けることによって転写を活性化する．むろん，アクチベーターが機能できなければ，転写は抑止される．

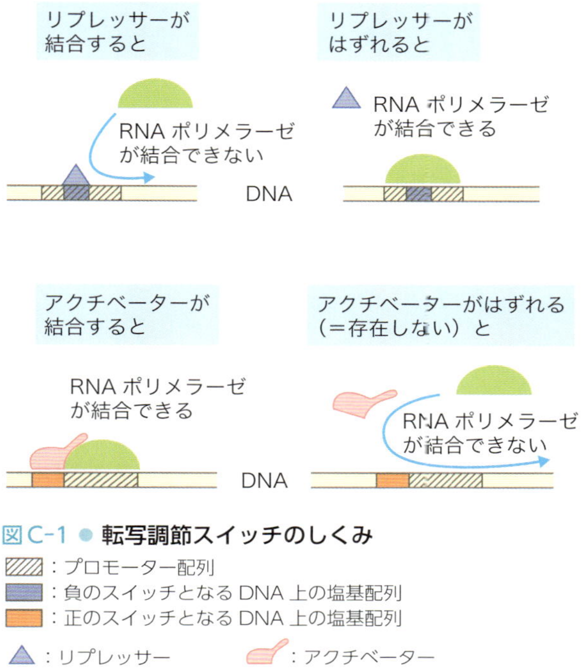

III 転写調節因子
transcriptional regulatory factor

　転写調節因子として機能するタンパク質は，DNA上のスイッチとなる一般に長さ20塩基対以下の配列（調節配列）を認識し[※1]，それと特異的に結合する

図C-1 ● 転写調節スイッチのしくみ
〰️：プロモーター配列
■：負のスイッチとなるDNA上の塩基配列
■：正のスイッチとなるDNA上の塩基配列
▲：リプレッサー　　　：アクチベーター

必要がある．転写調節因子が特定の塩基配列を認識するために，二重らせんが開かれる必要はない．転写調節因子は，DNAの二重らせん構造の溝の部分とぴったり噛み合い，その溝の部分に頭をのぞかせている塩基対の構造を認識できることがわかっている．

　二重らせんの溝とぴったり噛み合うために，転写調節因子が示す構造には，①**ヘリックス・ターン・ヘリックス**，②**ジンク・フィンガー**，③**ロイシン・ジッパー**，④**ヘリックス・ループ・ヘリックス**などいくつかの固有のパターン（モチーフ）があることが知られている[※2]．次項で述べるCAPと呼ばれる転写調節因子や，ホメオティック遺伝子（次頁のコラム「ホメオティック遺伝子」参照）の産物がもつホメオドメインは，ヘリックス・ターン・ヘリックス型の**DNA結合モチーフ**をもっている（図C-2）．

[※1] 同一の種類の転写調節因子が異なる複数のスイッチと結合したり，複数の転写調節因子が協同してはたらいたりすることも多い．このため，特定の転写調節因子が，転写の促進・阻害のいずれに作用するかは一概に記載できないことも多い．なお，転写調節因子は，1細胞あたり数千分子ほどしか存在せず，これは細胞内の総タンパク質量の約5万分の1程度に過ぎないが，その種類はきわめて豊富で何千種類もある．

[※2] 転写調節因子として機能するタンパク質のなかには，DNAとは直接結合せず，タンパク質間の相互作用によってはたらくco-factorと呼ばれるグループもある．

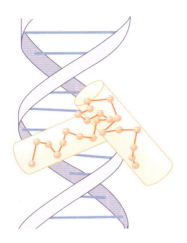

図C-2 ● **ヘリックス・ターン・ヘリックス型のDNA結合モチーフ**
転写調節因子がもつDNA結合ドメイン（モチーフ）は2つのαヘリックス（図中の円筒形部分）がこれらを結ぶβターンにより連結されており、二重らせんの溝に適合する。

IV 大腸菌のラクトースオペロン
lactose (lac) operon

転写開始のON/OFFのスイッチは、原核細胞では比較的単純である。その典型的な例は、大腸菌のラクトースオペロンでみられる。大腸菌では、周囲の環境にグルコース（単糖）がない場合、代わりにラクトース（ガラクトースとグルコースからなる二糖）を代謝しエネルギー源とする。その際、必要な3つの酵素の遺伝子とその転写を調節する正・負2つのスイッチが、DNA上にひとつながりで存在している。これをラクトースオペロンと呼ぶ（図C-3a）。

グルコースが栄養源として利用できる場合は、CAPというアクチベータータンパク質が正のスイッチに結合していないために転写は起きない。また、グルコースが利用できないとしても、代替となるラクトースが存在しなければ、転写をはじめても意味がないので、リプレッサータンパク質は負のスイッチ[※3]に結合していて、転写を抑制している（図C-3b）。

グルコースが枯渇すると大腸菌内でcyclic AMP（cAMP）が増加し、これと結合したCAPは正のスイッチに結合できるようになり、RNAポリメラーゼのプロモーターへの結合を手助けする。一方、栄養源として利用できる状態にあるラクトースの一部がリプレッサータンパク質に結合すると、リプレッサータンパク質は負のスイッチに結合できなくなり、DNA上から外れる（図C-3c）。その結果、RNAポリメラーゼがプロモーターに結合して、下流（DNAのより3′側）にある3つの酵素の遺伝子が転写されるようになる[※4]。このように、グルコースがなくて、ラクトースがある場合だけ、転写がはじまるしくみになっている。

V 真核細胞での転写調節

原核細胞と比べて真核細胞では、転写調節の機構が桁違いに複雑である。真核細胞のRNAポリメラーゼは、独力では転写を開始することはできず、**転写因子**と呼ばれるタンパク質群の協力を得る必要があ

Column ホメオティック遺伝子

ホメオティック遺伝子は、ショウジョウバエではじめて発見されたが、その後、酵母からヒトに至る事実上すべての真核生物で見つかっている。その遺伝子産物は、転写調節因子として、体軸に沿って領域特異的な発現をしており、分節性などの脊椎動物の基本的な体制を生み出す"鍵"となる遺伝子と考えられている。ホメオティック遺伝子を明らかにした功績によって、アメリカのルイス（Lewis）、ヴィーシャウス（Wieschaus）、ドイツのニュスライン-フォルハルト（Nüsslein-Volhard）は、1995年にノーベル医学・生理学賞を受賞している。

[※3] この負のスイッチは、オペレーターと呼ばれる塩基配列で、プロモーターの塩基配列と一部オーバーラップしている。

[※4] つまり、転写・翻訳によってできる酵素の基質であるラクトースが、リプレッサーに結合してこれを不活化し、転写を"誘導"していることになる。

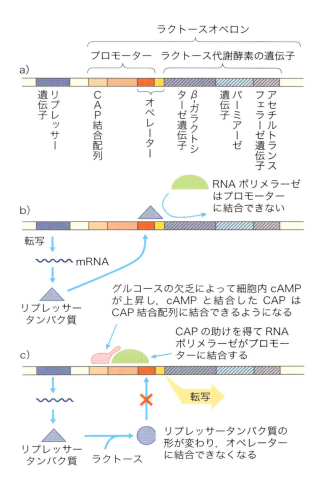

図 C-3 ● 大腸菌ラクトースオペロンでの転写調節
a) ラクトースオペロンの構造
b) ラクトースが存在しないとき
c) グルコースが欠乏し，かつガラクトースが存在するとき

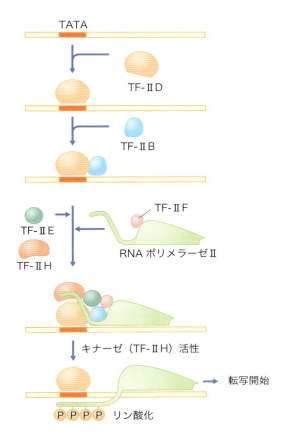

図 C-4 ● 転写因子のはたらき

る[※5]．また，転写調節因子が結合する**調節配列**（regulatory sequence）と呼ばれるスイッチは，原核細胞の場合のようにプロモーター配列のすぐ近くでなく，何千塩基対も離れた DNA 上に散在している．さらに，DNA がクロマチン構造（4章C II 参照）をとっていることと関連して，DNA の広範な領域で遺伝子発現が抑制される場合もある．

転写因子
transcription factor

原核細胞と異なり真核細胞では，RNA ポリメラーゼは転写因子と呼ばれる複数のタンパク質の協力がなければ，プロモーターに結合して転写を開始することができない．転写因子は，転写調節因子とは対照的に，種類は少ないが核内に多量に存在している．RNA ポリメラーゼ II の場合，まず，TF-II D と呼ぶ転写因子がプロモーター上の TATA という塩基配列（TATA 配列）と結合し，続いて TF-II B，さらに他のいくつかの転写因子が RNA ポリメラーゼ II とともに順に結合する．その後，転写が実際に開始されるためには，キナーゼ活性をもつ TF-II H によって RNA ポリメラーゼ II がリン酸化される必要があると考えられている（図 C-4）．

※5 転写因子（transcription factor）は，基本的あるいは普遍的な転写因子とも呼ばれ，III で述べた名称が類似する転写調節因子（transcriptional regulatory factor）とは異なるタンパク質群であることに注意すること．

調節配列と転写調節因子
regulatory sequence & transcription regulator

真核細胞の調節配列は，調節の対象となる遺伝子やそのプロモーターから著しく離れたDNA上に存在する場合がほとんどである．しかし，調節配列とプロモーター間のDNAがループすることで，遠く離れた調節配列に結合した転写調節因子が，プロモーター部位への転写因子の会合やRNAポリメラーゼの結合を制御できるようになっている（図C-5a）．したがって，真核細胞では複数の調節配列に結合する複数の転写調節因子が協調して，特定の1つのプロモーターに作用して，単一の遺伝子の転写を制御することができる[※6]．

真核細胞の転写調節因子の多くは，DNAのループ形成によって転写因子やRNAポリメラーゼに作用し，アクチベーターとして機能することが多いが[※7]，転写を抑制・阻害するリプレッサーとして機能することもある．ただし，原核細胞の場合のように，RNAポリメラーゼのプロモーターへの結合と競合するのでなく，①アクチベーターの調節配列への結合と競合したり，②アクチベーターを不活化したり，③転写因子の会合を阻害したりするものと考えられている（図C-5b～d）．

さらに，真核細胞では，複数の転写調節因子が複合体を形成し，協同して作用することがある．複合体を構成する個々の因子の組み合せによって，アクチベーターとしてはたらく場合も，リプレッサーとして機能する場合もある（図C-5e, f）．

VI 転写調節因子それ自身の調節

細胞内の転写調節因子の多くは不活性型として存在し，他のシグナルによって，例えばリン酸化されるなどして活性化される（p.37 コラム「リン酸化とは…？」参照）．ラクトースオペロンの例のように，原核細胞ではシグナルがラクトースなどのような対外的な物質である場合もある．しかし，真核細胞では特に，ホルモンや成長因子，あるいはサイトカインのように，他の細胞からの物質が直接，あるいは，細胞内のシグナル伝達系を介して間接的にシグナルとしてはたらくことが多い．また，シグナルがないときは細胞質内に留まり，シグナルを受けた場合の

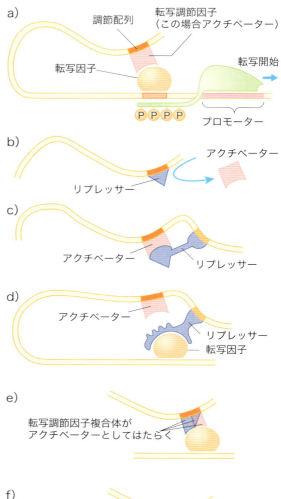

図C-5 ● 真核細胞の転写調節因子のはたらき方
a) 遠隔の調節配列に結合した転写調節因子による転写開始
b) リプレッサーによるアクチベーターとの調節配列結合の競合
c) リプレッサーによるアクチベーターの不活化
d) リプレッサーによる転写因子会合の阻害
e) 転写調節因子の複合体によるアクチベーター
f) 転写調節因子の複合体によるリプレッサー

[※6] ラクトースオペロンで述べたように，原核細胞では，1つのプロモーターによって，関連する複数の遺伝子の転写が行われることが多い．

[※7] このため，アクチベーターとして機能する転写調節因子が結合する調節配列をエンハンサー（enhancer＝増強・促進するもの）と呼ぶ場合がある．

み核内へ移行して，転写調節因子として機能する分子もある（3章EⅢ参照）．

Ⅶ 特殊化した細胞をつくり出すしくみ

細胞内には多数の転写調節因子が存在するが，これらの組み合せによって，細胞はそれぞれ独自の形態的・機能的な特徴を示す．特に個体の発生中では，細胞分裂が繰り返される過程で少しずつ異なる転写調節因子が追加されることによって，個々の細胞がもつ転写調節因子のセットが変化・充実し，細胞の分化が生じ，特殊化した細胞がつくり出されると考えられている（図C-6）．

Ⅷ エピジェネティックな調節

遺伝的な背景が全く同じで，DNA塩基配列にも変化がない場合でも，DNAのメチル化やヒストンの化学的修飾などの要因で遺伝子発現は制御される．こうした状況は，DNAに刻まれた情報に基づく制御に対して，後成的（epigenetic）な制御であると表現する．また，後成的修飾による遺伝子機能の変化あるいはそれを扱う学問分野を**エピジェネティクス**（epigenetics）という．同一の個体内でも，部位やタイミングによって種々の後成的な修飾が生じる．同じ遺伝的背景をもつ一卵性双生児が全く同じではないことや，三毛猫のクローンであっても毛の模様が異なることもエピジェネティックな制御の差異による．雌性個体では2本あるX染色体の一方が実は不活化されていてはたらかないことも，エピジェネティックなしくみに基づいて説明されている．

DNAメチル化
DNA methylation

DNAのメチル化は，生物界に広くみられ，脊椎動物のエピジェネティックな機構の基本をなすしくみといえる．DNA配列上で，G（グアニン）の手前にあるC（シトシン）が，メチルトランスフェラーゼのはたらきでメチル化される現象である（図C-7, 8）．メチル化によってヌクレオソームが安定化するため，

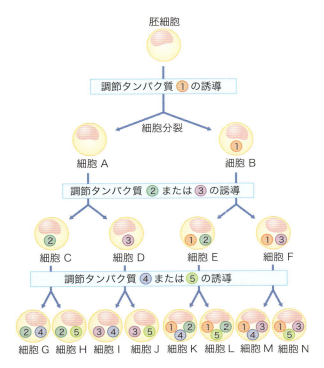

図C-6 ● 転写調節因子の組み合せによる細胞の特殊化

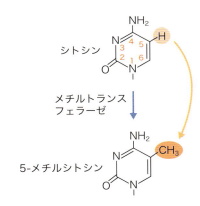

図C-7 ● シトシン塩基のメチル化
ピリミジン環の5位がメチル化されている．

DNAへの転写調節因子や転写因子の結合は抑制あるいは阻害され，DNAの転写が抑制された状態となる．また，メチル化DNAと特異的に結合するヒストン修飾酵素の作用によって生じるクロマチン構造の変化が，DNAの転写抑制に一層の拍車をかけるとされる[※8]．DNAの発現抑制をまねくDNAのメチル化パターンは，細胞分裂の際のDNAの複製時にも維持されて娘細胞に受け継がれる（図C-8）．

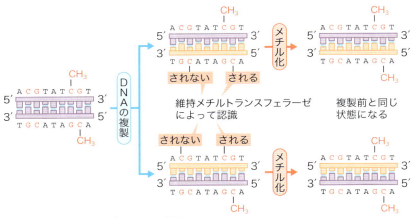

図 C-8 ● メチル化パターンの継承

ヒストン修飾
histone modification

　細胞核内の染色質（クロマチン；chromatin）は，八量体のヒストンコア（4章C 概略図-C 参照）にDNAが巻きついたヌクレオソームの集合体である．DNAがメチル化されることで，DNAの転写が抑制や阻害を受けるのと同様に，DNAとの複合体をなすヒストンが受ける化学修飾が，DNAの転写に影響を及ぼすことは想像に難くない．ヒストン修飾には，アセチル化，メチル化，ユビキチン化，リン酸化，SUMO化[※9]などがあり，ビーズ状のヌクレオソームから伸び出たヒストン分子のN末端部分（の特にLys残基）に生じやすい（図C-9）．ヒストンのアセチル化は，転写を亢進させ，脱アセチル化は転写を抑制すると考えられている．

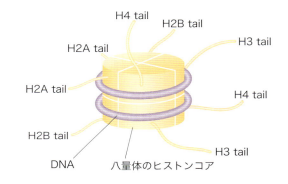

図 C-9 ● ヒストンテール（尻尾）
ヒストンコアをなす八量体のヒストン分子それぞれから，N末端側ペプチド（テール）がヌクレオソーム外へ伸び出している．このテールが化学修飾を受けやすい部位である．

X染色体不活化
inactivation of X-chromosome

　哺乳類では，雌の個体を構成する細胞がもつ2本のX染色体[※10]のうち一方は，受精直後からしばらく続く"卵割"と呼ばれる急速な細胞分裂の過程で，ヒストンのメチル化やlncRNAであるXist RNAが関与して不活化される．不活化されたX染色体は高度に凝縮し，光学顕微鏡でバー小体（Barr body）として観察される特徴的なヘテロクロマチンになる[※11]．

　体細胞において，精子・卵子由来の2本のX染色体のうちどちらが不活化されるかは，細胞ごとにラ

※8　CpGの2塩基配列が通常の約10倍ある1,000塩基長ほどのDNA上の領域をCGアイランドと呼ぶ．ヒトゲノムでおよそ20,000カ所あるというCGアイランドでは，DNAのメチル化度が低く抑えられ，ここに構成的（ハウスキーピング的）な発現をしている遺伝子のプロモーターが多く分布している．このことは，メチル化度が低いと転写活性が高くなることを示している．

※9　SUMO（small ubiquitin-like modifier）は，ユビキチン（1章B Ⅶ参照）類似の低分子量のタンパク質であるが，分解の標的タンパク質を示すタグ（標識）としての意味はもたない．SUMO化は，翻訳後修飾（本章B Ⅳ参照）の1つとされ，転写制御，アポトーシス，タンパク質の安定化などにかかわる．

※10　精子はXあるいはYの性染色体をもち，卵子は常にX染色体をもつ．卵子とX染色体をもつ精子とが受精し発生する個体は雌となる．

※11　このバー小体の有無は，かつては，オリンピック選手のセックスチェックなどでも指標とされていた．

ンダムに決まるため，雌性の個体では，精子由来のX染色体をもつ細胞と卵子由来のX染色体をもつ細胞とが体内でモザイク状に混在した分布を示す．これを**ライアン現象**（lyonization）と呼ぶ．一方のX染色体が不活性な状態は，分裂によって生じる細胞にもそのまま受け継がれるが，生殖細胞が形成されるときにはリセット，つまり仕切り直しの機会を迎える．

ゲノムインプリンティング
genomic imprinting

ヒト細胞は二倍体で，父親由来と母親由来のゲノムをセットで保持している．両者を受け継ぐことで正常な発生が可能となり[※12]，また，どちらの遺伝子も発現するのが原則である．ところが，一部の遺伝子では，父親，母親のどちらに由来したかが刷り込まれ，その情報に基づいて，いずれか一方の遺伝子が発現するという現象がある．父親・母親のどちらに由来したかがゲノムに刷り込まれることを**インプリンティング**といい，これはDNAのメチル化やncRNAのはたらきによって生じる．そして，ゲノムインプリンティングによって，性特異的な発現あるいは抑制を示す遺伝子を**インプリント遺伝子**と呼ぶ[※13]．

精子や卵子が受精卵にもたらしたエピジェネティックな情報は，受精後まもなく，第一波のゲノムワイドな脱メチル化によってリセットされ，多能性を示す胚性幹細胞が出現に至る．

体細胞ゲノムでは，その後の発生と分化の過程で，エピジェネティックな修飾が再構築される．ところが，インプリント遺伝子はこのリセットに抵抗する．そして，父親由来あるいは母親由来を示す刷り込みが維持され，これに基づいて，父親・母親のいずれか一方の遺伝子のみが発現する．

一方，生殖系細胞のゲノムでは，配偶子の形成がはじまる頃になると，第二波のゲノムワイドの脱メチル化が生じて，エピジェネティックな修飾は完全に消去される．そして，精子あるいは卵子に収められる一倍体ゲノムは，その由来が父親か母親かにはかかわらず，形成されるのが精子であれば父型の，卵子であれば母型のエピジェネティックな修飾が新たに確立される．

Column　DNAの変異によらない遺伝や進化の要因か!?

ゲノムインプリンティングの機構が存在する理由は不明である．ゲノムインプリンティングは，脊椎動物では有胎盤類と有袋類のみ，つまり，カモノハシ（単孔類）以外の脊椎動物だけにみられるエピジェネティックな機構で，インプリント（刷り込みを受けた）遺伝子の多くは胚や胎児の発生にかかわっており，特に，複数のクラスターを形成して染色体上に分布しているという特徴がある．この場合，遺伝子相互の機能的関連もさることながら，発現制御のしくみに共通性や合理性がある可能性，例えば，胎盤という新たな臓器の創出との関係はたいへん興味深い．いずれにせよ塩基配列が保持する遺伝情報とは別のDNA付随の情報が，次世代へ継承されうることの証がインプリンティングだといえる．

[※12] 有性生殖をするはずの配偶子（精子や卵子）が接合（受精）することなしに単独で子をつくることを単為生殖と呼ぶが，哺乳類ではこの単為生殖は起きない．

[※13] インプリント遺伝子には，染色体の不活化にかかわる*Xist*，胎児の成長を促す*Igf2*などをはじめとして，その総数は約200を超えるとされる．これらは，父親由来の場合だけ発現する*Peg*（Paternally expressed gene）と母親由来の場合だけ発現する*Meg*（Maternally expressed gene）があり，*Igf2*は父親から子どもへ受け継がれたものだけが発現し，母親から受け継がれたIGF2はncRNAやDNAのメチル化によってはたらかない．遺伝子はその遺伝子の呼び名をできるだけ縮め，アルファベットの斜体で表記する習わし（遺伝子記号）になっている．

まとめ

- 体細胞も生殖細胞もすべて，DNA上の情報には何ら違いはなく，同じゲノムセットを保持しているが，遺伝子の発現，特に転写調節をそれぞれ独自に行うことによって，多様な細胞機能が営まれている．
- 転写調節の基本は，RNAポリメラーゼのプロモーターへの結合を，促進あるいは阻害する正負のスイッチにある．アクチベーターおよびリプレッサータンパク質による比較的単純な転写調節の実例は，大腸菌のラクトースオペロンでみられる．
- 転写調節因子は，DNA上の調節配列と特異的に結合するためのDNA結合モチーフを有する．
- 真核細胞の転写調節因子は，プロモーターから著しく離れた調節配列に結合するが，DNA鎖のループによって遠隔制御が実現されている．また，真核細胞のRNAポリメラーゼは，転写因子の協力がないと，プロモーターに結合することができない．
- 転写調節因子の活性は，ホルモンや成長因子など細胞外からのシグナルや，細胞内のシグナル伝達系からの制御を受ける．
- エピジェネティックな遺伝子発現の制御がDNAのメチル化，ヒストンの修飾，クロマチン構造の変化などによって起きる．この機構は，X染色体の恒久的不活化や，DNA塩基配列の変化がないにもかかわらず，次世代の遺伝子発現にも影響を及ぼす．すなわち，塩基配列が保持する遺伝情報とは別に，DNA付随の情報が次世代へ継承されうること（ゲノムインプリンティング）が示されつつある．

第2部 タンパク質の機能と遺伝のしくみ

6章 変化するDNA

alteration of DNA

　DNAの構造（4章A参照）やDNAの複製機構（4章B参照）は，DNAが正確なコピーとして，分裂によって生じる細胞あるいは次世代の個体へ継承されることを保証している．しかし，DNAの塩基配列が偶発的に変化することがある．細胞内には変化したDNAの塩基配列を補正する修復機構があるが，時に修正されずにこうした変化が固定し"変異"が生じることもある．変異は，個体レベルではがんや腫瘍あるいは遺伝子疾患などの発症の直接的な原因となる場合がある．一方で，こうした変異は，よりダイナミックなDNAの変化と相まって，長い生物の歴史のなかで，生体分子の多様性，複雑な生体機構，さらには生物の進化そのものを生み出す要因ともなっている．

概略図　DNAの変化が何をもたらすか？

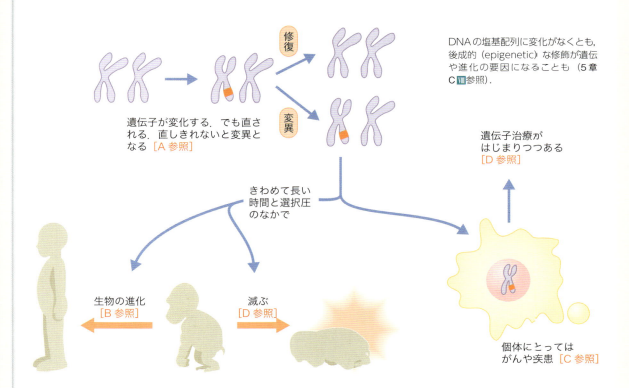

A 変化と変異
alteration & mutation

ヒトの体細胞は，1つひとつの細胞内に，約30億対（ペア）×2，長さにすれば全長約2mに相当するDNA鎖が存在している．これほどの分子が完全に安定であるはずはなく，事実，種々の要因で損傷を受けている．また，DNAの複製過程でもミスが生じる危険性はある．細胞内には，複製時に生じうるミスを校正し，損傷による変化を修復する機構が存在する．正されなかった場合のみ，そうした複製ミスや変化は"変異"として遺伝子に固定されることになる．

概略図-A　DNAの変異の主なタイプ

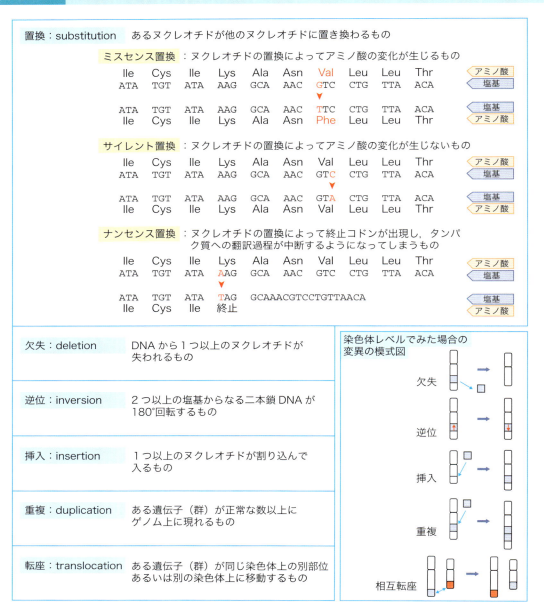

I DNAの複製過誤と損傷

複製過程においては，鋳型DNA鎖と正しく塩基対を形成しない塩基をもつヌクレオチドが合成中のDNA鎖に取り込まれようとする機会は多い．しかし，これはDNA合成の校正機構によって直ちに訂正されるので，10^9塩基対あたりわずか1個程度のミスに抑えられている．

DNAが損傷を受ける頻度はきわめて高い．例えば，ヒトでは，塩基と糖をつなぐN-グルコシド結合が切断・破壊され，A（アデニン）あるいはG（グアニン）が失われる脱プリン反応が，1つの細胞で1日あたり約5,000回ほども起きると考えられる．また，脱アミノ反応によって，C（シトシン）がU（ウラシル）に置き換わってしまうことも，1つの細胞で1日あたり約200回は生じているらしい．さらに，食物や環境中の化学物質や紫外線などの影響によって，DNAが変化・損傷を受ける頻度は増加する．しかし，こうした変化が修復機構によって正されることなく，永続的な変化（変異）となるのは，一般に1つの細胞の全DNAで年に2～3個程度にすぎないとされる．つまり，DNAの複製過誤も損傷も頻度は高いが，生じた変化・誤りが固定される機会は，実際にはかなり低いことになる．

II DNAの修復機構
DNA-repair mechanism

内的・外的要因で損傷を受けて変化したDNAの修復は，①正しくない塩基をもつヌクレオチドを識別・除去し，②対応するDNA鎖の正しい塩基と相補的な塩基をもつヌクレオチドを補完し，最後に，③補完されたヌクレオチドと隣接するヌクレオチドの間の切れ目（ニック）をつなぐ，という一連の過程によって達せられる（図A-1）．これら①～③の各ステップを触媒するのは，基本的には，それぞれ，**DNA修復ヌクレアーゼ**，**DNAポリメラーゼ**，**DNAリガーゼ**という酵素である．ただし，修復すべき損傷あるいは変化のタイプによって，例えば①のヌクレオチドの除去が，複数の酵素によって段階的に行われる場合もあり，かかわる酵素やその方法は単一

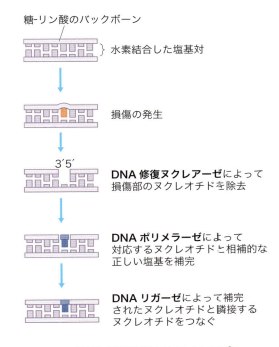

図 A-1 ● DNA修復の基本的なメカニズム

ではない．

一方，DNA複製中に発生しうるミスの校正（DNAの校正）も，基本的に同様な機構によっている．DNAの複製を担うDNAポリメラーゼは，3′→5′エキソヌクレアーゼ活性をもっているため，伸長中のDNA鎖末端に，鋳型鎖と正しく塩基対を形成していない不適当なヌクレオチドがついた場合，これを発見・除去できる．つまり，修復も校正も，これらが可能であるのは，二本鎖DNAのそれぞれが同じ遺伝情報をもっており，DNAポリメラーゼのはたらきによって，一方が損傷しても，損傷していないもう一方から正しい情報を取り戻すことができるためである[※1]．

DNAの修復機能とかかわる遺伝子は，酵母では50種類以上あるとみられ，ヒトも同様に複雑であると考えられている．また，損傷を受けたとき，DNA修復酵素を積極的に合成する機構の存在も知られている．DNA修復酵素の遺伝子それ自体に異常がある

※1　ウイルスのなかには，RNAを遺伝子としてもつものがあり，これらには校正機能がなく，変異が出現する確率が高い．このため，例えばインフルエンザウイルスなどは性質の変化が速く，私たちにとっては対処しづらい迷惑な存在になっている．

場合，修復系が正常に機能せず，本来修正されるべきDNAの変化が，変異として異常なスピードで蓄積し，発がんに至る確率も高まる※2.

III DNAの変異
mutation in DNA

DNAの複製段階でのミスあるいは偶発的に生じたDNAの変化が，永続的にDNA上に固定された場合は**変異**となる※3．広義においては，修復が不首尾に終わった場合のみでなく，DNAの組換え（本章BI参照）によるダイナミックなDNAの再編成や，"動く遺伝子"（本章BII参照）などによって引き起こされたものも変異として取り扱われる．すなわち，変異には，特定の遺伝子の単一のヌクレオチドに限って生じる点変異（point mutation）から複数のヌクレオチドに及ぶもの，さらには，（変異という言葉のもつ一般的なニュアンスから外れるが）DNAの広範な領域がまるごと置き換わったりする染色体レベルでの変異の場合など，さまざまなレベルで生じる．DNAの変化の様式から，主な変異をまとめれば，概略図-Aのようになる．

IV 変異の影響と意義

変異の多寡やその範囲の大小が，結果として生じる影響の度合と相関しないことは多い．例えば，特定のタンパク質をコードする遺伝子のなかで，たった1つのヌクレオチドが他のヌクレオチドに置き換わるという置換型の点変異が生じた場合についても，①アミノ酸の変化が生じる場合（ミスセンス置換），②アミノ酸の変化を伴わない場合（サイレント置換），③終止コドンが出現してタンパク質への翻訳が中断される場合（ナンセンス置換）などがある（概略図-A）．ミスセンス置換によってアミノ酸が変化した場合でも，それがタンパク質の機能に大きな影響を及ぼすことも，ほとんど影響のないこともある．複数の変異や比較的広範な変異であっても，例えばそれが遺伝子やその調節領域でないDNA上であった場合など，細胞機能に影響がみられないこともある．

しかし，一般に，DNAに生じた変異が，その細胞あるいは個体にとって有利な場合は少ない．当然のことながら，体細胞のDNAに生じた変異はその影響のいかんにかかわらず，次世代へは遺伝しないが（4章DI参照），変異によって機能を損なったタンパク質を産生するようになった細胞や個体は，不利な状況に陥ることになる．もし，変異を抱える細胞が死滅・排除（1章F参照）されることなく，無統制な増殖を遂げるようになれば，それは腫瘍あるいはがんであり，個体にとってははなはだ不利益となる（本章C参照）．

生殖細胞系列の細胞に生じた変異は，次世代へ遺伝する可能性をもつ．好ましくない変異が受け継がれることによって，疾患あるいは疾患の素因が"遺伝"することになる．一方，種々の変異が遺伝することによって，生物一般においては，きわめて長い時間軸のなかで，多様性が生み出され，その時々の環境下での適不適に応じた自然選択がはたらくことで，進化が生じる可能性が秘められている（p.151の概略図）※4．

まとめ

- DNA複製時におけるミスの頻度や，複製後DNAが損傷を受ける頻度はかなり高い．しかし，複製過誤や損傷を校正・修復する細胞内機構があるため，変異が固定する確率は低くなっている．
- 変異の蓄積は発がんなどにつながり，また遺伝する変異は，遺伝病の拡散や発症とも関連性が高い．しかし一方で，変異は，生物の環境への適応や進化の基礎ともなる．

※2　色素性乾皮症の患者では，日光（特に紫外線）を浴びることによって生じるDNAの損傷が修復されないために，皮膚がんがきわめて発生し易い．

※3　変異と突然変異は同義語として用いられることが多い．

※4　400個のアミノ酸からなる平均的な大きさのタンパク質では，約20万年に1個のアミノ酸が変化するといわれ，これは，1万個体からなるある生物種の集団で，20万年に10個程度の塩基置換が生じ，その適不適が試されている計算になる．

B DNAの変化と進化
alteration & evolution of DNA

　生物の進化を分子レベルで語ることは，いまなお容易でない．しかし，遺伝的な組換えや"動く遺伝子"による比較的広範なゲノムの再編成や改変，さらに，DNA上でランダムに生じる比較的少数の塩基の変異による微調整などの適不適が，気の遠くなるような長い時間軸のなかで試され，進化が進んできたということはおそらく間違いない．DNAの塩基配列やタンパク質の一次構造からもそうした状況が読みとれることが少なくない．

I 遺伝的な組換え
genetic recombination

　異なる二本鎖DNA分子間で広い範囲のDNAを交換する**遺伝的組換え**は，通常，比較的長い相同性をもつ二本鎖DNA分子，つまり，減数分裂時に対合する相同染色体間で生じる（図B-1）[※1]．この場合，遺伝子の配置替えは起きないが，染色体間での遺伝子の授受があるため，減数分裂の結果生じる配偶子（精子や卵子）には多様性が生み出される（4章 図D-4参照）．

　相同的な組換えの他に，組換え酵素のはたらきによって，特定の塩基配列のある部分で生じる部位特異的な組換えがある．この種の組換えでは，相同性のあるDNA鎖の存在を必要とせず，DNA上の特定の領域が，別の領域に移動し（転座），その結果もとの領域では失われたり（欠失），180°回転したり（逆位）することなどが生じる（p.152の概略図-A参照）[※2]．

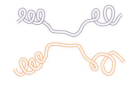
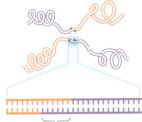

互いに相同なDNA　　切断と再結合により組換えDNAが生じる

図B-1 ● 相同的組換え

異なるDNA由来の鎖が塩基対を形成している．実際には，数千ヌクレオチドの長さに及ぶことがある

II 動く遺伝子

　ウイルスは，宿主細胞に感染し，自らのゲノム[※3]を宿主細胞のゲノムに組み込む．また，状況に応じて，組み込んだDNAが再び切り出されて，ウイルス増殖が起き，宿主細胞に対して破壊的にはたらくこともある．こうした過程で，特にレトロウイルスと呼ばれるウイルスは，宿主細胞のDNAの一部を他の細胞へ運搬することがある．

　ウイルスとは異なり，別の細胞へDNAを運ぶことはないが，同一細胞内のゲノム中でランダムに移動することのできる**トランスポゾン**と呼ばれる短いDNA領域の存在が知られる．トランスポゾンの挿入によって分断された遺伝子は機能できなくなる．例えば，斑入りアサガオの斑は，正常な色素遺伝子をもつ細胞とトランスポゾンの挿入によって不活化した色素遺伝子をもつ細胞が混在することによるとみられる．また，2つのトランスポゾンに挟まれた遺伝子は，両端のトランスポゾンが同時に移動する際には道連れを余儀なくされる．

　トランスポゾンとは基本的に，ゲノム中を移動するDNAのことである．しかし，なかにはRNAのコピーがつくられ，これをもとに逆転写されたDNAがゲノム中の別の領域に移動・挿入されるといったレトロウイルス型のトランスポゾン（レトロトランスポゾン）も知られ，真核細胞ではむしろこちらが一般的である[※4]．

[※1] これを特に，相同的組換えあるいは普遍的組換えという．

[※2] 組換えは必ずしも生殖細胞のみに生じるわけではない．体細胞の一種といえるリンパ球の分化の過程で生じる部位特異的な組換えは，限られた数の遺伝子から，きわめて多様な抗原結合特異性をもつ免疫グロブリンを生み出すために役立っている．

[※3] ウイルスの種類によって，ゲノムとしてDNAをもつ場合とRNAをもつ場合がある．RNA型のウイルスでは，感染後，逆転写酵素のはたらきによってRNAからDNAをつくり出すことができる．

III 遺伝子の重複と遺伝子ファミリー

部位特異的な組換えやトランスポゾンのはたらきによって，特定の遺伝子の重複が生じうる．こうした重複に少しずつ変異が生じると，機能的に関連性のある一群のタンパク質をコードする**遺伝子ファミリー**ができることになる．こうした事例は，ヘモグロビンや成長因子（1章 表E-1参照）の遺伝子などきわめて多い[※5]．1つしかない遺伝子を改良するという方策では，それまでの機能が失われかねないので，**重複した遺伝子**をそれぞれ改変していくという方向性が，進化の過程では有利であったと考えられる．

IV エキソンのシャッフリング
exon shuffling

エキソンとイントロンが交互に並ぶ真核細胞の遺伝子では，欠失や転座によって，既存の遺伝子の機能が失われる危険性が低くなると同時に，トランプのカードを混ぜて切り直す（シャッフリングする）ように，これまでとは異なるエキソンの組み合せが生じて，新たな機能をもつ遺伝子が得られる可能性がある．

例えば，上皮細胞成長因子（EGF）の受容体タンパク質などは，細胞外ドメインがα_1酸性糖タンパク質，膜貫通部が主要組織適合性抗原の一部，細胞内ドメインがsrcタンパク質ときわめて類似しており，進化の過程でこれらそれぞれのタンパク質（の祖先）が寄せ集められてつくり出されたと思われる．

V 分子進化の時計
molecular evolutionary clock

1つの遺伝子に注目すると生物種にかかわらず，単位時間内にその塩基配列に変異が生じる確率は一定であると考えられている．そこで，複数の種間で，特定の遺伝子についてその差異を比較すると，これ

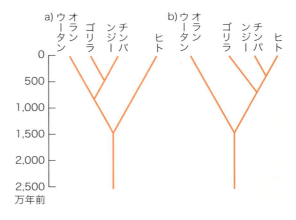

図B-2 ● ヒトと類人猿の系統樹
a) 化石をもとに考えられていたかつての系統樹
b) DNAの分析をもとにつくられた新しい系統樹
「生命のストラテジー」（松原謙一，中村桂子／著），p238，早川書房，1996をもとに作成．

までの形態的な根拠によるものとはまた別の視点で，生物種の類縁関係や進化上で分岐の起きた時期が推定できる（図B-2）．また，機能的により重要なタンパク質をコードする遺伝子ほど，進化の過程で変化するスピードは遅くなる傾向がある．これは，機能に著しく影響するような変異をもつ個体が集団のなかで不利となり除去されてしまうためと考えられる．

> **まとめ**
> - 生殖細胞に起きる相同的あるいは部位特異的な組換えは，より広範な遺伝子の再編成につながり，生物の進化という視点からの意義は大きい．
> - トランスポゾンやウイルスなどによって，DNAはゲノム内，細胞間，種間で移動することがある．
> - 多くの遺伝子ファミリーは，特定の遺伝子の重複がきっかけとなって，生み出されてきたと考えられる．真核細胞に特有なイントロンの存在は，多様性を生み出す可能性を高めているといえる．
> - 種間で遺伝子の類似性や変異の分布状態を調べることによって，種の類縁関係や進化上の分岐の時期などを推し量ることが可能である．

※4 現在，知られているヒトに感染するレトロウイルスは，エイズウイルスと成人T細胞白血病ウイルスだけであるが，レトロトランスポゾンは，太古の時代において宿主のゲノムに組み込まれ，その後，宿主細胞から抜け出すことができなくなったレトロウイルスの痕跡と考えられ，ヒトゲノム中にも数多く見出されている．

※5 機能的に独立した遺伝子の重複ではないが，Gly-Pro-Xという基本的な配列が繰り返されるコラーゲンの遺伝子も，類似の様式で進化を遂げてきたと考えられる．

C 腫瘍とがん
tumor & cancer

個体の構成細胞の一部が，正常な細胞社会の秩序を無視し，自律的に過剰に増殖するものを"腫瘍"という．腫瘍には良性のものと悪性とされるものがある．周囲組織を破壊してこれに侵入する性格（浸潤性）および血管系を経由へ遠隔の組織へ移動し，定着・増殖する性格（転移性）をもつものを"悪性腫瘍"あるいは広義に"がん"という．悪性腫瘍は，上皮性細胞に由来する"がん腫（carcinoma）"と間葉性細胞に由来する"肉腫（sarcoma）"とに大別される[※1]．腫瘍の大部分は，個体内の1つの細胞のゲノムDNAに変異が生じることによって発生すると考えられる．

概略図-C　多段階発がんの過程

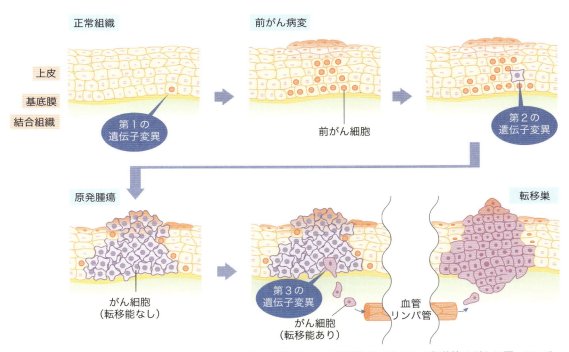

この例では順次3つの変異が発生することで転移性のがんに至っている

I 発がんの機構
mechanism of oncogenesis

ほとんどのがんは正常な細胞の中の1つが異常になることから発生すると考えられ，その1つの細胞がすさまじい回数の細胞分裂を遂げて，臨床的に腫瘍として認知されるほどになる（図C-1）．特定の個体のある腫瘍内の細胞は，DNAのすべて同じ部位の塩基配列に異常がみられることが多く，おそらくほとんどのがんは遺伝子の変異によってはじまるとみられる．ただし，変異が1つ生じるだけでは，正常な細胞ががん化し無制限に増殖したり，浸潤・転移したりするには不十分であることが多いと考えら

※1 「がん」は悪性腫瘍を総称し，「癌」は悪性腫瘍のなかでも上皮性細胞に由来する腫瘍を指す．したがって，白血病（leukemia），肉腫（sarcoma）などは，悪性であっても癌とは記載しない．例えば，血液のがんと記載されることはあるが，血液の癌とは書かない．ただし，がんと癌の区別は定められた決まりではなく慣習的に広まったものである．

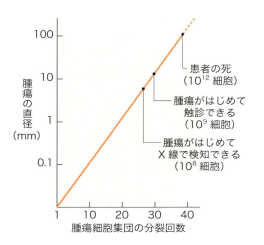

図 C-1 ● ヒトの典型的な腫瘍の成長
「細胞の分子生物学（第3版）」（中村桂子，他／監訳），p1258，Fig.24-3，教育社，1995をもとに作成．

れる．つまり，1つの細胞にいくつかの独立した変異が重なって生じて，はじめてがんが発生するとみられ，この考え方を**発がんの多段階説**という（概略図-C）．一般に，遺伝的な素因があり発がんしやすい状況がある場合（図C-2）を除いては，がんが発症する頻度は，若年齢では低く，加齢にともなって増加する．

疫学的な調査によれば，種々のがんの発生率は，環境や生活様式の異なる各国間で差異があり，また，移民には，移住先の国に特有のがんが発生しやすいとされる．したがって，がんを引き起こす要因は，広い意味では生物・無生物を問わず環境中の因子によると考えられ，また実際に，直接・間接に，遺伝子に変異を引き起こす要因は，化学物質，放射線や紫外線，微生物由来の物質あるいはウイルスなど多岐にわたっている．

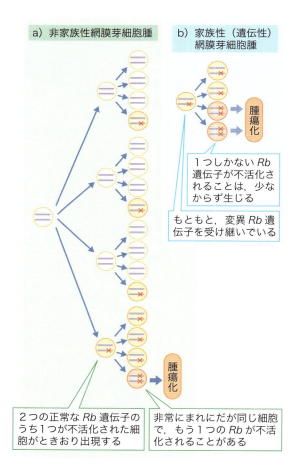

図 C-2 ● 健常者と素因をもつ人での網膜芽細胞腫発生の違い

II がん遺伝子
oncogene

ヒトにおいても，ウイルスの感染によって発生する腫瘍がいくつか知られているが，動物では，宿主細胞に感染することでがん化を引き起こすウイルスが多数ある．そうしたウイルスがもつDNA，あるいは，がん細胞のDNAのなかで正常細胞に導入することによってがん化を引き起こすDNAなどが調べられている．その結果，細胞のがん化を誘導する作用のある遺伝子の存在が明らかになり，**がん遺伝子**と呼ばれている[※2]．

はじめて発見されたがん遺伝子は，ニワトリに肉腫を発生させるRNA型のウイルス（ラウス肉腫ウイルス）がもつ**ウイルス性がん遺伝子**であり，*src*遺伝子と命名された．その後，多数のがん遺伝子が次々と見つかっている（表C-1）．*src*をはじめそれらのがん遺伝子は，実際に腫瘍化した細胞中にももちろん見出されている．

III がん原遺伝子
proto-oncogene

多数存在するウイルス性がん遺伝子のそれぞれと相同性が高い（塩基配列がきわめて類似する）遺伝

子が正常細胞中にも数多く見つかった．これらは**細胞性がん遺伝子**（cellular oncogene）と総称される．例えば，*src*遺伝子の場合であれば，ウイルス性（viral）がん遺伝子v-*src*に対応するものとして，細胞性（cellular）がん遺伝子c-*src*が存在するという具合である．

ところが，この細胞性がん遺伝子の一部が変異したものが，がん化した細胞あるいは発がん性ウイルスでみられるがん遺伝子であることが判明した．つまり，細胞性がん遺伝子は，本来は正常な細胞機能において重要な役割を果たす遺伝子であり，その変異によってがん遺伝子となりうる**がん原遺伝子**であるといえる．発がん性ウイルスのもつがん遺伝子は，正常な細胞中のがん原遺伝子がウイルスゲノムの一部として偶然拾いあげられ，その過程で変異し，発がん性をもつ遺伝子となったものと考えられる．

大部分のがん原遺伝子は，個体を構成する細胞社会のなかで，細胞が秩序をもってふるまうための調節機構を担うタンパク質をコードしている．特に，細胞の分裂や分化，あるいは死を促すシグナル伝達の経路にかかわるタンパク質をコードするものが多い（表C-1）．

表C-1 ● がん原遺伝子産物の例

がん遺伝子	がん原遺伝子産物
src	チロシン型タンパク質キナーゼ
sis	血小板由来成長因子（PDGF）のB鎖
hst	線維芽細胞成長因子（FGF）ファミリーの1つ
erb-B	細胞膜上の上皮細胞成長因子（EGF）受容体
abl	チロシンキナーゼ型の細胞核内受容体
fes	チロシン型タンパク質キナーゼ
raf	セリン／スレオニン型タンパク質キナーゼ
H-ras	GTP結合タンパク質
c-myc	ヘリックス・ターン・ヘリックス型の転写調節因子
jun	核内転写因子
fos	核内転写因子

IV　がん原遺伝子からがん遺伝子への変化

発がん性物質，放射線あるいは加齢などによって，がん原遺伝子内に欠失や点変異などという変異が生じてがん遺伝子に変わり，その遺伝子産物が活性を失ったり，正常とは異なる異常な活性を示すようになるというパターンが，がん化の最も基本的な機構と考えられる（図C-3）．例えば，膀胱がんの細胞では，*H-ras*がん原遺伝子に点変異が生じて，H-ras

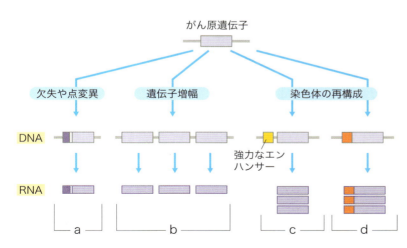

図C-3 ● **がん原遺伝子ががん遺伝子としてはたらく機構**

a) 異常に高い活性をもつ遺伝子産物が産生されるようになる，b) 正常な遺伝子産物であるが異常に多量産生されるようになる，c) 強力なエンハンサー（■）の支配下に移り，異常な量の遺伝子産物が産生されるようになる，d) 転写活性の高いタンパク質（■）との融合タンパク質として，異常な量の遺伝子産物が産生されるようになる．

※2　がん遺伝子は，いわゆるがん（悪性腫瘍）あるいは上皮性のがん腫のみでなく，腫瘍全般の発生とかかわるいわば"腫瘍"遺伝子である．同様なことは，がん原遺伝子やがん抑制遺伝子についてもいえる．しかし，がん細胞を対象とした研究のなかで，これらが明らかにされてきたため"がん"という語が用いられている．

		10	11	12	13	14	GTP結合能	GTPase活性
正常細胞	アミノ酸配列	–Gly	–Ala	–Gly	–Arg	–Val–	+	+
	塩基配列	GGC	GCC	GGC	CGT	GTG		
膀胱がん細胞	アミノ酸配列	–Gly	–Ala	–Val	–Arg	–Val–	+	–
	塩基配列	GGC	GCC	GTC	CGT	GTG		

図C-4 ● 腫瘍の増殖を起こす*H-ras*の点変異例
GTPase活性と細胞増殖の関係については，Gタンパク質（3章E Ⅳ）参照．

タンパク質のもつGTPase活性が失われ，持続的な細胞増殖が生じるとみられる（図C-4）．

ただし，こうしたがん原遺伝子内の変異だけが，がん原遺伝子によるがん化の分子機構ではない．遺伝子の増幅によって，正常ではあっても遺伝子産物が大量に産生されてしまうことによる場合がある（図C-3b）．また，染色体の再編によって，強力なエンハンサー（p.146の脚注※7参照）ががん原遺伝子近傍に位置するようになり，転写が異常に亢進したり，転写活性の強いタンパク質とがん原遺伝子産物の融合タンパク質が生み出されることもある（図C-3 c, d）※3．

V がん抑制遺伝子
tumor suppressor gene

がん遺伝子が，一般に，異常なスピードでの細胞周期の回転を促すのに対して，細胞周期のG_1期からS期への移行（1章 概略図-E参照）を制御したり，アポトーシス（1章F参照）を誘発するなどして，がん細胞の増殖を抑制する**がん抑制遺伝子**の存在が知られる．

網膜芽細胞腫（retinoblastoma）の遺伝子である***Rb*遺伝子**は，がん抑制遺伝子の1つである．*Rb*遺伝子がコードするRBタンパク質は，転写因子（5章C参照）の1つと結合することによって，細胞周期のなかで，G_1期からS期への移行を抑制的に制御している．別のがん抑制遺伝子である***p53*遺伝子**がコードする分子量53 kDaのタンパク質p53はp21遺伝子を標的の1つとし，その産物のp21タンパク質は，サイクリンとサイクリン依存性タンパク質キナーゼの複合体（1章E Ⅱ参照）に結合し，この複合体のキナーゼ活性を阻害することで，G_1期からS期への移行を抑制する※4．

*p53*および*Rb*遺伝子はともに，ゲノム中に存在するそれぞれ1対ずつの遺伝子の両方が変異によって不活化されたとき，がんを抑制できなくなる．通常は，1対の両方に変異が生じる可能性は低いが，例えば，家族性（遺伝性）網膜芽細胞腫の患者では，一方の*Rb*遺伝子がすでに変異したゲノムを親から受け継いでいるため，もう一方の*Rb*遺伝子に変異が生じるだけで，腫瘍が生じてしまう（図C-2）．

> **まとめ**
> - がん細胞のDNAには点変異がみられることが多いが，一般には，単一の変異でなく，独立に生じる複数の変異が蓄積することで発がんすると考えられる．
> - がん細胞の多くでは，がん遺伝子の活性化やがん抑制遺伝子の不活化が認められるが，これらは正常細胞がもつ細胞分裂や細胞死を制御する遺伝子に，変異や異常な活性化が生じたものである．

※3 発がんウイルスによる発がんでも，ウイルスのDNAと正常細胞のがん原遺伝子との間で組換えが生じ，染色体の再構成（図C-3c, d）と同様に，転写が亢進したり融合タンパク質が生じることがある．

※4 RBタンパク質と対照的に，p53タンパク質は，紫外線などによってDNAの損傷がきわだったときにのみ，細胞内で増加することから，損傷したままの状態でDNA複製をはじめないようなブレーキとして機能しているとみられる．

D 遺伝病
inherited diseases

ヒトの疾患の多くは，患者の遺伝的な素因が関与している．遺伝病（遺伝性疾患）と呼ばれるものは6,000種以上に及ぶとされるが，昨今の急速な遺伝子解析技術の進歩をもってしても，いまなお病因遺伝子は必ずしも判明していない．一般に，遺伝病は，①染色体の異常によるもの，②単一の遺伝子の変異によるもの（狭義の遺伝病），③複数の遺伝子とさらに環境的な要因が関与するものとに大別される．遺伝子の異常が原因となる疾患では，異常のある遺伝子を正常なものと置き換えることが"根治"的な療法である．こうした根治的な遺伝子治療が，今後より多くの遺伝病で実際に行われていくと期待されている．

I 染色体異常
chromosomal aberration

ヒトの体細胞の染色体数は46であるが，これに過不足があったり，一部の染色体に欠失があったりする染色体異常は，多くの場合，減数分裂（4章D参照）の際に，1対の相同染色体が均等に分離・分配されない"染色体不分離"に起因する．このため，**染色体異常**は，遺伝子が関与する疾患ではあるが"遺伝"による疾患ではない．

どの染色体にどのような異常があるかによって，症状はさまざまである．性染色体異常としては，X染色体が1本しかない女性にみられる**ターナー症候群**，X染色体が1本余分にある男性にみられる**クラインフェルター症候群**などが知られ，また，常染色体異常としては，通常2本ある21番目の染色体が3本存在することによって生じる**ダウン症候群**が比較的多くみられる[※1]．

II 狭義の遺伝病（分子病）
molecular disease

厳密な意味で遺伝病といえるのが，単一の遺伝子の異常によって発症し，かつ，遺伝する疾患である[※2]．対立遺伝子（p.162のコラム「対立遺伝子」参照）の存在を念頭に置くと，単一遺伝子の異常によるとされる遺伝病は，実は，①父親および母親由来の両親の対立遺伝子に異常のある場合，②父親あるいは母親由来の対立遺伝子のいずれかに異常のある場合，③女性では2つ，男性では1つしかないX染色体上の遺伝子に異常のある場合のいずれかのケースで発症するといえる．

劣性遺伝病
recessive inherited disease

劣性遺伝病は，父親・母親由来の対立遺伝子の両方が，異常によって機能しないときに発症する遺伝病で，例えば，フェニルケトン尿症[※3]はこれに該当する．対立遺伝子のいずれか一方のみに異常があり機能しない場合は発症しないが，その個体は病因遺伝子を保有する**キャリア**となる．したがって，両親がともに**ノンキャリア**であるか，いずれか一方がキャリアであるか，あるいは両親ともキャリアであるかによって，子孫に劣性遺伝病が生じるかどうかの頻度が異なる（図D-1）．

[※1] ダウン症候群は，出生数600〜1,000に対して1人程度の割合で出現し，母親の年齢が高くなるにつれて頻度が増加する傾向がある．臨床的には，特徴的な顔貌，心臓奇形（心内膜床欠損），知的障害などがみられる．

[※2] サラセミア（第16染色体のグロビン遺伝子の発現異常変異），フェニルケトン尿症（第12染色体のフェニルアラニン水酸化酵素遺伝子の変異），ハンチントン病（第4染色体のハンチントン遺伝子の異常，ただし，遺伝子の機能については不明），重症筋ジストロフィー（X染色体のジストロフィン遺伝子の欠損），血友病（X染色体の血液凝固因子遺伝子の変異）など多数ある．

[※3] フェニルケトン尿症：フェニルアラニンからチロシンを産生する酵素に異常があり，血中にフェニルアラニンが多量に貯留するため，放置すれば知的障害などが起きる．

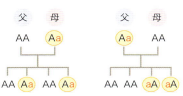

図D-1 ● 劣性遺伝病の遺伝と発症の関係

A：正常な遺伝子
a：変異のある病因遺伝子
AA：健常者
Aa aA：病因をもつが発症しないキャリア
aa：発症者

優性遺伝病
dominant inherited disease

優性遺伝病は，1対の対立遺伝子の一方に異常があれば発症する遺伝病で，ハンチントン病[※4]はこのタイプである．両親のいずれかが優性遺伝病である場合，子どもが同じ遺伝病になる確率は50％となる．

伴性遺伝病
X-linked inherited disease

女性はXX，男性はXYの性染色体をもつため，X染色体上の遺伝子の異常が原因となる遺伝病は，ほとんどの場合，男性において発症する．女性では，発症はきわめて稀であるが，キャリアとなっていることは多い．**血友病**[※5]や**重症筋ジストロフィー**[※6]などがこのタイプの遺伝病である．

III 多因子遺伝病

高血圧症や**糖尿病**など（9章F参照）は，多因子遺伝病であると考えられる．これらは，コレステロールや糖分の過剰な摂取などの原因でのみ生じるわけではなく，複数の遺伝子が関与する遺伝的な素因によっても発症が左右される．例えば，同じ食生活をしていても，高血圧になりやすい，なりにくいといった違いがある．高血圧になりやすいマウスを代々かけ合わせ続けると，必ず高血圧になる系統のマウスをつくり出すことが可能であることから，遺伝子がこうした疾患に関与していることがわかる．

Column　対立遺伝子

ヒトの体細胞は，父親由来の23本の染色体およびこれと相同な母親由来の23本の染色体をもつ．つまり，体細胞のおのおのに2組のゲノムが存在する．このため，男性個体の性染色体上にある遺伝子を除いて，体細胞では基本的に，同じはたらきに関与する遺伝子が2つずつ存在しているわけで，この2つを互いに対立遺伝子という．

異なる形質を示す対立遺伝子Lとlがあるとすれば，ある特定の個体は，その遺伝子について，LL，Ll，llという3種の"遺伝子型"のうちのいずれか1つをもつことになる．LLあるいはllの遺伝子型を"ホモ（同型）"といい，Llを"ヘテロ（異型）"という．遺伝子型がホモの個体でのみ発現される形質を"劣性"，ヘテロの個体で発現される形質を"優性"という．

[※4] ハンチントン病：神経系の疾患で，運動神経の異常による舞踏（踊るような動き）や認知障害をきたし，死に至る．
[※5] 血友病：血液の凝固にかかわる因子が欠乏する疾患で，出血すると止血が困難となる．
[※6] 重症筋ジストロフィー：筋組織の変性・萎縮が進行し，随意運動が困難になる疾患．

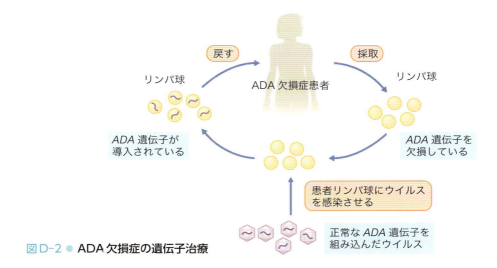

図D-2 ● ADA欠損症の遺伝子治療

IV 遺伝子治療
gene therapy

　遺伝病のなかには，欠失した酵素の基質となる物質を患者に与えないようにするとか，欠失したタンパク質を投与するなどといった対症療法が可能なものがあり，実際にそうした治療が行われている※7．しかし，根本的には，①異常な遺伝子のはたらきを止める，②異常な遺伝子と正常な遺伝子を差し替える※8，③異常な遺伝子に対応する正常な遺伝子を新たに追加する，などといった**遺伝子治療**が根治療法となりうる．これらのなかで，③の方法が遺伝子治療※9の創成期から具体例としてしばしば紹介される事例である．

ADA欠損症の遺伝子治療
ADA deficiency

　治療効果を期待するうえでも，そのはたらきが明らかになっている単一遺伝子の異常によって生じる分子病が，遺伝子治療に適すると考えられ，事実，そうした疾患の1つである**アデノシンジアミナーゼ**（ADA）**欠損症**の患者に行った遺伝子治療が一定の成果をおさめている．

　ADA欠損症では，重症の免疫不全に陥るため易感染性となり肺炎などによって若年齢で死亡する．この疾患の遺伝子治療では，副作用やそれ自身の増殖を避けるための特殊な細工をしたウイルスのゲノムに，ADAの遺伝子を組み込む（図D-2）．これを，患者から取り出したリンパ球に感染させ，ADA遺伝子をリンパ球に送り込む．送り込まれたADA遺伝子は，運び屋（ベクター）としてのウイルスのはたらきによって，リンパ球がもつDNAに組み込まれる．こうしたリンパ球を患者の体内に戻すことで※10，欠損していたADA遺伝子が，新たに追加される形で回復・機能することになる．

V 遺伝子診断（DNA診断）
genetic diagnosis

　遺伝情報を担う物質であるDNAについて，病因遺伝子の有無・遺伝子の異常などを直接検査して，疾患を診断することを遺伝子診断あるいはDNA診

※7　フェニルアラニンを代謝できないフェニルケトン尿症の新生児には，フェニルアラニンを含まないミルクを与える．血液凝固因子を欠くため止血に異常がある血友病患者には，凝固因子を含む血液製剤が投与されている．この血液製剤がエイズウイルスで汚染されていたために，非加熱製剤の投与を受けた患者がAIDS（後天性免疫不全症候群）に感染し，大きな社会問題になった．

※8　近年の発見やゲノム編集技術の革新によって，このアプローチによる遺伝子治療の期待が高まりつつある（7章Ⅳ参照）．

※9　遺伝子治療とはいうものの，その対象は，倫理上の問題から，体細胞のDNAに限定されている．したがって，治療結果や影響が次世代へ波及する（遺伝する）ことは基本的にはありえない．この意味で，遺伝子治療は"DNAを用いた体細胞療法"などと呼ぶほうがむしろふさわしいかもしれない．

※10　このように，患者の体細胞をいったん取り出して培養条件下で外来性遺伝子を導入し，再び患者の体内に戻す方法をex vivo法という．これに対して，患者に外来性遺伝子を運ぶウイルスやリポソームを直接投与する方法をin vivo法という．

a) 第1世代シークエンサー

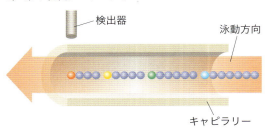

c) 第3世代シークエンサー

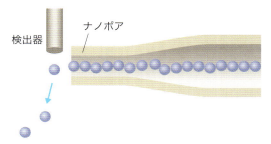

b1) 第2世代シークエンサー

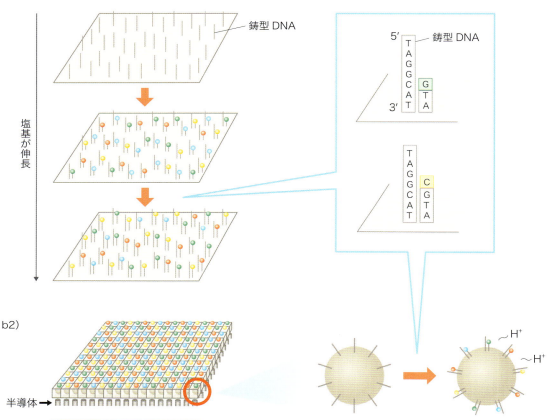

b2)

図D-3 ● シークエンサーのしくみの変遷

a) キャピラリー電気泳動で次々に通過する蛍光標識DNA（伸長度が1塩基ずつ異なる）を検出器で読むことで配列を自動解読する第1世代シークエンサー．**b)** プレート面に固定した膨大な数のDNA断片のおのおのについて，①1塩基目を伸長反応で蛍光標識，②プレート上の蛍光パターンの記録，③蛍光標識の除去，というプロセスを繰り返すことで，第1世代と同様なシークエンシング反応を大規模かつ並列に進める第2世代シークエンサー．蛍光標識を検出するタイプがb1の方法．b2では，同様な反応をDNA断片で被覆した膨大な数のビーズ面で行って，塩基伸長のたびに生じるプロトン（H^+）によるpH変化を半導体で検出する方法．写真はビーズに見立てた卵が載った段ボールトレー．塩基伸長は卵の表面で生じ，pH変化検出用の半導体センサーはトレーの凹みおのおのの底にあるというイメージになる．**c)** ヌクレオチドの付加反応を利用することなく配列を読むタイプの第3世代シークエンサー．図示した方法は，被検DNAがナノポアから1塩基ずつ射出されるときに発生する電流から塩基配列を読むしくみである．

断という．遺伝病や腫瘍を対象とすることが一般的であるが，感染症を起こすウイルスや細菌のゲノムの有無を検査するDNA診断もある．DNAレベルで病因の存在を特定できるので，病名の確定，予後と治療効果の予測に威力を発揮する．

しかし，一方で，遺伝的な素因の有無，発症の可能性を明確にしてしまうことがあるため，患者が社会的に差別を受けたり，保険に入れないなどの不利益を被ったり，不当な人工妊娠中絶が行われるなどのリスクもある．実施にあたっては，倫理的な配慮，患者の同意，診断後のケアがきわめて重要である．

VI 遺伝子検査の機器・ツール

遺伝子の検査は，医療・行政機関などだけでなく，民間業者によるビジネスとしても行われている．むろん，医療行為などとしての検査と民間業者の検査とでは，目的や信頼性に一定の隔たりがある．遺伝子検査では，PCR（7章V参照），DNAマイクロアレイ（DNAチップ）[※11]，DNAシークエンシングなどの方法が用いられる．病因あるいは発病につながる遺伝子情報の検査という医療的な面に加えて，個人識別や各種の鑑定，さらには個人的な希望や意志による体質や健康上の将来予測（あるいは興味）でも利用されている．遺伝子検査がかくも身近なものとなった背景として，ヒトゲノムプロジェクト（p.112のコラム「ゲノムプロジェクト」参照）が直接的，間接的に果たした役割は大きい．それはゲノム研究とともに目覚ましく進歩した技術革新である．

なかでも塩基配列の読みとり（シークエンシング）技術の進歩によって，DNAやそれから転写されているRNAなどをともかくすべて読みとってしまうということが可能かつ現実的な状況になりつつある[※12]．ヒトゲノムプロジェクトのスタート当初のシークエンシングは，サンガー法に従って手動で大型の平板電気泳動を行っていたが（7章VI参照），しばらくして，蛍光標識したddNTPをキャピラリー電気泳動で自動解析するようになった．続く次世代シークエンサー（next generation sequencer：NGS）として，2005年頃から第2世代，そしていまや第3世代が登場している．ヒトゲノムプロジェクトでは，全ゲノム解読に13年を要した．これが，第2，第3世代シークエンサーではそれぞれ1日で数人分，数時間で数人分にまで短縮されている[※13]．第2世代まではサンガー法をベースに大規模並列化，効率化を実現した結果であり（図D-3），第3世代ではサンガー法によらない方法，すなわち，デオキシリボヌクレオチドの順次付加によるDNA伸長を利用しないシークエンシング手法となった．

> **まとめ**
> - 遺伝病には，染色体の異常によるもの，単一の遺伝子の変異によるもの（分子病），複数の遺伝子と環境的な要因が関与するものがあるが，遺伝子の変異のみが直接的な原因となるのは分子病のみである．
> - 分子病は，遺伝および発症の様式から，劣性遺伝病，優性遺伝病，伴性遺伝病に分けられる．
> - 遺伝子治療は，分子病の治療において効果が認められているが，多因子遺伝病やがんについても多くの試みがなされている．
> - 遺伝子治療は，体細胞のDNAが対象であるため，治療効果や影響が，次世代へ及ぶことは原則としてありえない．
> - 遺伝子診断は，病名の確定，予後や治療効果の予測に威力があるが，実施にあたっては，社会的・倫理的な面への配慮が重要である．
> - 遺伝子の検査は，PCR，DNAマイクロアレイ，シークエンシングなどによるが，網羅的な塩基配列決定が迅速，簡便，低コストになり，今後ますます一般的になるとみられる．

[※11] DNAマイクロアレイは，DNA上のすべての遺伝子から転写されるmRNAに対応したオリゴDNAをスライド（基盤）上に固定化したチップである．

[※12] DNAの発現すなわちRNAへの転写は，同一人でも組織や細胞によって多様であって，それを網羅的に検索するトランスクリプトーム解析にはマイクロアレイが活用されていた．しかし，そうした解析はいまや，RNAをcDNAに変換し次世代シークエンサーで網羅的な解析を行うRNA-seqが用いられている．

[※13] ヒト全ゲノム解読に要する時間の短縮化は，解読手法や機器性能の向上だけではなく，リファレンスとしてのヒトゲノム配列がすでに明らかになっていることにもよる．つまり，新たに読みとられた配列情報の処理が著しく迅速かつ自動で行えるのである．こうした背景もあって，ヒト全ゲノムのシークエンシングは，新しい個人のゲノム解読においてもリシークエンシング（resequencing）と呼ばれることがある．

第2部 タンパク質の機能と遺伝のしくみ

7章 遺伝子の操作

gene manipulation

　DNAは，膨大な遺伝情報をもつにもかかわらず，構造的には一様で比較的単純な巨大分子であることが明らかになった．また，私たち人間は，細菌やウイルスなどの微生物や，細胞内でDNAに対してはたらく酵素などを，生物学的な道具として利用する術を得た．このため，当初は比較的困難であったDNAの解析や操作をする技術は急速な進歩を遂げ，今日ではかなり容易に行うことが可能である．さらに近年では，塩基配列の解析をはじめ，主要な操作の多くを，自動化して行える機器も次々に開発されている．方法についての具体的な詳細は，多くの書物で述べられているので，ここでは，種々の遺伝子解析・操作を実現する道具や技術の基本的なしくみを述べる．

概略図　操作内容で選び読むための本章アイコン目次

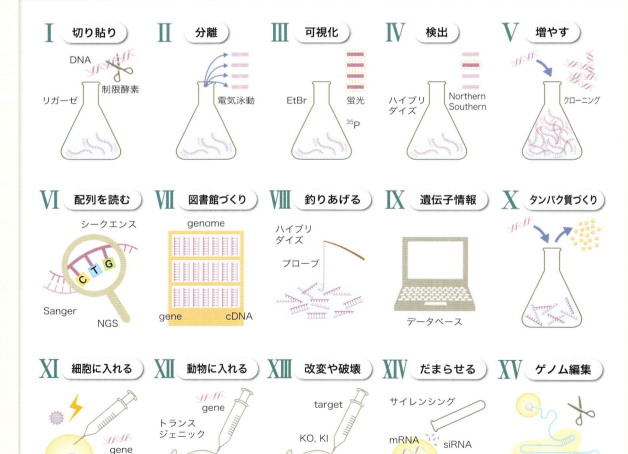

7章 ● 遺伝子の操作

I DNAを切り貼りする

多くの細菌は，侵入してくるウイルスDNA上の特定のヌクレオチド配列（4～8塩基）を認識・分断する**制限酵素**（restriction enzyme）という酵素をもち，これによって，ウイルス感染から身を守っている[※1]．これまでに，種々の細菌に由来する数百の制限酵素が知られており，私たちはこれらを生物学的な道具として利用することによって，長いDNA分子を希望する位置で切断することができる．また，制限酵素によって切断された断端の形状と塩基配列を合わせ，これを**リガーゼ**（ligase）という酵素でつなぎ合わせることで，任意の2つのDNA断片を1本にすることができる（図1）．

II DNA断片を分離する

DNA分子やその断片の長さは，さまざまであるが，基本的には4種類のヌクレオチドが数珠状につながった単純な構造をしている．しかも，ヌクレオチドはリン酸基を1つずつもつため，均等にマイナス（負）の電荷を帯びている．この性格を利用して，種々のDNA断片を，多孔性のゲル中で電気的な力によって移動させる（**ゲル電気泳動**する）と，移動度合は，それらDNA断片がゲル中の網目構造の孔（あな）を通過しやすいかどうかによってのみ決まる．つまり，大きな断片ほどゆっくり，小さな断片ほど速く移動するので，DNA断片をその長さに応じて分離することができる（図2）．比較的分子量の小さなDNAの分離にはポリアクリルアミドのゲル，大きなDNA分子の分離ではアガロースのゲルが用いられる．

III DNA分子を見えるようにする

分裂期の細胞では，染色体という形をとっているDNAを光学顕微鏡で見ることができる．また，電子顕微鏡で著しく拡大すれば，DNA分子を直接観察することも不可能ではない．しかし，拡大せずに，DNA

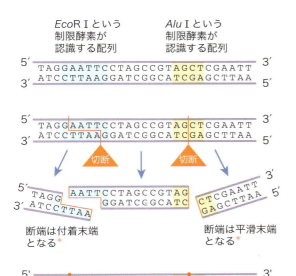

図1 ● DNAの切り貼り
＊断端の形状は用いる制限酵素によって異なる．

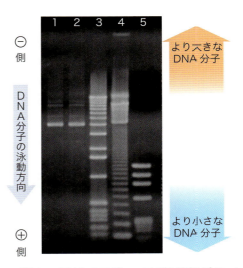

図2 ● 種々のDNAのアガロースゲル泳動パターン
1と2では同じサイズのDNA分子が1種類，3～5では，サイズの異なるDNA分子がそれぞれ複数みられる．

[※1] 細菌自身のDNAは，その制限酵素が認識するヌクレオチド配列部分がメチル化（5章C参照）されているため，切られることはない．

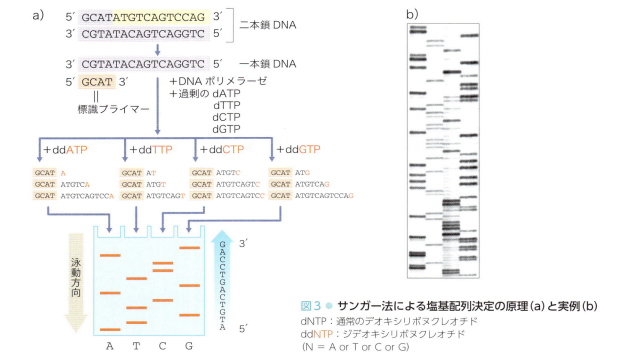

図3 ● サンガー法による塩基配列決定の原理（a）と実例（b）
dNTP：通常のデオキシリボヌクレオチド
ddNTP：ジデオキシリボヌクレオチド
（N = A or T or C or G）

を見えるようにすることも可能で，また，電気泳動によってDNAを分離した場合などのように，それが必要になることも多い．

臭化エチジウム（EtBr）というDNAに結合する色素の溶液に，泳動後のゲルを漬けて**DNAを染色**し，紫外線を当てると，分離したDNAが蛍光を発する（図2）．また，あらかじめ放射性物質で**DNA分子を標識**しておき[※2]，泳動後，ゲルに写真フィルムをあてて感光させるオートラジオグラフィーでも，DNAがどこに泳動されているのかを見ることができる（図3b）．

IV 特定のDNAやRNAを検出する

二本鎖DNAを100℃に熱したり高いpHにさらすと，一本鎖DNAに解離する（**DNAの変性**）．また，これを徐冷し65℃前後に保つと，再び二本鎖DNAを形成する（**ハイブリダイゼーション**）．ハイブリダイゼーションは，互いに相補性があれば，DNA-DNA間のみならず，DNA-RNA間，RNA-RNA間でも生じる．こうした性格を利用して，特定の塩基配列をもつDNAやRNAの存在を検出することができる．

種々のDNA断片を電気泳動し，そのゲルにナイロン膜を貼り合わせておくと，分離したDNA断片が膜に移る（**サザンブロッティング**）．放射性物質で標識したDNA（標識プローブ）の入った溶液中にこの膜を漬けておくと，標識DNAが，膜上のDNA断片の中で相補的な配列をもつものとハイブリダイゼーションするので，特定の塩基配列をもつDNAがどれであるかを調べることができる（図4）．

DNAでなくRNA（あるいはmRNA）を泳動・分離し，膜にブロッティングする方法は，**ノーザンブロッティング**と呼ばれる[※3]．この場合，標識プローブ（DNAあるいはRNA）とのハイブリダイゼーショ

※2　放射性物質でDNAを標識する方法には大きく2つある．第1は，放射性ヌクレオチドの存在下で，DNAポリメラーゼによってDNAの複製を行う方法である．複製される新たなDNA鎖は，放射性ヌクレオチドを材料として合成されるので，DNAが標識される．第2の方法は，ポリヌクレオチドキナーゼという酵素の作用を利用して，放射性のリンをDNA鎖の5'末端に付加する方法である．

※3　泳動・分離したDNAをブロッティングする場合がサザン（Southern）ブロッティング，RNAならばノーザン（northern）ブロッティング，タンパク質を泳動・分離後にブロッティングするものをウエスタン（western）ブロッティングという．

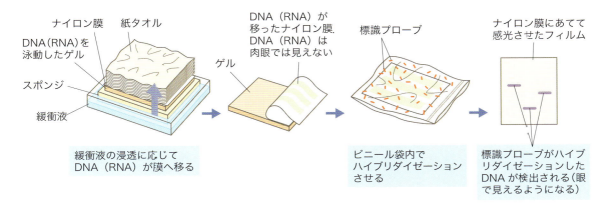

図4 ● ブロッティングとハイブリダイゼーションによる核酸の検出

ンで，特定のmRNAの存在を検出できるので，遺伝子発現の有無を調べることに利用される．

V DNAを増やす

特定の遺伝子を含むDNA断片を増やすことを**クローニング**という．ライブラリーから，求める遺伝子を見出したときはもとより，種々のDNA操作を行うときも，ある程度の量のDNA断片を確保する必要があるので，DNAの増幅を行う機会は多い．

DNAの増幅では，まず，対象となるDNA断片をクローニング用の適当なベクター[※4]，例えば，プラスミドなどの環状の二本鎖DNAに組み込む．これを大腸菌などの宿主細菌に注入（トランスフェクション）し，それを培養する．種類にもよるが，宿主細菌内では，コピーがつくられることでプラスミドの数が増加し，また同時に，宿主細菌自身が非常に速いスピードで増える（大腸菌は通常，30分ごとに倍加する）．十分に増殖したところで，これを集めて破壊し，菌体内から遊離してくるDNAを精製する．このDNAには，細菌のゲノムDNAと，目的の遺伝子を組み込んだプラスミドDNAが混在しているので，塩化セシウムの密度勾配を利用した遠心法で両者を分離する．

ベクターと宿主細菌を用いる方法とは全く異なる**ポリメラーゼ連鎖反応**（polymerase chain reaction：**PCR**）を利用したDNAの増幅方法がある．PCR法では，目的の遺伝子を含む二本鎖DNA，そ

の両端の部分にそれぞれ相補的なプライマーと呼ぶDNA断片2種，DNAポリメラーゼ，を含む反応溶液の温度を，専用の機械で周期的に変動させる．これによって，①二本鎖DNAの解離（DNAの変性），②解離した一本鎖DNAとプライマー分子の相補的な会合（アニーリング），③プライマー断端からのDNA鎖の伸長（DNA合成），といった3つの反応が繰り返される（図5）．通常，1周期は2分程度で，そのたびに目的のDNA量は倍に増える．したがって，20周期，約40分ほどで，1分子の目的のDNAが2^{20}分子（およそ$10^6 = 100$万分子）にまで増幅される．ごく微量の"RNA"分子を検出したい場合は，最初に逆転写酵素でDNAに置き換えて，その後，PCRで増幅・検出するといった方法も利用されている．

VI DNAの塩基配列を読む

塩基配列を決定（**シークエンシング**）するにはいくつかの方法があるが，サンガー法と呼ばれる方法では，人工的につくった特殊な4種類の**ジデオキシリボヌクレオチド**（ddNTP）を利用する．DNAの合成・伸長では，DNA鎖の3′末端のヒドロキシ基（-OH）に，ヌクレオチドを次々とつなげていくが，

[※4] 遺伝子を抱え込んで保持したり運んだりするベクターには，細菌に感染・増殖するプラスミドやファージなどのDNAが利用される．実際に使われるベクターは，天然のプラスミドやファージなどのDNAを，人が利用するうえで便利なように，人為的に手を加え，改造したものである．

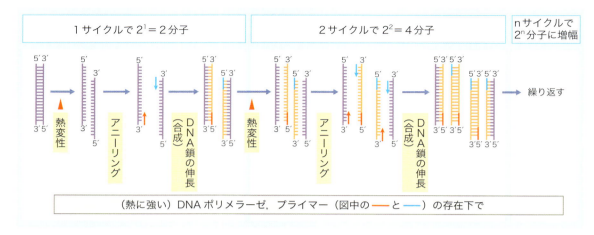

図5 ● PCR反応の原理

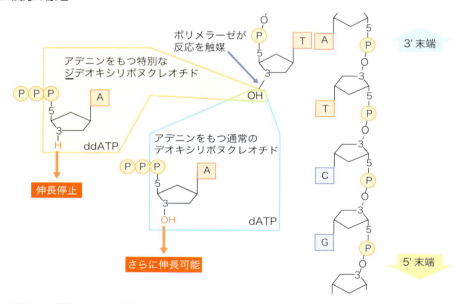

図6 ● ジデオキシリボヌクレオチドによるDNA鎖伸長の中止

4種のddNTPにはこのヒドロキシ基がない（図6）.

そのため，4種のddNTPのいずれかが少しずつ含まれる溶液中で，DNA合成を行うと，伸長中のDNAの末端にddNTPが付加された時点でDNA合成がストップする．例えば，通常の4種のヌクレオチドと，ddATP〔アデニン（A）を塩基とする少量のジデオキシリボヌクレオチド〕1種が存在する溶液中では，1つ目のAまで，2つ目まで，3つ目まで，というように，種々の長さのDNA鎖が合成される．ほかの3種のddNTPも利用して，それぞれ同様な合成を行い，得られた4セットのDNA鎖を電気泳動し，分離されたDNAを短いもの（速く移動したもの）から順に読めば，鋳型鎖と相補的なDNAの塩基配列がわかるのである（図3a）.

VII 遺伝子の図書館をつくる

ある生物の全DNA（ゲノムDNA）が揃っている図書館（**ゲノムライブラリー**）や，ある特定の細胞や組織で発現している遺伝子の図書館（**cDNAライブラリー**）などがあれば便利である．必要とする遺

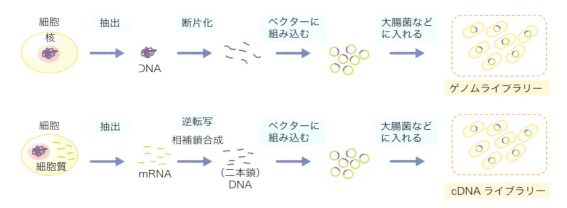

図7 ● 2種類の遺伝子ライブラリー

伝子をその中から選ぶことができるし，未知の遺伝子であっても，その図書館の中から（なんらかの方法で）捜し出すことができる．実際にそうした2種類の便利な図書館（**遺伝子ライブラリー**）がつくられている．

ライブラリーは，所蔵すべきDNAをいくつもの断片に分け，それぞれをベクターに組み入れ，さらにそれらおのおのを細菌に注入した"本"からなり立っている．つまり，通常，そうした細菌の集合がライブラリーの実体である（図7）．

ゲノムライブラリーの場合，細胞や組織から得たゲノムDNAを制限酵素で適当なサイズに分断し，ベクターに組み込んでいる．このため，ゲノムライブラリーには，タンパク質をコードする部分のほかに，イントロンや調節領域の塩基配列なども含まれる．一方，**cDNAライブラリー**では，目的の細胞・組織からmRNAを抽出して，RNAからDNAを合成する逆転写酵素を使ってmRNAと相補的なcDNAをつくり，さらにDNAポリメラーゼで二本鎖DNAとしたものをベクターに組み込んでいる．したがって，調節領域は含まれず，タンパク質をコードする部分も，イントロンが介在しないひとつながりの状態になっている．活発に転写されている遺伝子のmRNAは量的に豊富であるため，それに対応するDNAも，cDNAライブラリー中には多く含まれることになる．

当然，意味のある遺伝子ごとに都合よく切り分けられるわけではない．しかし，時に2冊以上の"本"にまたがっていることはあっても，すべての遺伝子が必ずどこかに含まれている必要があり，また，そうなるようにライブラリーはつくられる．ヒトのゲノムライブラリーでは，1冊が2万塩基対分の情報をもつとすると，計算上は最低でも約15万冊分の図書館となる．

VIII 遺伝子を釣りあげる

塩基配列が既知の遺伝子ならば，その配列（の一部）と相補的なDNA断片（標識プローブ）を用意・標識し，ライブラリー中でこれとうまくハイブリダイゼーションすることのできるものを捜し出せば，特定の遺伝子を"釣りあげ"られる．条件を緩やかにすれば，ハイブリダイゼーションは，完全に同じでなくとも類似する塩基配列をもつDNAとで生じる．このため，既知の遺伝子に類似する未知の遺伝子を捜し当てることも可能である[※5]．

いずれにせよ，膨大な冊数があるライブラリーから目的の1冊（ときに数冊）を選び出すという大変な作業は，多くの場合，**コロニーハイブリダイゼーション**という方法で行われる．まず，ライブラリーを構成する細菌群（細菌1つは1〜数冊のDNAを含んでいる）を培養し，多数のコロニーをつくらせる．

※5 遺伝子の塩基配列が全く不明であっても，精製されたタンパク質があれば，そのアミノ酸配列（の一部）を調べ，遺伝コード（5章B参照）をもとに，アミノ酸から塩基のコドンを逆に推測し，標識プローブを合成することが可能である．また，タンパク質合成を行わせられるようなベクターを使ってつくられたライブラリー（発現ライブラリー）では，抗体（3章F参照）を利用して，その抗体が認識するタンパク質をコードする遺伝子を選び出すことも可能である．

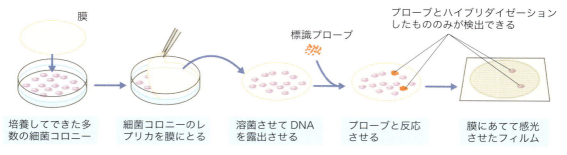

図8 ● コロニーハイブリダイゼーション

次に，これらコロニーの細菌を膜に付着させ（コロニーレプリカ），さらに，膜上の細菌を壊し，中のDNA（本の中身）を露出させ，標識プローブとハイブリダイゼーションすることのできるものを捜し出すのである（図8）．哺乳類の特定の遺伝子は，100万個ほどのコロニーについて検討を加えた結果として，ようやく釣りあげられることも珍しくない．

IX 遺伝子情報を蓄える

ACTGという4つの塩基の繰り返しに過ぎない遺伝情報は重大な意味をもつが，私たちが目視で，特徴的な配列を見出したり，比較・検討できるような情報ではない．解析には，コンピューターの力を借りる必要がある．また，ヒトゲノムプロジェクト完了後，さまざまな生物のゲノムプロジェクトが進んでおり，新たな遺伝子DNAの塩基配列情報（**DNAデータベース**）もいまや膨大な量となっている．ヨーロッパではEMBL（European Molecular Biology Laboratory），米国ではGenBank，日本では日本DNAデータバンク（DDBJ）という組織があり，共同して国際的なデータベースを構築している．報告・登録されたDNAあるいはRNAの塩基配列情報には固有の番号がつけられて集積されている．そしてまた，蓄えられた情報を世界中の研究者が任意に利用・研究できるように，ネットワークを介して統一された形式で提供されている．国内では，DDBJによるウェブページ（http://www.ddbj.nig.ac.jp/）などで，遺伝子情報の参照・検索や相同性の検討などを誰でも行える．

X タンパク質をつくらせる

遺伝子の単なる増幅に利用されるベクターだけでなく，宿主細胞内で，組み込まれた遺伝子からmRNAが合成（転写）され，さらにタンパク質が合成（翻訳）されるようなしくみになっているベクターもある（図9）．こうしたベクターは，**発現ベクター**と呼ばれ，宿主とする細胞の種類（大腸菌，酵母，昆虫細胞，動植物の細胞など）に応じて，さまざまなものが人為的につくり出されている．例えば，大腸菌を宿主とするある発現ベクターでは，プロモーターやその制御を行う領域を含むラクトースオペロン（5章C参照）が，外来遺伝子を挿入する部位の上流に配置されている．

発現ベクターを用いることによって，いわば任意の遺伝子にコードされたタンパク質を比較的容易にかつ多量に合成させることができる．生体あるいは細胞内には，きわめて微量しか存在しないタンパク質も多く，発現ベクターの利用でこれらを多量に合成させることができれば，その解析に有利となる．また，それ以上に，そうしたタンパク質を医療へ応用できる場合もあり，人類にとって大いなる福利となる．すでに，成長ホルモン，インスリン，インターフェロンなどが，こうした遺伝子工学的な方法でつくり出され，医薬品として使用されている[※6]．

[※6] 糖尿病の治療薬となるインスリンというホルモンの場合，患者1人あたり1年間で，ウシ40頭分の膵臓から抽出・精製される量が必要とされる．従来，こうした量のインスリンを確保することは困難で，それを必要とする患者すべてが享受できるわけではなかった．

ンでは，微細な注射針を細胞に差し込んで，DNAを直接的に細胞内へ注入する．

細胞に入れる遺伝子は，プラスミドなどのベクター中に組み込んで導入するのが一般的である．また，増殖能を人為的に取り除いたウイルスベクターの感染力を利用して，DNAを細胞に導入する場合もある[※7]．導入された遺伝子が細胞中で安定している場合は，細胞のゲノムDNA中に組み込まれていることが多い．

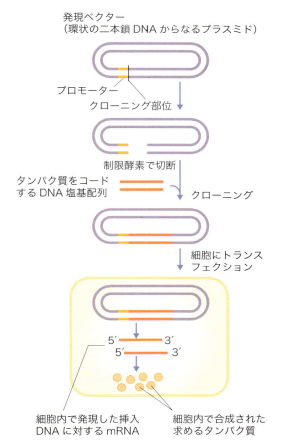

図9 ● 発現ベクターによるタンパク質合成

XII 遺伝子を動物に入れる

動物の受精卵に"外来遺伝子の導入（transgenic）"を行い，その受精卵を仮親となる個体の子宮へ移植して発生を継続させることによって，生まれてくる個体の構成細胞すべてに外来遺伝子が導入された動物（**トランスジェニック動物**，**遺伝子導入動物**）をつくり出すことができる．一般的には，マイクロインジェクション法によって，受精卵に外来遺伝子を導入する．導入された外来遺伝子は，1〜2細胞期にゲノム上のランダムな位置に組み込まれ，その後，細胞分裂のたびに複製されるため，すべての細胞で同じ染色体上の同じ部位に組み込まれた状態となる．生殖細胞に組み込まれ，次世代に遺伝することも多い．通常，トランスジェニック動物では，外来遺伝子として導入した変異遺伝子が，対応する正常遺伝子と置き換わるわけではないので，導入した遺伝子が優性でないと変異が表に現れない．しかし，遺伝子の機能を個体レベルで解析できる重要な方法となっている[※8]．

XI 遺伝子を細胞に入れる

大腸菌のような単細胞生物，あるいは，多細胞生物の細胞であっても培養下にあるものなどに遺伝子を入れる（**遺伝子導入**）には，幾通りかの方法がある．リン酸カルシウムやDEAE-デキストランなどは，DNAの細胞表面への結合を促し，結合したDNAはエンドサイトーシス（1章B参照）によって細胞内へ取り込まれる．エレクトロポレーション法は，電場によって，DNAが通過できるような細孔を細胞膜に開ける方法である．マイクロインジェクショ

XIII 動物の中の特定の遺伝子を改変・破壊する

非常に手間のかかる方法であるが，動物の中の特定の遺伝子を，外部から導入する変異遺伝子と置き換えることで，特定の遺伝子の機能を変化させたり，

[※7] アデノウイルスやレトロウイルスなどをもとにしたベクターが使われる．これらのウイルスは，自然界でも，異なる細胞間でDNAを運搬することがある（6章B II 参照）．

[※8] 1980年にアメリカのゴードン（Gordon）らによって，トランスジェニックマウスがはじめて作製されてから今日までに，種々の外来遺伝子が，ラット，ショウジョウバエ，ゼブラフィッシュ，カエル，ウサギ，ヒツジ，ウシ，ブタなどに導入されている．

失わせることができる．こうした方法を**遺伝子ターゲティング**（**標的遺伝子導入**）といい，特にもともとの遺伝子を破壊する場合を**遺伝子ノックアウト**（**knockout**），破壊するのでなく新たな機能を発現させる場合を**ノックイン**（**knockin**）と呼ぶ．

　前述のトランスジェニック動物では，受精卵に導入した外来遺伝子が，染色体のランダムな位置に挿入された．遺伝子ターゲティングでは，受精卵の代わりに**ES 細胞**（**胚性幹細胞**）に外来遺伝子を導入する．ES 細胞は，培養下で分裂・増殖させても，受精卵と同様に，個体を構成するあらゆる細胞に分化する能力（全能性）をもち続ける．このため，培養下の多数の ES 細胞に対して遺伝子導入することで，ランダムに挿入された導入遺伝子が，$10^3 \sim 10^5$ 回に 1 度というきわめて低い頻度でしか生じない "相同的組換え" によって，標的とする本来の正常遺伝子と置き換わることを期待することができる．そして，導入した外来遺伝子と標的遺伝子とが置き換わった ES 細胞を選んで，発生中の "胚" に入れ，その胚を仮親の子宮に移植する（図 10）．

　生まれてくる個体は，もともとの胚の細胞とその胚に入れた ES 細胞に由来する細胞が混じった**キメラ**※9 の個体である．ターゲティングされた ES 細胞由来の生殖細胞をもつ個体を選び出し，これをさらに掛け合わせる（交配させる）ことで，標的遺伝子についてヘテロ，さらにはホモの個体（p.162 のコラム「対立遺伝子」参照）を得ることができる（図 10）．ホモの個体では，導入した変異遺伝子の機能を，対応する正常遺伝子のない条件下で調べることができる．

XIV　mRNA をだまらせる

　タンパク質合成は，DNA から転写された mRNA をもとに行われるのであるから，DNA を改変・破壊せずとも，特定の mRNA を "だまらせる"（**サイレンシング**させる）ことができれば，タンパク質や対応する遺伝子機能を調べられる．

※9　キメラという語は，ギリシャ神話で登場するライオンの頭，ヤギの胴，ヘビの尾を合わせもつ怪物の名に由来する．

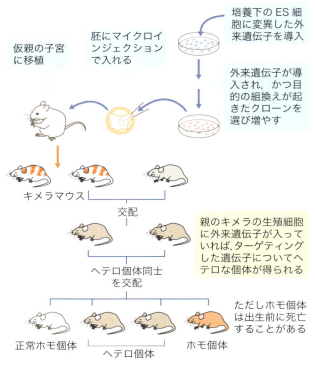

図 10 ● **遺伝子ターゲティング動物の作製**

　従来，標的遺伝子の mRNA（の一部）と相補的な配列をもつ**アンチセンスオリゴヌクレオチド法**が用いられてきたが，近年，**RNA 干渉**（RNA interference：RNAi）の現象を利用した **siRNA**（small interfering RNA）の導入が注目され，多く用いられている．RNA 干渉は，2006 年にノーベル賞を受賞したファイアー（Fire）とメロー（Mello）によって発見され，標的 mRNA の対応領域の配列を含む二本鎖 RNA（dsRNA）が，標的 mRNA の発現抑制をするという現象である．dsRNA は，抑制に直接かかわるのではなく，RNA 分解酵素の一種によって siRNA（21 〜 23 塩基長の短い RNA で 3′ 末端が突出したもの）に切断されてタンパク質と複合体を形成し，この複合体が標的 mRNA を切断・分解して "だまらせる" ことがわかっている（5 章 A Ⅳ 参照）．したがって，すでに明らかになっているルールに基づいて，標的 mRNA 中の適切な配列に対応する siRNA を作出して導入することで，簡便で効果的に遺伝子発現を抑制（**ノックダウン**；knockdown）させることができる．

XV CRISPR/Cas によるゲノム編集

細菌がウイルスなどの侵入に対抗するCRISPR系[※10]は，私たちの免疫系と似たところがある．CRISPR系では，初回侵入時にウイルスDNAの一部を切りとり，自分のゲノムに組み込み（いわば"免疫"），これに相補的なsnRNA（いわば"抗体"）を産生することで，ウイルスの次回侵入に備える．抗体としてのsnRNAは30塩基長ほどのcrRNA（CRISPR RNA）として整えられ，Casタンパク質[※11]と複合体を構成する．この複合体は，侵入するウイルスDNAを発見して破壊するさながら迎撃機としてはたらく．

こうした細菌のCRISPR系を改造して，さまざまな生物のゲノムの改変・編集のためのツールとしたのが，**CRISPR/Cas9系**である．このツールでは，Cas9タンパク質へ結合するための配列，ゲノム上の編集目的部位の配列などを盛り込んだgRNA（guide RNA）を設計し，これと細菌性Cas9タンパク質とを目的細胞の中で発現させればよい（図11）．gRNAは，目的のゲノムDNA配列にCas9タンパク質を呼び込む．そのため，ゲノムDNAの編集対象とする部位に，人工ヌクレアーゼを特異的に到達させ，正確にDNAを切断することが，これまでにないほどに[※12]，迅速，高効率，低コストで実現できるようになった．切るだけでなく，つなぐ，挿入する，相同的組換えなどを行うには，細胞が本来的に有しているDNA修復機構を利用するような工夫を加える．応用性も広く，例えば，患者細胞から調製したiPS細胞を増やして再生に用いる前に，当該患者の遺伝子に存在する病因としての変異を，CRISPR/Cas9系を用いて，あらかじめ処置しておくことも想定されている．

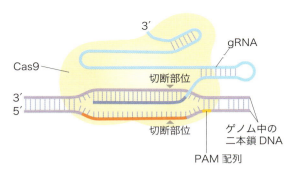

図11 ● Cas9タンパク質とゲノムDNA，gRNAの関係

まとめ

- 遺伝子操作の技術はいまや多岐にわたり，研究や診断業務用のキット，各種機器も使われている．
- 多くの技術では，厳密な条件や設定下でその長い工程が正しく行われる必要がある．キットや機器の利用は，その作業を各段に容易かつ迅速にするが，手法の根幹をなす細胞や分子のメカニズム，各種操作法の原理についての十分な理解が重要である．
- 本章の概略図が示す各種の技術について，初学者は，その目的や基本原理をきちんと把握した後，ニーズに沿った詳細な解説書を読み進めたり，研究者や熟達者からの指導を仰いだりしてほしい．

[※10] CRISPR（clustered regularly interspersed short palindromic repeat）は，細菌や古細菌にみられる23〜50塩基ほどの短い繰り返し配列を含むゲノム領域の1つで，切りとったウイルスDNAの一部を組み込んで侵入者リストとする部位である．

[※11] Cas（CRISPR-associated）タンパク質は，構造的には特異であるが，RNA誘導性の酵素複合体（RISC；5章A VI参照）におけるArgonauteやPIWIに相当するタンパク質である．

[※12] これまで，ゲノム編集技術に用いられてきた手法には，第1世代のZFN（Zinc finger nuclease），第2世代のTALE（Transcription activator like effector）があり，CRISPR/Cas9系は第3世代とされる．

第3部

生命現象と代謝

　私たちは，毎日食物として栄養素を摂取して消化吸収し，組織・細胞内の化学反応によってさまざまな別の物質に変化させている．このような生体内で起こる化学反応のすべては総称して代謝と呼ばれる．代謝は，物質を合成する同化と，分解する異化とに大別される．

　同化は，消化吸収した栄養素から組織・細胞内で必要な有機化合物を再合成するはたらきである．私たちは，日常生活において，必要な物が古くなったり壊れたりすると新しいものと交換したり，また余分にあれば保存して必要なときに用いている．これらは私たち自身のからだでもいえることで，私たちのからだを構成している骨や皮膚などの組織は，常に新しい組織につくり変えられている．また，吸収した余分の栄養素は，グリコーゲンや脂肪などに再合成して貯蔵されている．

　異化は，組織・細胞内で有機化合物を分解して，その物質に含まれるエネルギーを化学エネルギーとして取り出すはたらきである．私たちの身のまわりには，エアコン，コンピュータ，自動車などたくさんの機械があり，これらのどれ1つをとってもエネルギーがなければ全く動かない．同様に，生命現象を営むためには化学エネルギーが必要であり，これらのエネルギーを異化によって得ている．私たちは，このエネルギーを運動エネルギーや熱エネルギーなどに変換してさまざまな生命現象に用いている．

　細胞内で起こる個々の代謝については9章で詳しく述べるが，8章では「それらの代謝が主にどの臓器のどの細胞で行われているのか，また，臓器間でどのような関係があるのか」すなわち臓器の生化学の分野をしっかりと理解してほしい．

　第3部を学ぶにあたって肝心なのは，「臓器」と「代謝」を分離して単に暗記することではなく，「臓器」と「代謝」の関係を理解し，からだ全体の物質の流れを把握することである．

　8章で，まず各臓器で行われている「代謝」の概要をつかみ，9章で「代謝」の詳細を理解して再度8章に戻ってもらえれば，「臓器」と「代謝」の関係が結びつくはずである．

第3部 生命現象と代謝

8章 生命現象を支える臓器と栄養素

organ & nutrient which support vital phenomenon

　私たちが生命現象を営むためには，それを支えるためにエネルギーの獲得と消費を絶えず繰り返していかなければならない．私たちは，体外から摂取した植物性あるいは動物性の糖質，脂質，タンパク質，ビタミンおよび無機質などの栄養素を，まず生命の維持に必要なエネルギー獲得のために利用する．また，一部はほかの物質に変換させたり，合成や分解を繰り返してからだの構成成分として利用する．このように体内で起こる化学変化の大部分は，筋肉，肝臓および腎臓などの器官（臓器）で行われ，生命現象の多くはこれらの臓器によって支えられている．

　私たちのからだを構成している形やはたらきの異なるいろいろな細胞は，バラバラに存在しているのではなく，それぞれ集まって組織や臓器を形成している．そして，これらが互いに調和を保ちながら個体をつくっている．動物の組織は，それを構成する細胞の形やはたらき，配列の仕方などに基づいて，上皮組織，結合組織，筋組織，神経組織の4種類に分けられる．また，1種類以上の組織が集まって，一定の形とはたらきをもった臓器が形成される．さらに，はたらきの関連した臓器がまとまって器官系が形成される．

概略図　器官系と主な器官

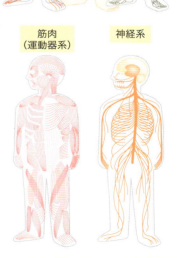

器官系	主な器官（臓器）
消化器系	口腔，食道，胃，小腸，大腸，直腸，肝臓，膵臓
呼吸器系	肺，気管
感覚器系	目，耳，鼻，舌，皮膚（爪，毛）
泌尿器系	腎臓，輸尿管，膀胱
生殖器系	精巣，卵巣，輸精管，輸卵管，子宮
循環器系	心臓，血管，リンパ管
運動器系 骨格	骨
運動器系 筋肉	骨格筋，内臓筋，心筋
神経系	脳，脊髄，末梢神経，自律神経

A 臓器のはたらき
function of organ

　器官系を形成する各臓器は，生命現象を営むうえできわめて重要な役割を果たしている．例えば，脳は，大脳，間脳，中脳，小脳，延髄からなり，脊髄とともに中枢神経系を構成して興奮の伝達のほか，各臓器の調節に深く関与している．運動器系の骨格筋は，骨に付着して筋収縮によってからだ全体の運動を担う．消化器系の肝臓は，燃料（グリコーゲン）の貯蔵，胆汁の生成，尿素の生成などエネルギーの供給や恒常性の維持にかかわっている．また，腎臓は，体内で生じた不要な代謝産物の排泄に必要な臓器である．

概略図-A　臓器のはたらき

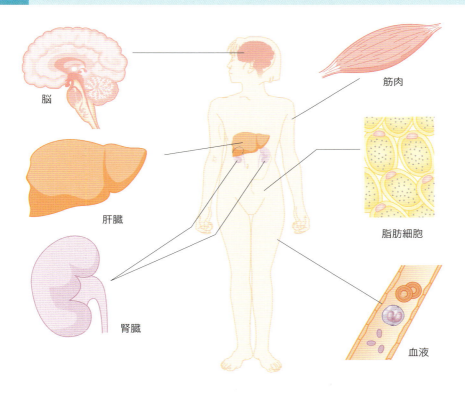

I 脳
brain

　脳は，精神機能という高次機能を営み，さらに中枢神経の一部として，さまざまな情報の伝達，全身（各臓器）を統括的に調節している．ヒトの脳では，継続的な飢餓状態を除けば，実質的にグルコースが唯一のエネルギー源となる．脳には燃料の貯蔵庫がないため，グルコースをいつでも使えるように継続的に供給しなければならない．**脳では，1日に約120gのグルコースが消費され，これは420 kcalのエネルギー量に相当する**．安静時に全身で消費するグルコース量の約60％は脳によるものである．

　飢餓状態では，肝臓で生成されたケトン体（アセト酢酸とその還元型である3-ヒドロキシ酪酸）が，部分的にグルコースの代わりに脳の燃料として利用される．脂肪酸は，血漿中のアルブミンと結合しているため血液脳関門を通過することができず，脳に

おける燃料とはならない．一方，タンパク質の分解によって生じたアミノ酸は，脳では燃料として直接利用することができないため，肝臓における糖新生系（9章A参照）によってグルコースに変換された後，脳の燃料として利用される．しかし，飢餓状態においてタンパク質分解を最小限に抑えるには，燃料の利用をグルコースからケトン体に切り替えることが不可欠である（図A-1）．

筋肉 muscle

　筋肉は，骨格筋（横紋筋），内臓筋（平滑筋）および心筋（横紋筋）の3つに分類され，それぞれからだの運動，臓器の運動および心臓の拍動を担っている．これらのなかで内臓筋と心筋は意志とは無関係に収縮が起こるため不随意筋と呼ばれ，骨格筋は意志に従って収縮が起こるため随意筋と呼ばれる．筋肉での主なエネルギー源は，グルコース，脂肪酸，ケトン体である．**筋肉は，脳とは異なり，グリコーゲンを大量に貯蔵しており（1,200 kcal），体内の全グリコーゲン量の約3/4は筋肉に存在する．**筋収縮のためのエネルギーが必要な際には，グリコーゲンは筋細胞内でグルコース6-リン酸に変換され，解糖系（9章A I「解糖系」参照）によってATP生成に用いられる[※1]．すなわち，**筋肉は筋細胞内に血液を介して運ばれてきたグルコースをグリコーゲンという多糖体のかたちで貯め込み，筋収縮という爆発的な活動の燃料として用いている．**グルコースは解糖系によって筋収縮に必要なATP（エネルギー）に変換される（9章A III参照）．

　活発な筋収縮を行っている骨格筋では，**解糖**速度はTCA回路（9章A I「TCA回路」参照）の速度よりかなり速くなる．このような条件の下でグルコースの分解によって形成された**ピルビン酸**の大部分は還元されて**乳酸**となり，血液を介して肝臓に運ばれる[※2]．また，ピルビン酸の一部は，**アミノ基転移**によってアラニン形成に用いられ，生じた**アラニン**は乳酸と同様に肝臓に運ばれる．肝臓に運ばれた乳酸やアラニンは，**糖新生**（9章A参照）によってグルコースに変換され，血液を介して再び筋肉に運ばれる．また，肝臓では余分のグルコースがグリコーゲ

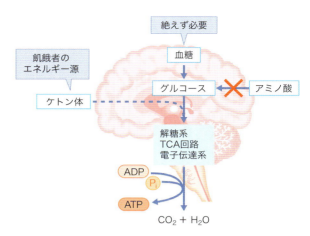

図A-1 ● 脳のエネルギー代謝

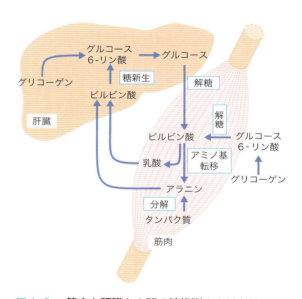

図A-2 ● 筋肉と肝臓との間の糖代謝のやりとり

ンの形で貯蔵されており，必要に応じてグリコーゲンはグルコースに分解される（図A-2）．

　安静時の筋肉の代謝パターンは，骨格筋の筋収縮時とは全く異なる．安静時の筋肉では，**脂肪酸**が主な燃料となる．また，心筋の燃料としてはケトン体も用いられ，グルコースよりむしろ脂肪酸やケトン体の一種であるアセト酢酸が主に消費される．

III 脂肪組織
adipose tissue

脂肪組織は，**トリグリセリド（中性脂肪または脂肪）** を蓄積した代謝燃料の巨大な貯蔵庫である．そのエネルギー含量は，表A-1に記載してあるように，体重70 kgの男性で135,000 kcalに相当する．脂肪の合成に必要な脂肪酸は，ヒトでは主に肝臓で合成され，肝臓から脂肪組織へは，超低密度リポタンパク質（VLDL）のかたちで血液を介して運ばれる．脂肪組織では，肝臓から運ばれた脂肪酸は活性化されて脂肪酸アシルCoAに変換される．また，グルコースは解糖系でグリセロール3-リン酸に変換され，脂肪酸アシルCoAとエステル結合して脂肪が合成される．

脂肪は，リパーゼによって脂肪酸とグリセロールに加水分解され，分解によって生じたグリセロールは肝臓に運ばれる．脂肪酸の多くは，脂肪細胞内部にグルコースが十分にあってグリセロール3-リン酸が豊富にあれば，再びエステル化に用いられる．しかし，グルコース不足のためにグリセロール3-リン酸が欠乏しているときは，脂肪酸は血液中に放出され，血清アルブミンと複合体を形成して肝臓に運ばれる（図A-3）．このように，脂肪細胞内部のグルコース濃度は，脂肪酸が血中に放出されるかどうかを決定する主要な因子となる．

IV 肝臓
liver

肝臓は，ヒトの最大の器官であり，次のようなはたらきをもつ．①**血糖値の維持**…糖類をグリコーゲンに合成して貯蔵し，必要に応じてグルコースに分解して血中に放出する．②**尿素の生成**…アミノ酸の分解によって生じた有毒なアンモニアを無毒な尿素に変換する．③**解毒作用**…体内に入った有毒物質を無毒化する．④**胆汁の生成**…脂質の消化吸収に不可

表A-1 ● 体重70 kgの男性に蓄えられているエネルギー

器官	エネルギー（kcal）		
	グルコース（グリコーゲン）	トリグリセリド	タンパク質
脳	8	0	0
筋肉	1,200	450	24,000
脂肪組織	80	135,000	40
肝臓	400	450	400
血液	60	45	0

Cahill GF Jr : Clin Endocrinol Metab, 5 : 398, 1976 をもとに作成．

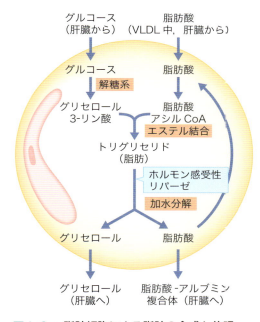

図A-3 ● 脂肪細胞による脂肪の合成と分解

欠な胆汁をつくって十二指腸に分泌する．⑤**発熱**…活発な代謝によって，多量の体熱（全体の約20％）を発生し，血液を介して全身に供給されて体温の保持に関係する．⑥**赤血球の破壊**…古くなった赤血球

※1 筋細胞にはグルコース6-リン酸をグルコースに変換する酵素（グルコース6-ホスファターゼ）がないため，細胞外にグルコースを運び出すことはできない．また，筋細胞は，血糖値を上昇させるホルモン（グルカゴンなど）に対する受容体をもっていないため，血糖値を上昇させるために筋細胞に貯蔵しているグリコーゲンが分解されることはない．

※2 筋肉に乳酸がたまると，筋肉に疲労が起こる．疲労は，乳酸がしだいに減少することによって回復される．

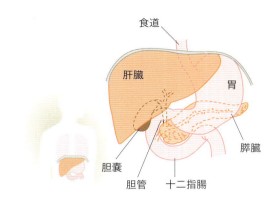

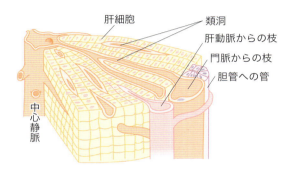

図A-4 ● 肝臓とその構造

を破壊する．

　肝臓は腹腔の右上部にある器官で，ヒトでは体重の3～4％の重さに達し，多量の血液が出入りしている．血液は肝動脈と門脈から入り，肝静脈から出ていく．肝臓に入った血液は，肝細胞板に面した類洞を流れる（図A-4）．

　肝臓の代謝活性は，脳，筋肉，その他の末梢器官にエネルギー源となる燃料を供給するうえで不可欠である．小腸で吸収された栄養素の多くは肝臓を通過する．例えば，門脈を介して小腸から大量に運ばれてきたグルコースは，肝細胞に取り込まれてグリコーゲンに合成される．血糖値が減少したときは，肝臓では貯蔵グリコーゲンを分解したり，筋肉由来の乳酸やアラニンから糖新生を行うことによって，血中にグルコースを放出する（図A-2）．

　肝臓は脂質代謝の調節においても重要な役割を果たす．体内にエネルギー源となるグルコースや脂肪酸が豊富なときは，食物由来の，あるいは肝臓で合成された脂肪酸は，エステル化されて超低密度リポタンパク質のかたちで血中に血漿リポタンパク質として放出される．この血漿リポタンパク質は，脂肪組織での脂肪合成に使われる脂肪酸の主な供給源である．一方，飢餓状態では，肝臓は脂肪酸をβ-酸化（9章B参照）によってアセチルCoAに変換した後，さらにケトン体に変換する．しかし，肝臓ではケトン体を燃料として使うことはできないので，そのまま血中に放出される．

　肝臓は，肝臓自身の燃料としては，グルコースよりもアミノ酸分解で生じたケト酸が主に用いられる．また，肝臓がアデノシン3-リン酸（ATP）を生成する過程で生じるさまざまな代謝産物は，筋肉や脳に運搬されてほかの化合物の生合成のための材料となる．

V 腎臓 kidney

　腎臓は腹腔背側にある左右一対の器官で，泌尿器として，また体液の水分調節の器官としての役割をもっている（図A-5）．

　腎臓には，心臓から送り出される血液の約25％が送り込まれる．血液が糸球体を通るとき，血球やタンパク質以外の成分は，血管壁を経てボーマン嚢へ，そしてさらに尿細管に送られる．ボーマン嚢へ出た液は原尿と呼ばれ，原尿中には尿素などの排出物のほか，糖，無機塩類などからだにとって必要な物質も含まれている．

　原尿が尿細管を流れる間に，糖のほぼ全部と，無機塩類，水などの大部分が，尿細管をとりまく毛細血管に再吸収される[※3]．原尿量は1日に150～160 Lに達し，その約99％は再吸収される[※4]．この再吸収は，ATPを用いる能動輸送により行われるため，腎臓は常に大量のエネルギーを必要とする．エネルギー生成のための燃料は，主にグルコースが用いられ，好気的な（O_2を用いた）糖代謝によってさかんにATPを生成している．再吸収量は血液の成分や濃度の状態に応じて調節されている．また，濾過されずに血液中に残っていた尿素などの一部は，逆に毛細血管から尿細管に分泌される．このように再吸収や分泌を経た残りが尿で，尿は腎盂に集まり，尿管を経て膀胱にたまり，尿道から体外に出される（図A-6）．

8章 ● 生命現象を支える臓器と栄養素 A

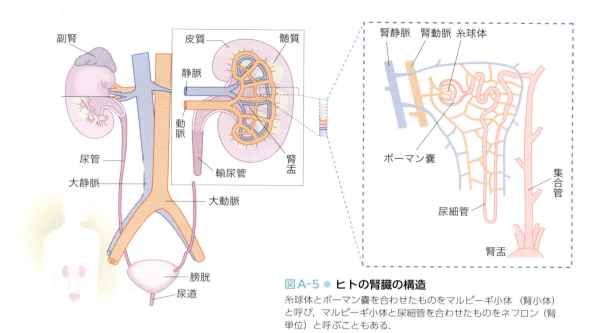

図 A-5 ● ヒトの腎臓の構造
糸球体とボーマン嚢を合わせたものをマルピーギ小体（腎小体）と呼び，マルピーギ小体と尿細管を合わせたものをネフロン（腎単位）と呼ぶこともある．

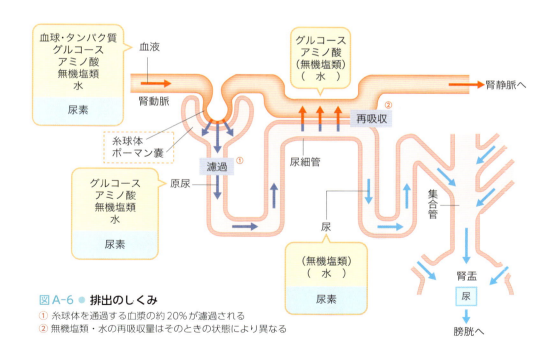

図 A-6 ● 排出のしくみ
① 糸球体を通過する血漿の約20％が濾過される
② 無機塩類・水の再吸収量はそのときの状態により異なる

※3 水分や無機塩類の再吸収量はホルモンのはたらきによって調節されている．水分の再吸収は，脳下垂体後葉から分泌されるバソプレシン（血圧上昇ホルモン）によって促進される．無機塩類，特にNa^+の再吸収は，副腎皮質から分泌される無機質コルチコイド（鉱質コルチコイド）によって促進される．

※4 成人の尿量は，1日に1～1.5Lで，体内で生じた不要な代謝産物を排泄するためには，少なくとも1日約0.4Lの尿を排泄する必要がある．また，発汗などによって，1.1L以上の水分の損失があれば脱水状態となる．

VI 血液

　血液量は，ヒトでは体重の約1/13に相当し，その有形成分として赤血球，白血球，血小板があり，液状成分として血漿がある（p.88 コラム「血液って液体？」，3章 図D-1を参照）．

　赤血球は骨髄でつくられ，3～4カ月経つと肝臓や脾臓で壊される．ふつう哺乳類の赤血球は核をもたず，中央がへこんだ両凹形をしている．赤血球の全質量の約30％以上はヘモグロビンで占められ，このタンパク質が**酸素の運搬**にはたらく．赤血球は二酸化炭素の運搬にも役立っている．

　顆粒性白血球は骨髄などでつくられ，ヘモグロビンのような色素タンパク質を含まず，非顆粒性白血球であるリンパ球やマクロファージとともに**免疫**に関係する（3章F参照）．

　血小板も血球の一種であるが，1個の細胞ではなく，骨髄の細胞に由来する細胞の断片である．血小板は**血液凝固**に重要な役割を果たす．

　血漿は血液の全重量の半分以上を占め，そのうち水が約90％を占め，残りの成分はアルブミンやグロブリンなどの水溶性タンパク質や，脂質・糖・無機塩類などである．血漿の主な役割としては，消化吸収された栄養素，代謝産物，ホルモンなどの運搬作用，体液の酸・塩基平衡，体温の保持作用などがある[※5]．また，タンパク質合成のための素材となる**アミノ酸の貯蔵（アミノ酸プール）**としての役割をもっている．

まとめ

- 脳は，主にグルコースをエネルギー源として用い，飢餓時にはケトン体も利用する．
- 骨格筋は，グルコースのほか脂肪酸やケトン体もエネルギー源として利用する．
- 脂肪組織は代謝燃料の巨大な貯蔵庫である．
- 肝臓は，グルコースを自身のエネルギー源としては利用せず，脳や筋肉などほかの臓器に供給するためにグリコーゲンの形で貯蔵する．
- 腎臓は，代謝過程で生じた分解産物や老廃物を尿として排泄する．
- 血液は，物質の輸送，恒常性の維持および生体防御などの役割を果たす．

Column　いわゆる血液サラサラは健康の源

　毛細血管内を流れる血液がサラサラであることは，細胞に十分な栄養と酸素を供給するためにきわめて重要である．血液ドロドロの原因には，食べ過ぎや飲み過ぎ，運動不足や睡眠不足，強いストレスや喫煙などの生活習慣が大きくかかわっている．血液がドロドロになると毛細血管に血液が流れにくくなり，周辺の細胞が死滅する．太い血管では，脂肪やコレステロールが内壁に付着し内腔が狭くなる．これが動脈硬化のはじまりで，この状態が脳や心臓の血管で起こると，脳梗塞や心筋梗塞を引き起こす．したがって，毎日のライフスタイルを見直し，血液サラサラを保つことは，健康維持にとても大切である．

※5　私たちは，夏には30℃を超す暑さの中で海水浴を楽しみ，冬には氷点下のゲレンデでスキーを楽しむ．しかし，外気温の大きな変化にもかかわらず，体温は36～37℃に保たれるなど，内部環境は常に一定に保たれている．体内は組織や器官で満たされており，それらをつくっている1個1個の細胞は体液（血液・リンパ液・組織液）に浸されている．したがって，細胞は外部環境の影響を直接受けることは少ない．

細胞の活動を支える物質
materials which support cell activity

生物界のエネルギーの原点は，植物が光合成によって取り入れる光エネルギーである．植物は，光合成によって光エネルギーをグルコース分子がもつ化学エネルギーに変換し，さらにグルコース分子同士をつないでデンプンという高分子の有機化合物を合成している．私たちは，デンプンを食物として摂取して，デンプンの中に閉じ込められた化学エネルギーを呼吸などの異化作用によって，さまざまな生命活動に利用している．

概略図-B　生物界のエネルギー代謝

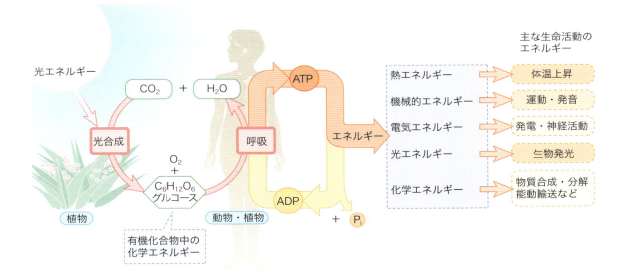

I エネルギーの通貨としてのATP

グルコースやフルクトースなどから取り出したエネルギーは，そのままでは生命活動に利用できない．私たちは，取り出したエネルギーを**アデノシン3-リン酸（ATP）**という化学エネルギーに変換して蓄え，必要に応じてATPを分解して，そのときに放出されるエネルギーをいろいろな生命活動に利用している（概略図-B）．したがって，ATPは，すべての生命活動に利用できるエネルギーの通貨に例えられる．

II ATPの構造

ATPはヌクレオチドの一種で，アデニンという塩基，リボースという五炭糖，そしてリン酸からなる．これらのうち，アデニンとリボースがグリコシド結合したものを**アデノシン**といい，ATPはアデノシンに3分子のリン酸がホスホジエステル結合したものである．ATPの3分子のリン酸の間には多量の結合エネルギーが含まれており，これを**高エネルギーリン酸結合**という．ATPがアデノシン2-リン酸（ADP）とリン酸に分解されるとき，1分子あたり約7.3 kcalのエネルギーが放出される（図B-1）．

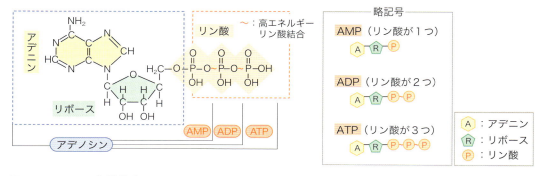

図B-1 ● ATPの化学構造

III ATPの合成と分解

　私たちは，緑色植物が光合成によってグルコースなどの有機化合物に蓄えたエネルギーを，呼吸などの異化作用（解糖系，TCA回路，電子伝達系などの糖質代謝や脂肪酸のβ-酸化などの脂質代謝［9章A，B参照］）によって放出し，得られたエネルギーを直ちにADPとリン酸との結合部位に高エネルギーリン酸結合の形で組み込み，ATPを合成している．

　ATPは，必要に応じてADPとリン酸に分解され，多量のエネルギーを放出する．そのエネルギーが熱エネルギーや運動エネルギーなどいろいろなエネルギーに変換されて，生命活動に利用されている（概略図-B）．

IV 酵素によるエネルギー変換

　生体内で起こる多くの化学反応では，反応物のもつエネルギーが別のかたちのエネルギーに効率よく変換される．例えば，ミトコンドリアでは，食物から得た栄養素のもつエネルギーを，前述のATPという用途の広い化学エネルギーに変換している．これらのエネルギー変換にかかわるすべての化学反応には，酵素のはたらきが不可欠である．酵素は，高い反応特異性をもち，触媒能がきわめて高く，化学反応の活性化自由エネルギーを減少させることによって，反応速度を少なくとも10^6倍以上に促進する．

　生体内の多くの酵素は，その触媒能が調節されている．空間的に離れた部位の相互作用である**アロステリック**[※1]な相互作用は，さまざまな代謝調節に関して特に重要である．

> **まとめ**
> - ATPは，すべての生命現象に利用できるエネルギーの通貨である．
> - ATPは，ADPとリン酸に分解されるときに多量のエネルギーを放出する．

※1　アロステリック酵素：活性部位とは別に基質と無関係の物質（一般にはその代謝の最終産物）が結合できる調節部位（アロステリック部位）を有する酵素で，その物質の結合によって，酵素の立体構造が変化して酵素活性が調節される．

C 栄養素の消化と吸収
digestion & absorption of nutrient

　栄養素は，その化学的性質および体内でのはたらきなどによって，糖質，脂質，タンパク質，無機質およびビタミンの5つに分けられ，これらを五大栄養素という．また五大栄養素のなかで，糖質，脂質およびタンパク質は摂取量が多いことから，三大栄養素と呼ばれる．

　私たちは，口から食物を摂取して，口腔，胃および小腸で，食物中の栄養素が吸収されやすいように酵素のはたらきによって低分子にまで加水分解する．このはたらきを消化作用といい，栄養素の吸収は主に小腸で，水分の吸収は大腸で行われる．

概略図-C　三大栄養素の消化と吸収のしくみ

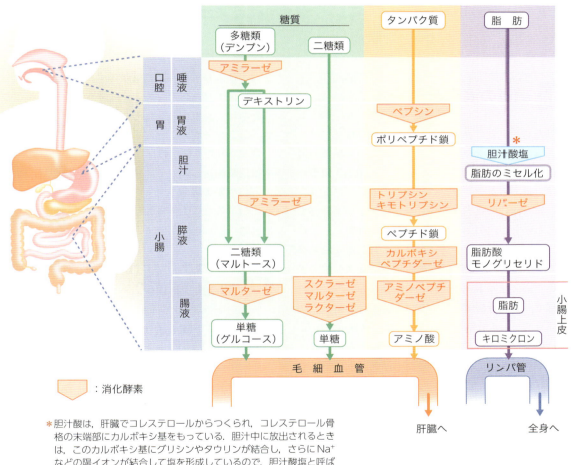

＊胆汁酸は，肝臓でコレステロールからつくられ，コレステロール骨格の末端部にカルボキシ基をもっている．胆汁中に放出されるときは，このカルボキシ基にグリシンやタウリンが結合し，さらにNa^+などの陽イオンが結合して塩を形成しているので，胆汁酸塩と呼ばれる．（図C-1）

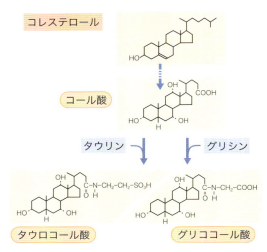

図C-1 ● 主要な胆汁酸の生合成
　：胆汁酸

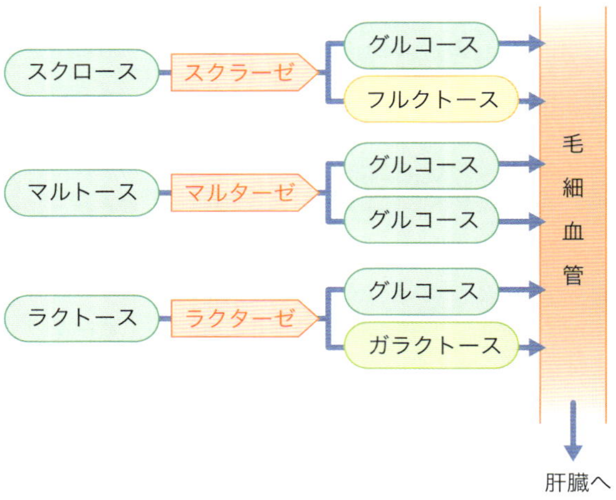

図C-2 ● 二糖類の消化と吸収のしくみ
各 酵素 は，小腸の腸液中に含まれる．

I 糖質の消化と吸収

　私たちの主食である米やパンの主成分はデンプンである．デンプンやグリコーゲンなどの多糖類の消化は，口の中からはじまる．唾液に含まれる**アミラーゼ**は，摂取したデンプンの分子の内部からアトランダムに直鎖状のα-1,4グルコシド結合を加水分解する．しかし，口の中で噛んでいる時間は短く，またアミラーゼはデンプン分子の枝分かれしたα-1,6グルコシド結合（2章D 図D-4参照）を加水分解できないため，マルトースに加水分解されるのはほんの一部で，大部分はデキストリンと呼ばれるデンプンの部分的な加水分解産物の状態で胃に飲み込まれる．胃は強酸性のため，唾液アミラーゼによる消化はほとんど行われず，**デキストリン**の消化は主に小腸で行われる．

　小腸では，膵液アミラーゼによるデキストリンの消化が行われる．デキストリンのα-1,6グルコシド結合の部分は，腸液中の**α-1,6グルコシダーゼ**によって加水分解され，二糖類のマルトースに消化される．スクロース，マルトース，ラクトースなどの二糖類は，腸液中のそれぞれ**スクラーゼ，マルターゼ，ラクターゼ**によって単糖類に消化される[※1]．

　消化された単糖類のうち，グルコース，ガラクトースは能動輸送によって，フルクトースは促進拡散によって小腸で吸収される[※2]．吸収された単糖類は，水に溶けるため毛細血管に入り門脈を経て肝臓に運ばれる（図C-2）．

II 血糖値調節のメカニズム

血糖値が上昇した場合
When a blood sugar level rose

　血糖値が上昇すると，間脳の視床下部がそれを察知し，副交感神経を介して膵臓のランゲルハンス島β細胞を刺激して**インスリン**の分泌が促進される．また，増加したグルコースが膵臓のランゲルハンス島β細胞のGLUT2あるいはGLUT1トランスポー

※1　多糖類のうち，食物繊維のセルロースは，ヒトの消化酵素では消化されない．セルロースを加水分解するセルラーゼは腸内微生物がもっており，ヒトはこの酵素によって消化されたグルコースのごく一部を吸収利用している．しかし，大部分は消化されないまま排泄されることが多い．セルロースは，栄養素としての価値は低いが，大腸がんの発生低下や排便を促進させるなどの効果があるといわれている．

※2　能動輸送とは，エネルギーを消費して濃度の薄い方から濃い方へ物質が移動する現象をいう．一方，濃度の濃い方から薄い方へ物質が移動する現象を拡散（単純拡散）といい，このとき担体（キャリアー）の助けを借りて移動する場合を促進拡散という（p.90 コラム「能動輸送と受動輸送」を参照）．

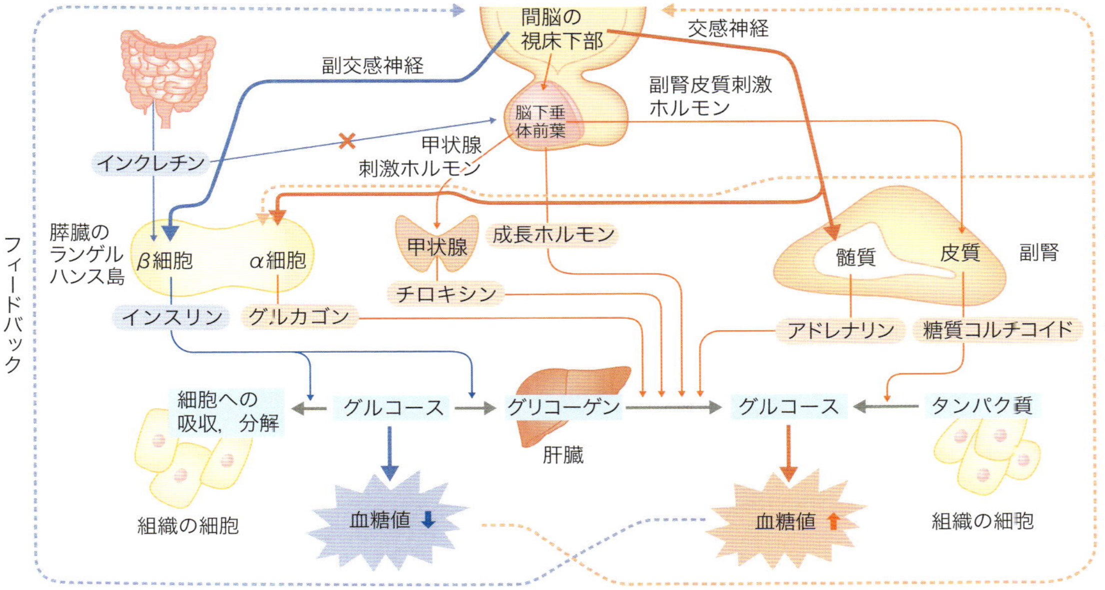

図 C-3 ● 血糖値調節のメカニズム

赤矢印は，血糖値が下降した場合（上昇させるため）に起こるメカニズム，青矢印は，血糖値が上昇した場合（下降させるため）に起こるメカニズムを示す．

ターを介してグルコース6-リン酸のかたちで細胞内に取り込まれると，細胞内にCa^{2+}が流入し，インスリンが細胞外に分泌される．そして，インスリンが血管を介して標的となる肝臓，骨格筋および脂肪組織に達すると，各細胞の受容体に結合して細胞内へのグルコースの取り込みを促し，その機能を発揮する．肝細胞ではグリコーゲンへの合成を促す一方，糖新生とグリコーゲン分解を抑える．筋細胞ではグリコーゲンへの合成を促し，脂肪組織では中性脂肪への変換を促す．その結果，血糖値はしだいに下降する（図C-3）．

血糖値が下降した場合
When a blood sugar level descended

人体には，低血糖に対して数段階に回避するシステムがある．血糖値が約80 mg/dLを下回ると，インスリンの分泌が極端に低下する．血糖値が65～70 mg/dLに低下すると，間脳の視床下部がそれを察知し，交感神経を介して膵臓のランゲルハンス島α細胞と副腎髄質を刺激して，それぞれ**グルカゴン**と**アドレナリン**の分泌を促す．血糖値が60～65 mg/dLに低下すると，脳下垂体前葉から分泌される甲状腺刺激ホルモンを介して甲状腺が刺激され，**チロキシン**が分泌される．また，脳下垂体前葉から**成長ホルモン**が分泌される．これらのホルモンに，肝細胞の受容体に結合してグリコーゲン分解を促して血中にグルコースを放出させる．血糖値が60 mg/dL以下になると，脳下垂体前葉から分泌される副腎皮質刺激ホルモンを介して副腎皮質が刺激され，**糖質コルチコイド**（コルチゾール）が分泌される．糖質コルチコイドは，組織の細胞に作用して糖新生を促す．その結果，血糖値はしだいに上昇する（図C-3）．

III タンパク質の消化と吸収

タンパク質の消化は，主に胃と小腸で行われる．食物として摂取したタンパク質は，胃液中の酸によって変性され，**ペプシン**の作用が受けやすい状態になる．ペプシンは，タンパク質のポリペプチド鎖の芳香族アミノ酸（フェニルアラニン，チロシン）やロイシンなどの疎水性アミノ酸のアミノ基側のペプチド結合を加水分解する．部分的に加水分解されたタンパク質（ポリペプチド鎖）が十二指腸に達すると，

膵液や胆汁によって中和され，膵液中の**トリプシン**によって塩基性アミノ酸（リシン，アルギニン）のカルボキシ基側，**キモトリプシン**によって芳香族アミノ酸やトリプトファンのカルボキシ基側のペプチド結合が加水分解されて，さらに短いペプチド鎖に消化される．次に鎖のカルボキシ基末端側に膵液中の**カルボキシペプチダーゼ**が，アミノ末端側には腸液中の**アミノペプチダーゼ**がはたらき，順次両末端のアミノ酸残基のペプチド結合が加水分解され，遊離のアミノ酸が生成されていく．遊離アミノ酸は，小腸で能動輸送によって吸収される．なお，一部はアミノ酸が2〜6個結合した状態で吸収されることもある[※3]．吸収されたアミノ酸は水に溶けるため，毛細血管に入り門脈を経て肝臓に運ばれる（概略図-C）[※4]．

IV 脂質の消化と吸収

脂質の消化は，主に小腸で行われる．脂質のうち食物中に多く含まれる脂肪は水に溶けないため，まず，胆汁によって**乳化**（**ミセル化**[※5]）された後，膵液中のリパーゼによる消化を受ける．**リパーゼ**は脂肪分子の2カ所のエステル結合を加水分解し，モノグリセリドと2分子の脂肪酸が遊離されて小腸の上皮細胞に単純拡散によって吸収される．上皮細胞内で脂肪に再合成された後，コレステロールやアポリポタンパク質が付加して**キロミクロン**となり[※6]，リンパ間隙からリンパ管，胸管を経て左鎖骨下静脈に入る（概略図-C）．

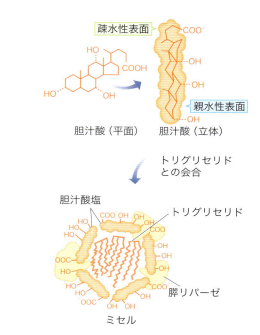

図C-4 ● 膵リパーゼによる脂肪滴の消化

まとめ

- 消化とは，栄養素を吸収するために，酵素によって低分子まで加水分解される過程である．
- 栄養素の消化は，口腔，胃，小腸で行われる．
- 消化酵素は，唾液，胃液，膵液，腸液中に含まれる．
- 栄養素の吸収は主に小腸で，水分の吸収は大腸で行われる．
- 水に不溶な脂肪は，胆汁によってミセル化された後，酵素によって消化される．

※3 「パンやパスタなどの小麦からつくられる食品を食べると蕁麻疹がでる」という人がいる．小麦にはグルテンやグリアジンなどのタンパク質が含まれており，これらのタンパク質が完全にアミノ酸に分解されて吸収されれば問題はない．しかし，実際にはアミノ酸が2〜6個結合したペプチドでも吸収されることがある．もし，免疫担当細胞がそのペプチドのアミノ酸配列から異物とみなせば，それを排除しようとする．この反応が過度に起きたとき，蕁麻疹のようなアレルギー反応として現れる．

※4 タンパク質を消化する酵素は，不活性型の酵素（前駆体）として合成・分泌され，細胞外で前駆体を構成するペプチド鎖の一部が加水分解されて活性化される．例えば，ペプシンの前駆体であるペプシノーゲンは，酸あるいはすでに活性型になったペプシンによって活性化され，トリプシンの前駆体であるトリプシノーゲンは，エンテロキナーゼによって活性化される．

※5 胆汁の分子には，セッケンと同じように水になじむ（親水性）部分と油になじむ（疎水性，親油性）部分とがある．疎水性の部分を脂肪側（内側）に向け，親水性の部分を水側（外側）に向けてコロイドのかたちで水溶液中に分散する現象のことを乳化（ミセル化）という（図C-4）．

※6 血漿中に存在して，脂質の運搬にかかわるタンパク質をアポリポタンパク質といい，キロミクロンのように脂質とアポリポタンパク質が結合したかたちを，リポタンパク質という．リポタンパク質には，キロミクロンの他に，超低密度リポタンパク質（VLDL），低密度リポタンパク質（LDL），高密度リポタンパク質（HDL），アルブミンなどがある．

第3部 生命現象と代謝

9章 生体分子の代謝

metabolism of biological matter

　私たちは，糖質，脂質，タンパク質などの栄養素を食物として常に外界から取り入れ，それらを材料として自分のからだをつくる生体分子を合成するとともに，その一部を絶えず分解して，生命現象を営むために必要なエネルギーをつくりだしている．このように，生体内で起こる物質の合成や分解など化学反応の総和を代謝といい，代謝をエネルギー変化の面からみたときをエネルギー代謝という．

　体外から摂取した栄養素は，さまざまな消化酵素によって細胞膜を通過できる程度の小さな分子に加水分解された後に小腸で吸収される．吸収された栄養素は，血液やリンパ液によって必要な各組織に運ばれ，そこでからだの構成成分の材料となったり，さまざまな活動に必要なエネルギー獲得のために分解されたりする．組織・細胞で栄養素が分解され，二酸化炭素，水，尿素などになるのは，酸化によることが多いが，この過程で遊離されるエネルギーは，その約40％がATPなどヌクレオシド3-リン酸のかたちでいったん蓄えられる．一方，からだの構成成分の合成は還元的であるが，この過程ではヌクレオシド3-リン酸の形で蓄えられていたエネルギーが利用される．

概略図　三大栄養素と核酸の代謝

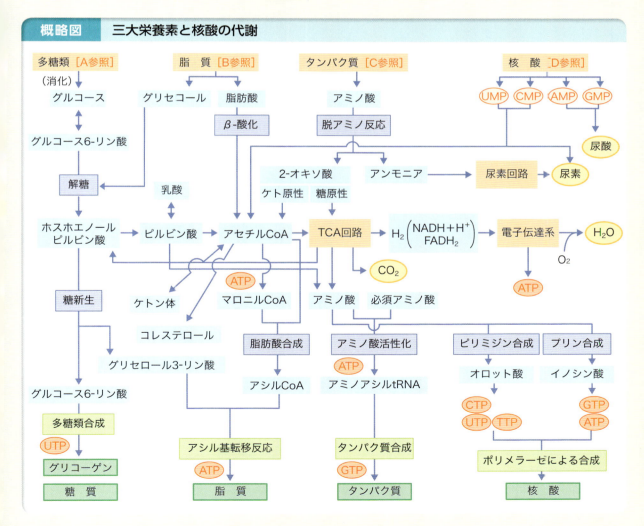

A 糖質の代謝
carbohydrate metabolism

　植物は，太陽の光エネルギーを利用した同化作用によって，大気中の二酸化炭素と地中の水からグルコースやデンプンを合成することができる．デンプンなどの糖質は，私たちにとって必要なエネルギー源であり，三大栄養素の1つとして食物から摂取する全カロリーの約40〜60％をまかなっている．私たちは，デンプンなどの多糖類をグルコースなどの単糖類に消化して吸収した後，血液を介して身体の組織のすみずみまで運び，さまざまな糖質代謝を営んでいる．

概略図-A　糖代謝の反応のまとめ

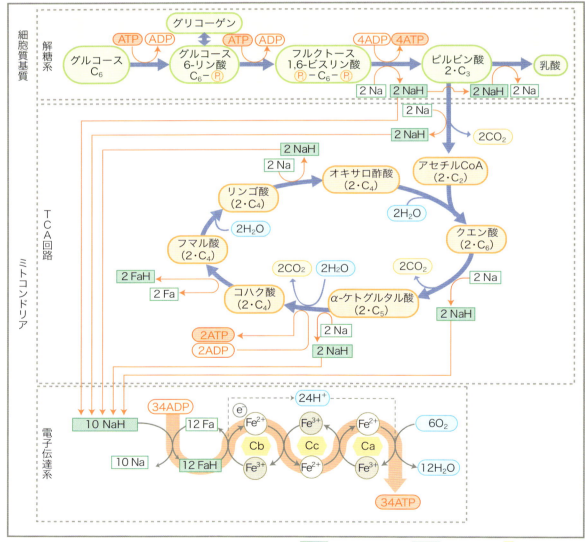

I 糖質の主な分解過程とATPの生成

細胞は，グルコースやグリコーゲンなどを呼吸基質としてATPを生成するために（酸素）呼吸[※1]を行っている．その呼吸の主経路は，解糖系→TCA回路→電子伝達系の3段階からなる．しかし，この経路は，酸素の供給の有無によって大きく左右され，酸素の供給が十分にあるときは解糖系→TCA回路→電子伝達系の経路で多くのATPが生成されるが，酸素の供給が不十分なときは解糖系のみによってわずかな量のATPの生成が行われる[※2]．

私たちの各組織に酸素を運搬するのは赤血球である．赤血球に含まれるヘモグロビンは呼吸色素とも呼ばれ，酸素分圧が高く二酸化炭素分圧の低い肺胞では酸素と結合して酸素ヘモグロビンとなり，逆に酸素分圧が低く二酸化炭素分圧の高い末梢の組織では酸素を離して再びヘモグロビンに戻り，酸素は組織に供給される．

解糖系
glycolysis

生物が，ATPを得るために1分子のグルコースを2分子のピルビン酸に分解する過程を**解糖系**という（図A-1）．この反応に必要な酵素は，**細胞質基質**（可溶性画分）に存在する．

まず，グルコースは2分子のATPからリン酸とエネルギーを受け取って活性状態となり，2分子のグリセルアルデヒド3-リン酸に分解される．次に，種々の脱水素酵素（デヒドロキシラーゼ）のはたらきで脱水素反応が生じて2分子のピルビン酸になる．この間に次のようにして2分子のNADH + H^+と4分子のATPがつくられる．

a) グリセルアルデヒド3-リン酸からピルビン酸を生成する過程で，脱水素反応によって基質から奪われた水素は，脱水素酵素の補酵素NAD^+に渡され，NADH + H^+となってミトコンドリアに入り，電子伝達系で処理される．2分子のグリセルアルデヒド3-リン酸から脱水素反応が生じるので，合計2分子のNADH + H^+がつくられる

b) グリセルアルデヒド3-リン酸からピルビン酸を生成する過程で，リン酸基転移酵素のはたらきで高エネルギーリン酸を放出してADPに渡すことによりATPが生成される．グリセルアルデヒド3-リン酸1分子あたり2分子のATPが生成されるので，合計4分子のATPがつくられる．

したがって，**グルコース1分子がピルビン酸2分**

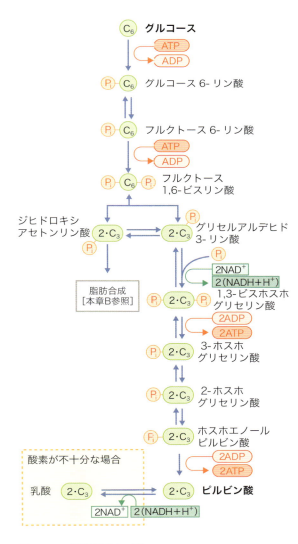

図A-1 ● 解糖系のしくみ

[※1] 呼吸には，肺で息をして外界との間でガス交換をする外呼吸と，組織細胞が養分として取り入れた有機物（呼吸基質）を分解してエネルギーを取り出し，ATPを生成する内呼吸（細胞呼吸）とがある．本項で述べている呼吸は，内呼吸に相当する．

[※2] 骨格筋では，激しい運動によって筋収縮が急激に起こると酸素の供給が追いつかなくなり，ATP生成は解糖系が中心になって行われる．

子に分解されるまでに，2分子のNADH＋H⁺と差し引き2分子のATPが生成される．

$$C_6H_{12}O_6 \rightarrow 2C_3H_4O_3 + 4H + 2ATP$$
（グルコース）　（ピルビン酸）　2(NADH＋H⁺)　❶

グルコース1分子からピルビン酸2分子に分解されるまでの過程は，酸素の供給の有無にかかわらず進行する．

酸素の供給が不十分の場合は，2分子のピルビン酸は乳酸脱水素酵素のはたらきで2分子のNADH＋H⁺から水素を受け取って2分子の乳酸になる．

$$2C_3H_4O_3 + 4H \rightarrow 2C_3H_6O_3$$
（ピルビン酸）　2(NADH＋H⁺)　（乳酸）　❷

したがって，酸素の供給が不十分（嫌気的条件）のもとでは，1分子のグルコースから2分子の乳酸が生成され，このとき差し引き2分子のATPが生成される．（式❶ ＋ 式❷ ＝ 式❸）

$$C_6H_{12}O_6 \rightarrow 2C_3H_6O_3 + 2ATP$$
（グルコース）　（乳酸）　❸

一方，酸素の供給が十分（好気的条件）のもとでは，式❶に示すように，1分子のグルコースから2分子のピルビン酸が生成され，このとき生じる2分子のNADH＋H⁺は電子伝達系へ進む．

TCA回路（クエン酸回路）
tricarboxylic acid cycle

解糖系で生じたピルビン酸は，酸素の供給が十分であれば，最終的に二酸化炭素と水に酸化分解される．この酸化反応の過程で生成する化学エネルギーは，ATPの生成に用いられる．**TCA回路**[※3]は，この過程でピルビン酸がアセチルCoA（活性酢酸）を経てオキサロ酢酸と結合してクエン酸を生じ，再びオキサロ酢酸に戻る一連の回路であり，**クエン酸回路**あるいはクレブス回路とも呼ばれる．TCA回路は，細胞の**ミトコンドリアのマトリックス**で行われる．

ピルビン酸は，ミトコンドリアに取り込まれ，脱水素酵素のはたらきで水素が奪われ，脱炭酸酵素（デカルボキシラーゼ）により二酸化炭素が放出されてアセチルCoAに変化する．ここではずされた水素原子は，脱水素酵素の補酵素NAD⁺に渡されてNADH＋H⁺となり，電子伝達系で使われる．また，二酸化炭素はそのまま細胞外に放出される．

アセチルCoAは，オキサロ酢酸（C_4）と結合してクエン酸（C_6）となり，クエン酸はさらに，さまざまな脱水素反応や脱炭酸反応，水の添加などを受けながら分解され，クエン酸（C_6）→α－ケトグルタル酸（C_5）→コハク酸（C_4）→フマル酸（C_4）→リンゴ酸（C_4）などの有機酸に段階的に変化していき，最終的に再びオキサロ酢酸になる（図A-2）．

2分子のピルビン酸がアセチ

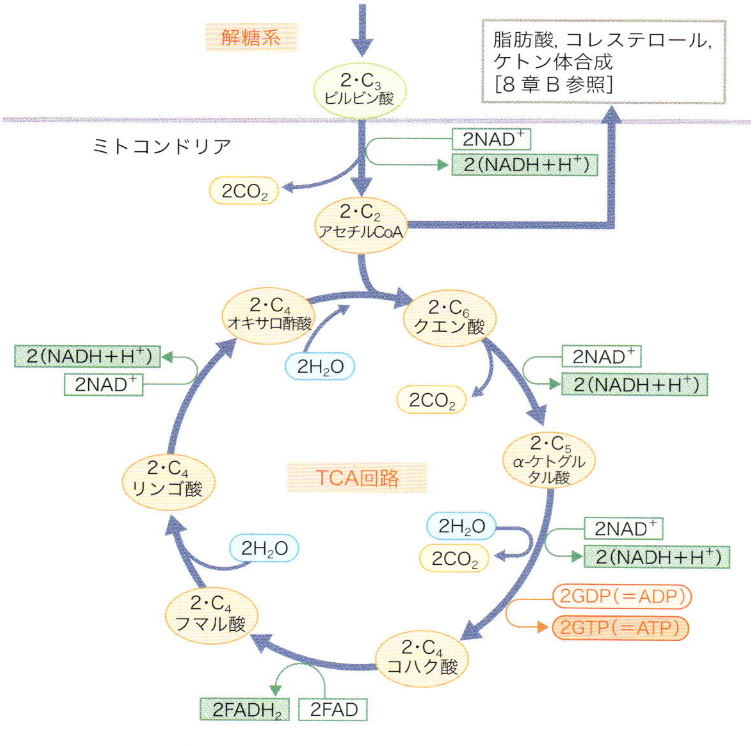

図A-2 ● TCA回路のしくみ

※3　TCAとはトリカルボン酸（tricarboxylic acid）のこと．

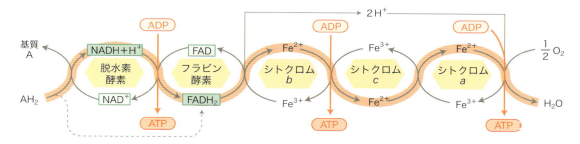

図A-3 ● 電子伝達系（呼吸鎖，水素伝達系）のしくみ

ルCoAを経てTCA回路反応に入り，回路を1巡する間に，6分子の水の添加を受けて，6分子の二酸化炭素と20原子の水素（10×2H）が放出される．二酸化炭素はそのまま細胞外に放出され，水素は補酵素（8NAD⁺および2FAD）に渡され8（NADH＋H⁺）および2FADH₂となり，電子伝達系で使われる．また，2分子のピルビン酸が回路を1巡する間に2GTP（2ATPに相当）が生産される．

$$2C_3H_4O_3 + 6H_2O \rightarrow 6CO_2 + 10(2H) + 2ATP$$ ❹
（ピルビン酸）　　　　　　　　8(NADH＋H⁺)＋2FADH₂

電子伝達系（呼吸鎖，水素伝達系）
electron transport chain

酸素呼吸の総仕上げを行うのが，**電子伝達系**である．解糖系（グルコース→ピルビン酸）とTCA回路で呼吸基質から奪われた水素は，NAD⁺やFADなどの水素受容体と結合して電子伝達系に運ばれる．電子伝達系は，**ミトコンドリアの内膜（クリステ）**に存在する各種の脱水素酵素，フラビン酵素，シトクロム類によって進行する反応段階で，次のようにして起こる（図A-3）．

解糖系やTCA回路で得られた水素原子は，脱水素酵素の補酵素NAD⁺と結合してNADH＋H⁺となる．NADH＋H⁺は，フラビン酵素の補酵素FADに水素原子を渡して還元し，自らはもとの酸化型（NAD⁺）に戻る．この過程で生じた化学エネルギーはADPとリン酸との結合に組み込まれ，1分子のATPが生成される．

水素を受容したFADH₂の水素原子は，シトクロムbに移るとき水素イオン（H⁺）と電子（e⁻）に分離する．これらのうちe⁻は，シトクロム類[※4]の分子の中に含まれるFeを三価（酸化型：Fe^{3+}）と二

価（還元型：Fe^{2+}）とに交互に変換しながら，シトクロムb→シトクロムc→シトクロムa（シトクロムcオキシダーゼ）[※5]へと受け渡されていく．この過程で1分子のATPが生成される．

$$Fe^{3+} + e^- \rightleftarrows Fe^{2+}$$

シトクロムaに渡されたe⁻は，最後に外呼吸によって取り入れられた酸素に渡され酸素イオン（O^{2-}）となり，前述のH⁺と結合して水ができる．この過程で1分子のATPが生成される．

$$2H^+ + O^{2-} \rightarrow H_2O$$

電子伝達系によるATPの生成のしくみは，図A-3に示すように次の2つの過程がある．

・NADH＋H⁺を起点とする場合 → 3ATP
・FADH₂を起点とする場合 → 2ATP

したがって，解糖系やTCA回路で得られた水素原子は，電子伝達系で次のように処理されて，合計34ATPが生成される．

a) 解糖系（1分子のグルコース→2分子のピルビン酸）で得られた水素［式❶の2(NADH＋H⁺)］：

$$2(NADH + H^+) \rightarrow 2 \times 3ATP = 6ATP$$

b) TCA回路（2分子のピルビン酸から1巡）で得られた水素［式❹の10(2H)］：

$$8(NADH + H^+) \rightarrow 8 \times 3ATP = 24ATP$$
$$2FADH_2 \rightarrow 2 \times 2ATP = 4ATP$$

※4　鉄を含む色素ヘムとタンパク質からなり，そのヘムが$Fe^{3+}+e^- \rightleftarrows Fe^{2+}$の反応を行って電子を伝達する．
※5　電子伝達系の最終段階で，電子を酸素に渡してO^{2-}にし，さらに2つのプロトン（H⁺）と結合してH₂Oを生成させる．

また，24原子の水素が6分子の酸素（O_2）と結びついて，12分子の水ができる．

電子伝達系を化学式で表すと，以下のようになる．

12(2H) + 6O_2 → 12H_2O + 34ATP　❺

呼吸の反応（解糖系，TCA回路，電子伝達系）をまとめると，概略図-Aのようになる．

a) 酸素の供給が不十分なときは，式❸に示すように解糖系が中心となり，1分子のグルコースから2分子の乳酸に分解され，このとき2分子のATPが生成される．
b) 酸素の供給が十分なときは，解糖系の式❶＋TCA回路の式❹＋電子伝達系の式❺をまとめて，式❻のようになる．すなわち，1分子のグルコースが完全に酸化分解されて，38分子のATPが生成される．

$C_6H_{12}O_6$ + 6O_2 + 6H_2O → 6CO_2 + 12H_2O + 38ATP　❻

II　糖新生系

解糖系の最終産物であるピルビン酸や乳酸，あるいはTCA回路の中間代謝産物の1つであるオキサロ酢酸からグルコースを生合成する過程を**糖新生系**という．この反応は，主に肝臓や腎臓の細胞で行われ，特に肝臓における糖新生系は，血糖（血中グルコース）値の維持に貢献している．グルコースを合成する経路は，解糖系とすべての中間代謝物，大部分の酵素が共通である．しかし，逆行できない過程が3カ所あり，この過程は別の4種の酵素が作用して迂回して進行する．

糖新生系に必要な基質のなかで，最も重要なものは解糖系で生じた**乳酸**である．乳酸は乳酸脱水素酵素の作用でピルビン酸に変化した後，ミトコンドリアの中に入り，ピルビン酸カルボキシラーゼの作用でオキサロ酢酸に変化する．しかし，オキサロ酢酸はミトコンドリアの膜を通過できないため，リンゴ酸に変化してミトコンドリアから細胞質基質に移動する．リンゴ酸は，細胞質基質で再びオキサロ酢酸に変化した後，ホスホエノールピルビン酸カルボキシラーゼの作用でホスホエノールピルビン酸になり，

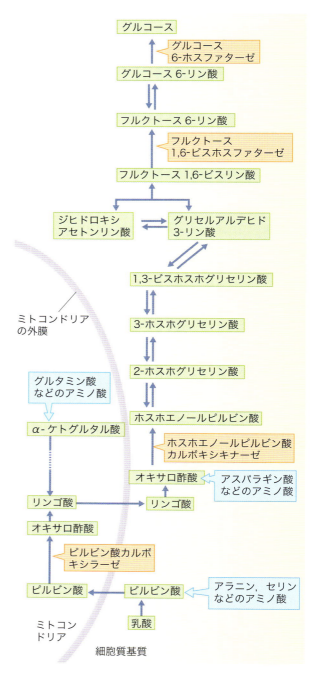

図A-4 ● 糖新生系のしくみ

解糖系を逆行してグルコースの合成に向かって進行する．このとき，フルクトース1,6-ビスリン酸からフルクトース6-リン酸，グルコース6-リン酸からグルコースに変化する過程は，解糖系とは別の酵素が作用して進行する（図A-4）．

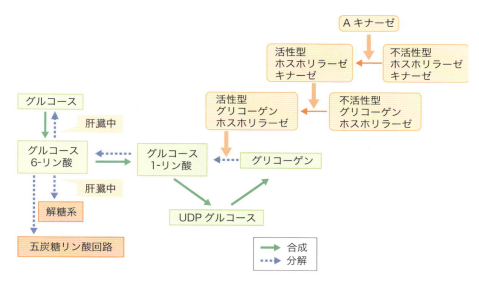

図A-5 ● グリコーゲンの合成と分解のしくみ

アミノ酸のなかでアラニン，セリン，グルタミン酸，アスパラギン酸などは**糖原性アミノ酸**とも呼ばれ，それぞれピルビン酸，α-ケトグルタル酸，オキサロ酢酸などTCA回路の中間代謝産物に変化し，糖新生の基質として利用される．

III グリコーゲンの合成と分解

生体内に摂取された余分のグルコースは，肝臓や筋肉でグリコーゲンとして貯蔵される．特に，**肝臓におけるグリコーゲンの合成と分解は，血糖値の調節に深く関与している**．グルコースは，グルコース6-リン酸を経てグルコース1-リン酸，UDPグルコースと変化し，グリコーゲン合成酵素によってグリコーゲンのプライマーに取り込まれて糖鎖の伸長が行われる．

一方，グリコーゲンを分解する際には，グリコーゲンにホスホリラーゼが作用して，グルコース1-リン酸を生じ，肝臓ではグルコース6-リン酸，グルコースと変化して血液中に放出される．筋肉や他の組織では，グルコース6-リン酸から解糖系に入る[※6]．また，グルコース6-リン酸から五炭糖リン酸回路に入る経路もある（図A-5）．

IV 五炭糖リン酸回路（ペントースリン酸回路）

この経路は，以下の2つの反応に大別される．1つは，グルコース6-リン酸が酸化的に脱炭酸し，ペントースリン酸とNADPHを生じる非可逆的過程である．もう1つは，各種のトリオース（C_3），テトロース（C_4），ペントース（C_5），ヘキソース（C_6），ヘプトース（C_7）のリン酸エステルが相互変換する可逆過程である．後者の反応産物は，解糖系，糖新生系に入って，再びグルコース6-リン酸に戻り，この回路が閉じる（図A-6）．

この回路の生理的意義は，①**脂肪酸やコレステロールの生成における還元反応に必要なNADPHの生成**と，②**核酸の生合成に必要なリボース5-リン酸の生成**である．

この回路は，肝臓，乳腺，精巣，脂肪組織，白血球，副腎皮質などには存在するが，心筋や骨格筋にはほとんど存在しない．

※6　肝臓におけるグリコーゲンの合成はインスリンによって促進され，グリコーゲンの分解はグルカゴンによって促進される．一方，筋肉（骨格筋）の細胞にはインスリンに対する受容体は存在するが，グルカゴンに対する受容体がないため，血糖値を上昇させるためのグリコーゲンの分解は行われない．

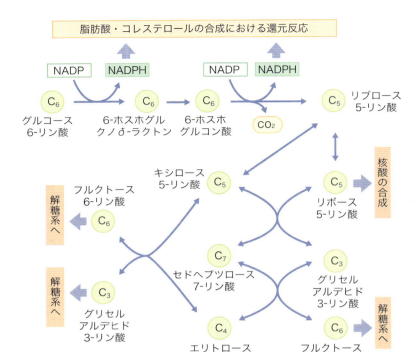

図 A-6 ● 五炭糖リン酸回路のしくみ

> **まとめ**
>
> - グルコースを基質とする呼吸は，解糖系（細胞質基質），TCA 回路（ミトコンドリアのマトリックス），電子伝達系（ミトコンドリアの内膜）の 3 つの段階からなる．
> - 酸素の供給が不十分な条件では，1 分子のグルコースは 2 分子の乳酸に分解される（2ATP を生成）．
> - 酸素の供給が十分な条件では，1 分子のグルコースは解糖系で 2 分子のピルビン酸に分解され，ついでアセチル CoA を経て TCA 回路で代謝される．これらの過程で生じた水素は，電子伝達系で水になる（38ATP を生成）．
> - 糖新生系は，ピルビン酸，乳酸，糖原性アミノ酸など，糖質以外の物質からグルコースを生成する過程である．
> - 肝臓におけるグリコーゲンの合成と分解は，血糖値の調節と関連している．
> - NADPH とリボース 5-リン酸は，五炭糖リン酸回路で生成される．

B 脂質の代謝
lipid metabolism

　小腸から吸収された脂質は，タンパク質と結合してさまざまな経路で各組織に運ばれ，生体に有用な物質につくり変えられる．複合脂質（リン脂質，糖脂質）やコレステロールは，主に細胞の膜構造に局在して細胞の構造と機能に関与する．余分に摂取された各栄養素は脂肪に変えられ，脂肪組織などに蓄えられる．また，脂肪の分解によって生じた脂肪酸は，酸化分解で大量のエネルギーを発生できる．

概略図-B　脂肪組織での脂肪の分解と脂肪酸（アシルCoA）のβ-酸化

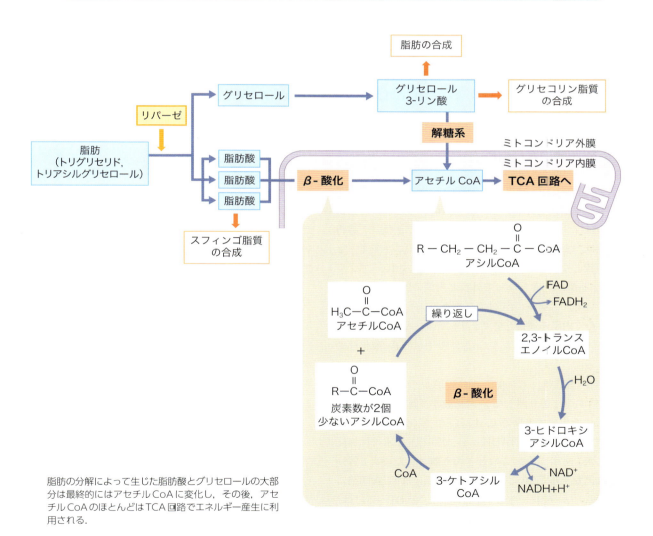

脂肪の分解によって生じた脂肪酸とグリセロールの大部分は最終的にはアセチルCoAに変化し，その後，アセチルCoAのほとんどはTCA回路でエネルギー産生に利用される．

I 脂質の分解

脂肪の分解
hydrolysis of triglyceride

脂肪組織に貯蔵されている脂肪（トリグリセリド，トリアシルグリセロール）は，リパーゼの作用によってグリセロールと3分子の脂肪酸に分解される．このリパーゼは，アドレナリン，グルカゴン，副腎皮質ホルモンによって活性化され，インスリンで不活化される．

遊離した脂肪酸は，血清アルブミンと結合して肝臓に運ばれ，主に脂肪酸のβ-酸化によって酸化される．また，グリセロールは，グリセロールキナーゼの作用でグリセロール3-リン酸となり再び脂肪の合成やグリセロリン脂質の合成に用いられたり，あるいは解糖系で分解される（概略図-B）．

脂肪酸のβ-酸化
β-oxidation of fatty acid

脂肪酸のβ-酸化は，細胞のミトコンドリアのマトリックスで行われる．細胞内に取り込まれた脂肪酸は，ミトコンドリアの内膜を通過できない．脂肪酸は，まず外膜の酵素によってATPのエネルギーを消費しながらCoAと結合して活性化され，アシル（脂肪酸）CoAとなって外膜と内膜の膜間腔に入る．ついで，アシルCoAはアシルカルニチンとなってようやく内膜を通過してマトリックスに入る．マトリックスでは，再びアシルCoAに変化してβ-酸化を受ける．

β-酸化は，アシルCoAのCoA結合側の炭素原子2個ずつを切り離して，炭素数が2個少ないアシルCoAを生成する反応で，1回のβ-酸化で脱水素反応が2回（$FADH_2$，$NADH + H^+$が生成）と水の付加反応が1回起こる．このとき切り離された炭素2個分は**アセチルCoA**となり，その大部分は**TCA回路**に入る．β-酸化で生じた$FADH_2$と$NADH + H^+$は，TCA回路で得られた$FADH_2$と$NADH + H^+$とともに**電子伝達系**でATP生成に使われる（概略図-B）．

例えば，パルミチン酸（$C_{15}H_{31}COOH$）がβ-酸化を受けて，生じたアセチルCoAがすべてTCA回路に入り，またその間に得られた水素がすべて電子伝達系に入ったと仮定すると，総計129分子のATPが産生されることになる．

ケトン体の生成
production of ketone body

脂質の代謝物に**ケトン体**がある．ケトン体はアセトン体とも呼ばれ，アセト酢酸とその代謝産物である3-ヒドロキシ酪酸およびアセトンの総称である．生成の主要臓器は**肝臓**であり，糖質の供給が不十分な場合に生成される．糖質が生体に十分に供給されているときは，TCA回路は円滑に進んでいるので，脂肪酸のβ-酸化によって生じたアセチルCoAはTCA回路で速やかに代謝されるため，ケトン体はほとんど増加しない．しかし，飢餓や糖尿病など，糖質の供給あるいはその利用が不十分なときは[※1]，TCA回路の回転率が低下しているため，アセチルCoAはTCA回路でうまく処理されなくなる．その結果，アセチルCoAは他の経路で処理されることになる．すなわち，肝臓で2分子のアセチルCoAが縮合してアセトアセチルCoAとなり，さらに1分子のアセチルCoAが縮合して3-ヒドロキシ3-メチルグルタリルCoAが生成され，ついでアセト酢酸とアセチルCoAに分解される．**アセト酢酸**は**アセトン**あるいは**3-ヒドロキシ酪酸**に転換され，また遊離したアセチルCoAは再び前述の経路に入る（図B-1）．

ケトン体は，脂肪酸以外にも種々のケト原性アミノ酸（ロイシン，リシン，フェニルアラニン，チロシン）からも生成される．

アセト酢酸は，心筋，骨格筋，脳などの組織ではアセチルCoAに変換されてTCA回路に入りエネルギー源として利用されるが，大部分は尿中に排泄される[※2]．

[※1] 飢餓や糖尿病の人は，細胞内のグルコース濃度を維持するため，TCA回路の中間産物の1つであるオキサロ酢酸を糖新生のために用いている．その結果，TCA回路は円滑に進まない．

[※2] 健康人の血中ケトン体濃度は3 mg/dL以下，1日の排泄量は20 mg程度であるが，重篤な糖尿病では血中濃度90 mg/dL，1日の排泄量は5,000 mgにも達する．ケトン体の血中濃度が高まると，患者の呼気は特有のアセトン様臭気を帯びる．ケトン血症，ケトン尿，アセトン臭の3徴候を備えている場合をケトーシスと呼ぶ．ケトン体は酸であるため，排泄に際してNa^+が同時に排泄されるので，ケトーシスにはアシドーシスが併発する．また，ケトン体とともに大量の水が排泄されるので，脱水症状が起こりやすい．

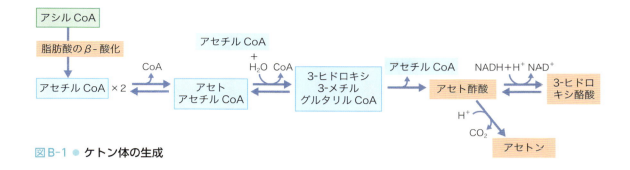

図B-1 ● ケトン体の生成

グリセロリン脂質，スフィンゴ脂質の分解
hydrolysis of glycerophospholipid & sphingolipid

　グリセロリン脂質は，ホスホリパーゼという酵素によってそれらのエステル結合部位が加水分解される．この酵素には，加水分解するグリセロリン脂質のエステル結合の位置により，A_1，A_2，C，Dの4群が存在する．これらのなかで，**ホスホリパーゼA_2**は，脂質の2位の炭素原子に結合している**アラキドン酸**などの多価不飽和脂肪酸の遊離にかかわる酵素である．アラキドン酸は，炎症にかかわる**プロスタグランジン**をはじめとするさまざまな物質に変換される．

　神経組織に多く含まれるスフィンゴミエリン（スフィンゴ脂質の1種）は，スフィンゴミエリナーゼによってセラミドとホスホコリンに加水分解され，セラミドはさらにセラミダーゼで加水分解される．

コレステロールの産物
product of cholesterol

　生体のコレステロールの約80％は肝臓で**胆汁酸**に代謝された後，胆嚢に貯蔵され，十二指腸に分泌される（8章 図C-1参照）．腸管に分泌された胆汁酸の約90％は，腸肝循環で肝臓に再吸収され，再び利用される．

　また，量的には少ないが，各種**ステロイドホルモン**（性・副腎皮質ホルモン）や**ビタミンD**（7-デヒドロコレステロール）に変換される．

　ステロイドホルモンには，エストロゲン（女性ホルモン），黄体ホルモン，アンドロゲン（男性ホルモン）などの性ホルモンと，グルココルチコイド（糖質コルチコイド），ミネラルコルチコイドなどの副腎皮質ホルモンがある．

　7-デヒドロコレステロールはプロビタミンD_3とも呼ばれ，皮膚で紫外線に照射されてビタミンD_3となり，さらに肝臓と腎臓でヒドロキシル化されて活性型ビタミンD_3に変化する．活性型ビタミンD_3は，小腸でのCa^{2+}の吸収や骨吸収を促進して，血清Ca濃度の上昇にかかわっている（3章 図G-10参照）．

> **Column　ゆっくりとした運動を長時間するとどうして体脂肪が減るの？**
>
> 　ゆっくりとした運動，例えば疲れない程度で長時間散歩すると，血中の中性脂肪や皮下脂肪の減少が起こる．これは，ゆっくりとした運動（有酸素運動）によって，酸素が十分に供給される環境が設定され，このような環境のもとでは，ATP生成のために主に脂肪が燃料として用いられるためである．脂肪の分解によって生じた脂肪酸はβ-酸化によってアセチルCoAに変化し，TCA回路ならびに電子伝達系を経て運動に必要なATPが供給される．ただし，皮下脂肪を燃料として消費するためには，20分以上の長時間の運動が必要である．20分以内の運動では主に血中の中性脂肪が消費される．

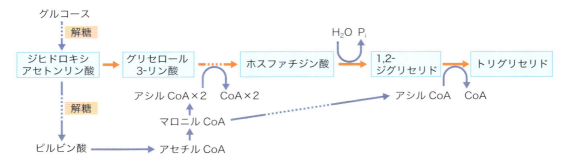

図B-2 ● トリグリセリドの生合成

II 脂質の合成

脂肪の生合成
biosynthesis of triglyceride

脂肪は，脂肪酸とグリセロールとのエステル結合によってつくられる．

脂肪酸合成のための材料は，糖質代謝によって生じるアセチルCoAである．私たちが糖質を過剰に摂取すると，その中間代謝産物であるアセチルCoAの一部は，ミトコンドリアから細胞質に移行して脂肪酸につくり変えられる．脂肪酸合成の第1段階は，アセチルCoAカルボキシラーゼによってアセチルCoAからマロニルCoAを生成する過程で，この酵素はアロステリック酵素として脂肪酸合成の律速酵素[※3]である．脂肪酸合成の過程の還元反応に必要なNADPHは，五炭糖リン酸回路（本章A IV 参照）から供給される．

一方，グリセロール合成のための材料は，解糖系の中間代謝産物であるジヒドロキシアセトンリン酸である．この物質の還元およびリン酸化反応によってグリセロール3-リン酸が生じ，まず2分子の脂肪酸（アシルCoA）がエステル結合してホスファチジン酸となり，脱リン酸化反応の後，1,2-ジグリセリドが合成される．さらに1分子の脂肪酸がエステル結合して脂肪（トリグリセリド）が生成される（図B-2）．

グリセロリン脂質，スフィンゴ脂質の合成
biosynthesis of glycerophospholipid & sphingolipid

グリセロリン脂質のうち，主要リン脂質であるホスファチジルコリンやホスファチジルエタノールアミンは，1,2-ジグリセリドにCTP（シチジン3-リン酸）によって活性化されたCDP（シチジン2-リン酸）-コリンまたはCDP-エタノールアミンが結合してできる．また，酸性リン脂質であるホスファチジルセリンやホスファチジルイノシトールは，CTPで活性化されたジグリセリドにセリンまたはイノシトールが直接結合してできる．

スフィンゴ脂質の骨格であるスフィンゴシンは，パルミトイル（パルミチン酸）CoAとセリンとの縮合によって生成される．スフィンゴシンに脂肪酸やCDP-コリンが結合してスフィンゴミエリンが，脂肪酸，UDP（ウリジン2-リン酸）-糖，シアル酸などが付加してさまざまなスフィンゴ糖脂質が得られる．

コレステロールの生合成
biosynthesis of cholesterol

コレステロールは，肝臓でアセチルCoAから合成される．3分子のアセチルCoAが縮合して3-ヒドロキシ3-メチルグルタリルCoA（HMG-CoA）となり，HMG-CoA還元酵素によって**メバロン酸**が生成される．この酵素はコレステロール生合成の律速酵素で，最終産物のコレステロールが増加すると，フィードバック阻害を受ける．すなわち，コレステロールがこの酵素のアロステリック調節部位に結合すると，酵素活性は阻害される（図B-3）[※4]．

[※3] 生体内で起こる一連の反応において，その反応の全体としての速度を支配する，いわゆる律速段階の反応を触媒する酵素．

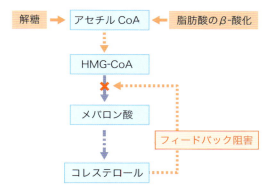

図 B-3 ● コレステロールの生合成

> **まとめ**
>
> - 脂肪を呼吸基質とする場合には,脂肪はグリセロールと脂肪酸とに加水分解される.グリセロールは解糖系によって,また脂肪酸は脂肪酸の β-酸化によってアセチル CoA を生じ,さらに TCA 回路に入り電子伝達系とともに ATP 生成に用いられる.
> - 飢餓や糖尿病の人は血中および尿中にケトン体が増加する.
> - 胆汁酸,ステロイドホルモン,ビタミン D は,コレステロールから変換される.
> - 脂肪酸は,糖質代謝によって生じるアセチル CoA から生成される.
> - コレステロールは,アセチル CoA からケトン体合成の中間体を材料とし,メバロン酸を経て合成される.

※4 生体内で起こる一連の反応(物質 A→B→C→X)において,その代謝の最終産物(X)がはじめの段階の反応を触媒する酵素(A→B の変化を触媒する酵素 E_A)に結合して酵素反応を阻害し,反応全体を停止することをフィードバック阻害という(3章 図 A-5 参照).このような酵素(E_A)はアロステリック酵素と呼ばれ,酵素の活性部位とは別に基質と無関係の物質(代謝の最終産物 X)が結合できる調節部位(アロステリック部位)をもっている.その物質の結合によって,酵素の立体構造が変化して酵素活性が抑制される.

C タンパク質の代謝
protein metabolism

　小腸から吸収されたアミノ酸は，血液によって各組織に運ばれた後，その大部分は生体に必要なタンパク質の合成に用いられる．タンパク質は，糖質や脂質とは異なり，いわゆる食いだめはできない．したがって，吸収した余分のアミノ酸の一部は燃焼して，化学エネルギーの供給に利用される．このとき，アミノ酸の炭素骨格はTCA回路と電子伝達系によって二酸化炭素と水に分解されるが，アミノ基は肝臓でアンモニアとして遊離した後，直ちに尿素に変換されて，腎臓で尿中に排泄される．

概略図-C アミノ酸炭素骨格の酸化とTCA回路

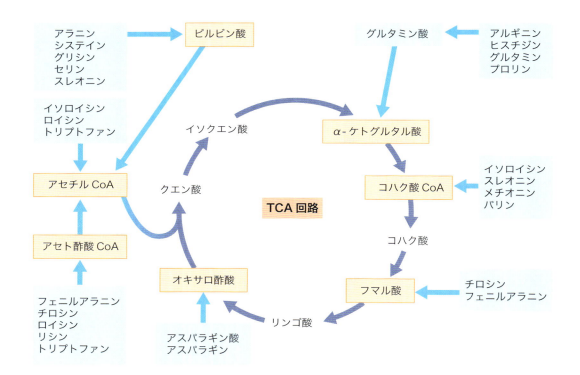

I アミノ酸の分解

アミノ基転移反応
transaminate reaction

　アミノ酸のアミノ基が，遊離のアンモニアを生成することなく他の2-オキソグルタル酸（α-ケトグルタル酸）に移行して，新しいアミノ酸（L-グルタミン酸）とオキソ酸（ケト酸）を生じる反応をアミノ基転移反応という．この反応は，**アミノトランスフェラーゼ**（アミノ基転移酵素）という酵素の作用によって起こり，**ピリドキサルリン酸**を補酵素とする（図C-1）．この酵素は生体の窒素代謝に不可欠で，生理的に重要なものは，アスパラギン酸アミノトランスフェラーゼ：AST（グルタミン酸オキサロ酢酸トランスフェラーゼ：GOT）とアラニンアミノ

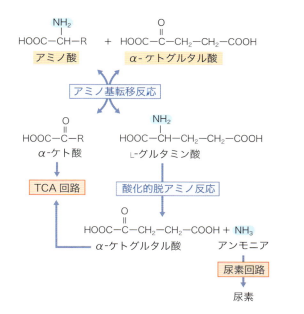

図C-1 ● アミノ基転移反応と酸化的脱アミノ反応

図C-2 ● 酸アミドの分解

トランスフェラーゼ：**ALT**（グルタミン酸ピルビン酸トランスフェラーゼ：**GPT**）と呼ばれる転移酵素であり，以下に示す転移反応を触媒する．

L-アスパラギン酸 + 2-オキソグルタル酸
（α-ケトグルタル酸）
$\overset{AST}{\underset{(GOT)}{\rightleftarrows}}$ オキサロ酢酸 + L-グルタミン酸

L-アラニン + 2-オキソグルタル酸
（α-ケトグルタル酸）
$\overset{ALT}{\underset{(GPT)}{\rightleftarrows}}$ ピルビン酸 + L-グルタミン酸

　AST（GOT）活性は肝臓と心筋，ALT（GPT）活性は肝臓で高く，L-アスパラギン酸とL-アラニンのアミノ基をいずれもα-ケトグルタル酸に移し，L-グルタミン酸を生成する．また，L-グルタミン酸と同時に生成するオキサロ酢酸とピルビン酸は，それぞれ糖代謝の中間代謝産物として化学エネルギーの生成に用いられる[※1]．

※1　肝臓の細胞ではASTとALTの酵素活性が高く，心筋の細胞ではASTの酵素活性が高い．したがって，基準値を上回る血中ASTとALTの両活性値の上昇は，肝細胞の破壊を意味し，AST活性値のみの上昇は心筋細胞の破壊を意味する．このように，血中ASTとALT活性値の測定は，肝臓や心臓疾患の早期診断に役立っている．

脱アミノ反応
deaminate reaction

　アミノ酸からアミノ基を奪う反応を脱アミノ反応という．アミノ基転移反応によって生じたL-グルタミン酸は，酸化的脱アミノ反応によって**アンモニア（NH_3）**を遊離して再びα-ケトグルタル酸に戻る．この反応は主に肝臓や腎臓で行われ，**NAD**または**NADP**を補酵素としてL-グルタミン酸脱水素酵素によって進行する（図C-1）．α-ケトグルタル酸は，TCA回路の中間代謝産物として化学エネルギーの生成に用いられたり，アミノ基転移反応で用いられる．

　また，アスパラギンやグルタミンなどの酸性アミノ酸のアミド化合物は，アスパラギナーゼおよびグルタミナーゼによって脱アミノされる（図C-2）．この反応は，主に腎臓で行われ，生じたアンモニアはそのまま尿中に排泄される．

脱炭酸反応
decarboxylate reaction

　アミノ酸のカルボキシ基から二酸化炭素が遊離して**アミン**を生成する反応を脱炭酸反応という．この反応は，**ピリドキサルリン酸**を補酵素とする**脱炭酸酵素**（デカルボキシラーゼ）によって行われる．ア

図C-3 ● ヒスタミンと5-ヒドロキシトリプトファンの脱炭酸反応

ミノ基転移反応や脱アミノ反応が化学エネルギー生成のためにアミノ酸を分解するのに対して，脱炭酸反応は生理活性物質であるアミン生成のためにアミノ酸を分解する．例えば，ヒスチジンの脱炭酸反応では炎症時に血管透過性亢進作用を示すヒスタミン，5-ヒドロキシトリプトファンの脱炭酸反応では神経伝達物質として作用するセロトニンが生成される（図C-3）．

炭素骨格の行方
future of hydrocarbon

20種のアミノ酸の酸化には，それぞれ異なった複合酵素系がかかわっている．一般に各アミノ酸の炭素骨格は，最終的にはTCA回路に導かれて酸化される（概略図-C）．各アミノ酸の酸化過程で生じる中間代謝産物のなかには，細胞の機能上重要な生理活性物質や細胞構成の必須成分になるものもある．したがって，アミノ酸の代謝経路は多くの分岐経路をもち，また代償経路もある複雑なものとなる．これらの代謝系は，主として肝臓あるいは腎臓で行われる．

II 尿素回路
urea cycle

アミノ酸の脱アミノ反応で生じた**アンモニア**は，肝臓の細胞で行われる**尿素回路（オルニチン回路）**によって**尿素**に合成され，尿として体外に排出される．この回路は，アミノ酸から遊離されたアンモニアが強い細胞毒であるため，無毒な尿素に転換して解毒する機構でもある．尿素回路は，①カルバモイルリン酸の合成，②シトルリンの合成，③アルギノコハク酸の生成，④アルギニンの生成，⑤尿素の生成の5段階の酵素反応によって行われる（図C-4）．これらの反応のうち，①と②はミトコンドリアで行われ，③，④と⑤は細胞質基質で行われる．

また，肝臓以外の組織で生じたアンモニアがグルタミン酸やアスパラギン酸と結合して酸アミドを形成する反応も，アンモニアの処理機構として重要である．生成されたグルタミンやアスパラギンは，血液を介して腎臓に運ばれ，ここに存在するグルタミナーゼやアスパラギナーゼの作用によって再びアンモニアが遊離され，そのまま尿中に排泄される．

III アミノ酸の生合成

　大腸菌のような細菌は，20種類の基本アミノ酸のすべてを合成できるが，ヒト成人ではそのうち8種類を合成できない．これらは必須アミノ酸と呼ばれ（巻末付録参照），食物として摂取しなければならない．残りの12種は非必須アミノ酸と呼ばれ，そのほとんどは糖質代謝の中間体からつくられる．アミノ酸の生合成経路は多様だが，すべてに共通した特徴がある．それらの炭素骨格は，解糖系，五炭糖リン酸回路，TCA回路に由来し，生合成経路は6通りからなる（図C-5）．

　アラニンとアスパラギン酸は，それぞれピルビン酸とオキサロ酢酸からアミノ基転移反応によって合成される（本章C I「アミノ基転移反応」を参照）．アスパラギンはアスパラギン酸のアミド化によって合成され（図C-2の逆反応），チロシンはフェニルアラニンのヒドロキシル化で合成される．これらのアミノ酸は，いずれも1段階で合成される．

　グルタミン酸はα-ケトグルタル酸の還元的アミノ化（アミノ基転移反応）によって得られ（図C-1），グルタミン，プロリン，アルギニンは，グルタミン酸から合成される．また，セリンは，解糖系の中間体である3-ホスホグリセリン酸から合成され，グリシンとシステインはセリンから合成される．

IV タンパク質の生合成

　タンパク質の消化吸収によって生じたアミノ酸の大部分は，生体にとって必要なタンパク質の生合成のために用いられる．タンパク質の生合成は，遺伝情報の転写と翻訳によって，図C-6のように行われ

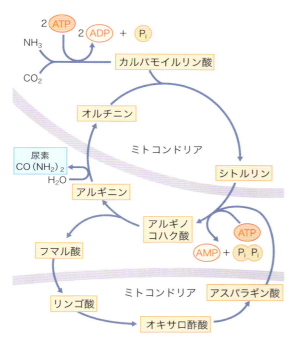

図C-4 ● 尿素回路のしくみ

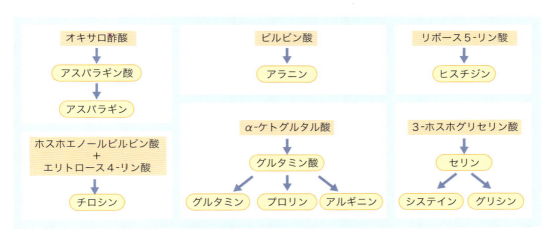

図C-5 ● 非必須アミノ酸の生合成経路

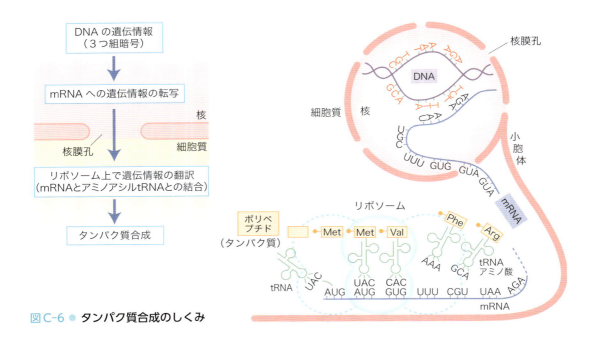

図 C-6 ● タンパク質合成のしくみ

るがここでは概略のみを示す．詳細は5章を参照のこと．

①転写因子によって活性化されたDNAの特定部分の塩基間の水素結合がはずれ，二重らせん構造が部分的にほどける．

②ほどけたDNA鎖の一方の塩基配列に，RNA合成酵素（RNAポリメラーゼ）によってRNAのヌクレオチド鎖が相補的に結合し，mRNAがつくられる（遺伝情報の転写）．

③DNAの塩基配列を転写したmRNAは，核膜孔を通って細胞質に移動し，リボソームに付着する．一方，細胞質にはtRNAが存在し，それぞれ特定のアミノ酸と結合して（アミノアシルtRNA）リボソームへと移動する．

④リボソームがmRNA上を端から移動していく際，mRNAのコドンと相補的なアンチコドンをもったtRNAアミノ酸がリボソーム上でmRNAに結合しては離れ，アミノ酸配列が決定する（遺伝情報の翻訳）．

⑤アミノ酸同士はペプチド結合によって連結され，mRNAの終止コドンまで翻訳されるとポリペプチド鎖の合成は終わる．

⑥できあがったタンパク質はリボソームから離れ，分泌タンパク質の場合は小胞体やゴルジ体でさまざまな修飾を受ける（5章B参照）．

V 生体成分合成への アミノ酸の利用

アミノ酸は，タンパク質やペプチドの素材であるだけでなく，多様な生物学的役割をもつ多種類の小分子の前駆体でもある．

核酸や補酵素の前駆体であるプリンやピリミジンの一部分は，数種類のアミノ酸に由来し，スフィンゴ脂質合成の中間体であるスフィンゴシンの反応性のある末端は，セリンに由来する．強力な血管拡張物質であるヒスタミンは，ヒスチジンの脱炭酸によってできる．チロシンは，甲状腺ホルモンのチロキシンや副腎髄質ホルモンのアドレナリン，重合体色素のメラニンの前駆体である．神経伝達物質の5-ヒドロキシトリプタミン（セロトニン）とNAD（ニコチンアミドアデニンジヌクレオチド）のニコチンアミド環は，トリプトファンから合成される．また，グルタミンはNADのニコチンアミド部分のアミド基を供与する（図C-7）．

短命な伝達物質である一酸化窒素（NO）は，アル

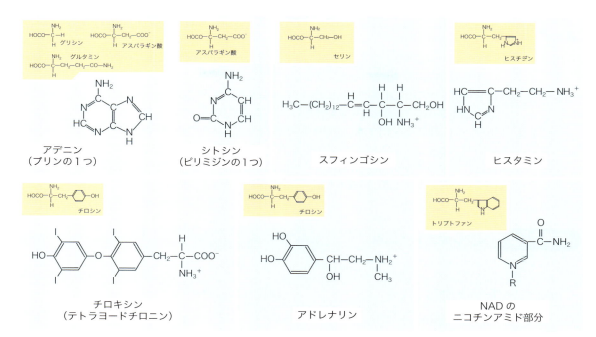

図 C-7 ● **アミノ酸由来の生体分子**
　　　　は前駆体物質

ギニンから形成され，ヘム合成に必要なポルフィリンは，グリシンとスクシニル CoA が縮合してできた δ-アミノレブリン酸から合成される．また，グリシンやタウリンは胆汁酸と結合して，それぞれグリココール酸やタウロコール酸を形成（8 章 図 C-1 参照）して小腸での脂肪の乳化にかかわる．

> **まとめ**
> - アミノ酸は細胞内で分解され，その炭素骨格はエネルギーの供給に利用される．
> - アミノ酸の分解によって遊離したアンモニアは，二酸化炭素とともに無毒な尿素に合成され排泄される．
> - 非必須アミノ酸は，糖質代謝の中間体から合成される．
> - タンパク質のアミノ酸配列は，DNA の遺伝情報に基づいて決定する．
> - アミノ酸は，さまざまな生物学的役割をもつ生体物質の前駆体となる．

D ヌクレオチドの代謝
nucleotide metabolism

核酸を部分的に加水分解すると，ヌクレオチドとヌクレオシドの混合物になる．ヌクレオチドは，ほぼすべての生化学的過程において，重要な役割を果たしている．

ヌクレオチドは高エネルギー前駆体として，DNAやRNA合成の材料となる．アデニンヌクレオチドの一種であるATPは，筋収縮や能動輸送など生体内の各種生理作用でのエネルギー担体となり，サイクリックAMPは，多くのペプチドホルモンの作用を細胞内に伝達する代謝調節因子として作用する．また，NAD，FAD，CoAなどのヌクレオチド誘導体は，補酵素として多くの物質の生合成反応の高エネルギー中間体として重要である．

概略図-D　ヌクレオチドと代謝

a) プリンヌクレオチド

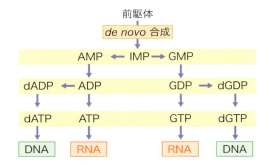

b) ピリミジンヌクレオチド

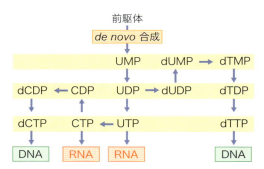

「生化学アトラス」（谷口直之，藤井順逸／監訳），文光堂，1997をもとに作成

I　ヌクレオチドの生合成

ヌクレオシドは，プリンまたはピリミジン塩基が五炭糖（ペントース）に結合したものであり，ヌクレオチドは，ヌクレオシドのリン酸エステル化合物である．これらの構造については，2章Cを参照されたい．

プリンヌクレオチドの生合成と調節
biosynthesis & regulation of purine nucleotide

プリン環はいくつかの簡単な前駆体から新規に（*de novo*）合成される．プリン環を構成するC-4，C-5，N-7原子はグリシンに，N-1原子はアスパラギン酸に，N-3，N-9原子はグルタミンに由来する．また，C-2とC-8原子はテトラヒドロ葉酸の活性誘導体，C-6原子は二酸化炭素に由来する（図D-1）．

リボース部分は，五炭糖リン酸回路の中間体である**リボース5-リン酸**（本章AⅣ参照）がリン酸化されて生じる5-ホスホリボシル1-ピロリン酸（PRPP）に由来する．PRPPから10段階の反応を経てイノシン酸（IMP）が形成され，IMPはアデニル酸（AMP）とグアニル酸（GMP）の前駆体となる．

プリンヌクレオチドの生合成は，いくつかの段階で**フィードバック阻害**などの調節機構により制御されている．PRPPを合成する酵素は，高濃度のプリンヌクレオチド（ATPとGTP）によって部分的に阻害される．AMPは，IMPからAMPの直接の前駆

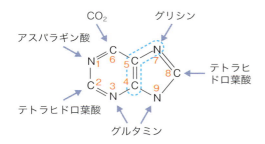

図 D-1 ● プリン環の前駆物質

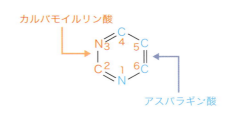

図 D-3 ● ピリミジン環の前駆物質

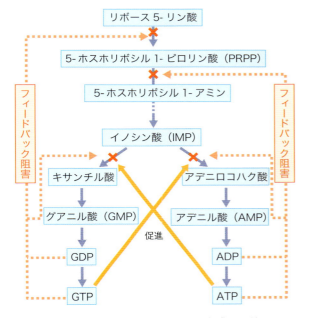

図 D-2 ● プリンヌクレオチドの生合成と調節

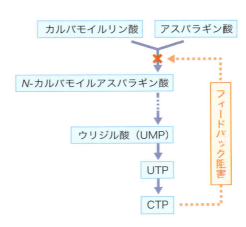

図 D-4 ● ピリミジンヌクレオチドの生合成と調節

体であるアデニロコハク酸への変換を阻害し，同様に，GMPはGMPの直接の前駆体であるキサンチル酸への変換を阻害する．また，GTPはAMP合成に必要であり，ATPはGMP合成に必要である．この相互基質関係がアデニンとグアニンの合成バランスをとる（図D-2）．

ピリミジンヌクレオチドの生合成と調節
biosynthesis & regulation of pyrimidine nucleotide

ピリミジン環の前駆体は，カルバモイルリン酸とアスパラギン酸である．ピリミジン環を構成するC-2とN-3はカルバモイルリン酸に，ほかの原子はアスパラギン酸に由来する（図D-3）．ピリミジンの生合成は，尿素合成（本章C 図C-4参照）の中間体でもあるカルバモイルリン酸の形成にはじまり，図D-4に示す経路で生合成される．ピリミジン生合成で重要なのは，**アスパラギン酸とカルバモイルリン酸からN-カルバモイルアスパラギン酸を形成する過程**である．この過程を触媒するアスパラギン酸カルバモイル基転移酵素は，経路の最終産物であるCTPによる**フィードバック阻害**を受けるアロステリック酵素である．

デオキシリボヌクレオチドの生合成
biosynthesis of deoxyribonucleotide

デオキシリボヌクレオチドの生合成は，リボヌク

レオシド2-リン酸またはリボヌクレオシド3-リン酸を材料にして行われる．リボースのデオキシ化は，糖部分のグリコシド結合が切られることなく直接還元される．DNAの合成に必要なチミンの合成は，dUMPからdTMPのメチル化によって行われる．

II　ヌクレオチドの分解

ヌクレオチドはホスファターゼやヌクレオチダーゼで加水分解されてヌクレオシドと無機リン酸を遊離する．ヌクレオシドはヌクレオシダーゼによる加水分解またはヌクレオシドホスホリラーゼによる加リン酸分解されて塩基を遊離する．

遊離塩基のうちアデニンやグアニンなどのプリン塩基は，ヒポキサンチン，キサンチンを経由して尿酸となる．大部分の動物は，尿酸からアラトイン，アラトイン酸を経由して尿素とグリオキシル酸に分解され，尿素はさらにアンモニアと二酸化炭素に分解される．しかし，ヒトや霊長類は尿酸をアラトインに変換する酵素がないので，尿酸が主なプリン代謝の最終産物として排泄される[※1].

遊離のピリミジン塩基は，最終的にβ-アミノ酸になり，それぞれの代謝経路にのって分解される．

まとめ

- プリンヌクレオチドとピリミジンヌクレオチドの生合成は，フィードバック阻害によって調節されている．
- プリン塩基は，尿酸を最終産物として排泄される．
- ピリミジン塩基は，β-アミノ酸に変換された後分解される．

Column　プリン体と痛風

痛風は，高尿酸血症を起因とし，関節に激烈な痛みをともなう疾患である．体温の低い部位ほど尿酸が結晶として析出しやすいため，痛風発作は足趾（母趾）に好発する．最初に痛む部位は足の親指の第二関節であり，病状が進むと足関節，膝関節に進行する．尿酸はプリン体（アデニン，グアニン）の代謝産物であるため，プリン体を含む食品を多く摂取すると高尿酸血症さらには痛風に進行する．高尿酸血症が発症する背景には，食事の西洋化や飽食にともなう不健康な食生活が考えられる．高脂肪・高エネルギー食品を好む人，いわゆるグルメ・美食家，過食によりエネルギーを摂りすぎる人，アルコール（特にビール）の多飲者などに本病態が多くみられる．また，運動不足や肥満，ストレス過多などが原因で尿酸値が高くなることもある．

[※1]　大部分の尿酸は，体液中では尿酸ナトリウムとして存在する．体温（37℃）での尿酸ナトリウム溶解度は，7 mg/dLであり，このプリン分解産物の血清濃度が高い人にとっては，この溶解度は問題となる．高尿酸血症は痛風を引き起こし，関節と腎臓に傷害を引き起こす．

E 薬物代謝
drug metabolism

　経口投与された薬物は，消化管から吸収され，門脈を経て肝臓を通過後に全身循環に入るため，その生物学的利用能は消化管での吸収能や肝臓での薬物代謝によって制御を受ける．薬物代謝とは，薬物や毒物などの生体外物質（毒物）の親水性を高め，分解あるいは排出するまでの代謝反応の総称である．この一連の反応は薬物代謝酵素によって触媒され，主に肝細胞内のミクロソームで行われる．医薬品の効き目や副作用の個人差，複数の薬の間での相互作用などにもかかわる重要な過程である．

概略図-E　薬物代謝の全体像

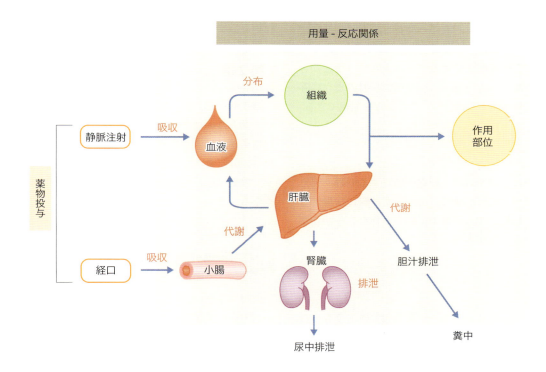

I　薬物の生体内動態

　薬物を口から服用すると，その大部分は腸から吸収され血液を介して全身を巡る．このとき，血液中の薬物濃度は上昇するが，薬物代謝および排泄によって血液中から消失していくため，その濃度はしだいに下降する．ただし，その代謝および排泄の速度は均一ではなく，薬物の種類によって異なる．すなわち，代謝および排泄の速度が速ければ血液中の薬物濃度はすみやかに下降するが，その速度が遅ければ血液中の薬物濃度はしばらくの間一定の値を維持することとなる（図E-1）．

　以上のように，経口投与された薬物は，「吸収」，「分布」，「代謝」，「排泄」という4つの過程を経る（概略図-E）．

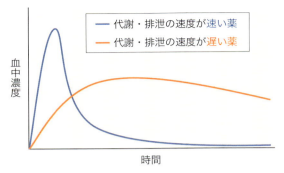

図E-1 ● 経口服用後の薬物の代謝・排泄速度の違いと血中濃度

吸収
absorption

薬物が血液やリンパ液中へ移行する過程．経口投与の場合，消化管からの吸収の良し悪しだけでなく，肝臓の薬物代謝酵素による初回通過効果（後述）も問題となる．一方，静脈注射や筋肉注射のように直接体内に投与する場合には，この過程を無視できる．

分布
distribution

血液中の薬物が組織・細胞に移行する過程．例えば，心臓病の薬は心臓に，抗うつ薬は脳に作用するように，標的とする臓器や組織に薬物をしっかりと到達させることが必要である．

代謝
metabolism

生体内の酵素により薬物が別の化学構造をもった化合物に変換される過程（詳細は後述）．

排泄
excretion

薬物あるいはその代謝物が体外へ排出される過程．この過程には腎臓が関与している．

II 薬物代謝の段階

薬物の代謝は，細胞内で第1相（酸化，還元，加水分解）と第2相（抱合）の2つの相に分けて行われた後，解毒，排除される．

第1相
phase I

第1相の反応では，対象となる薬物の分子量は大きく変化しない．主に肝臓の細胞内で起こるこの過程では，基質となる薬物に対してさまざまな酵素の作用により極性をもつ官能基が導入される．**シトクロムP450（CYP450）**による酸化および還元反応，エステルの加水分解などがある．CYP450による酸化反応は特に重要で，薬物代謝を受ける物質全体の約9割にCYP450がかかわっている．CYP450は生物種ごとに数十種あり，それぞれ基質特異性が異なる．一方で，CYP450は薬物投与によりその発現が誘導されたり，阻害されたりすることがあり，薬物相互作用の原因となることがある．

第2相
phase II

第2相の反応は，硫酸，酢酸，グルタチオン，グリシンあるいはグルクロン酸などの電荷をもつ内因性物質が付加する**抱合反応**である．そのため，産生物質の分子量が増加するだけでなく極性も大きくなり，腎臓（尿）や肝臓（胆汁）により排泄されやすくなる．

III 薬物代謝を行う組織・臓器

薬物は生体にとって異物であるため，体内ではその効力をなくすために代謝を受ける．薬物代謝は主にCYP450などの酵素によって行われる．

消化管，肺，肝臓，皮膚の上皮細胞などは，いずれも薬物を代謝する能力をもっている．これらのなかで**薬物代謝の中心となる器官は肝臓**であり，肝細胞内のミクロソームがその主役を担っている．肝臓は体内で最も大きな器官であり，消化管から吸収された化学物質の大部分が最初に通過する器官であること，また他の器官と比較して高濃度の多くの薬物代謝酵素が存在していることなどから，薬物代謝への肝臓の貢献度は大きい．ある薬物が消化管から吸収され，門脈を通って肝循環へと入ると，薬物は代謝作用を受け，いわゆる**初回通過効果**[※1]を示す．

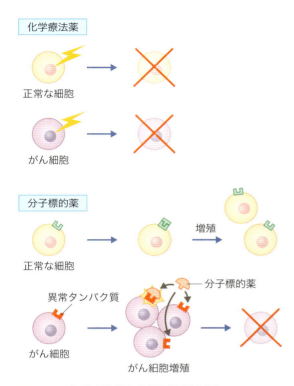

図 E-2 ● 化学療法薬と分子標的薬の違い

薬物代謝には，さまざまな生理学的および病理学的要素が影響する．生理学的要素には，年齢，個人差（例えば，ゲノム薬理学），腸肝循環，栄養，腸内細菌，性差などが含まれる．一般に胎児，新生児および高齢者の薬物代謝は，成人のそれに比べて遅い．遺伝的多様性は，薬物の効果にある程度ばらつきがみられる原因として重要である．第2相のアセチル抱合に関与する例では，遺伝的要因によりアセチル化が遅い体質と速い体質の集団に分かれ，それらの集団の比率は人種によって異なる．代謝が遅い体質の者は，用量依存性の毒性に対してより影響を受けやすいので，遺伝的多様性は，時として重篤な結果をもたらす．病理学的要素も肝臓，腎臓あるいは心臓における薬物代謝に影響を及ぼすことがある．今では，コンピューター上でのモデル化やシミュレーションを用いて，ヒトへの臨床試験を行う前に，仮想の患者集団における薬物代謝反応が予見できる．この方法により，薬害反応にさらされる危険性が高い個人を特定することが可能である．

まとめ

- 経口投与された薬物は，「吸収」，「分布」，「代謝」，「排泄」という4つの過程を経る．
- 肝臓の細胞内で行われる薬物代謝は，2つの相に分けて行われた後，解毒，排除される．
- 薬物代謝の中心となる器官は肝臓である．
- 小腸で吸収された薬物が，肝臓を通過するとき代謝されることを初回通過効果という．
- 薬物の作用の表れ方には，さまざまな生理学的および病理学的要素が影響する．

IV 薬物代謝に影響を及ぼす要因

投与された薬物が疾患の治療に役立つためには，その薬理作用が正しく発揮されなければならない．しかし，同じ疾患に罹患した異なる患者に同じ量の薬物を投与しても，その作用の表れ方は年齢や性差などにより異なる場合がある．

Column 従来の抗がん剤と分子標的薬の違い

がん治療では，これまで化学療法薬が抗がん剤として主に用いられてきたが，これはがん細胞だけでなく正常な細胞も攻撃してしまうので，吐き気や嘔吐，白血球，赤血球あるいは血小板の減少などの副作用が少なからずともなうという大きな難点があった．一方，分子標的薬は，ゲノムや分子レベルでがん細胞の特徴を認識し，がん細胞の増殖や転移を担う特定の分子だけを標的として攻撃するので，正常な細胞へのダメージが少ない（図E-2）．副作用がないわけではないが，従来の抗がん剤に比べると，患者の負担も軽い．

※1　初回通過効果：小腸で吸収された薬物が肝臓を通過するとき，種々の酵素によって代謝されることを初回通過効果という．薬物によっては，この過程で薬物効果の多くを失う場合もあるため，医薬品開発の際には初回通過効果を十分に考慮する必要がある．

F 生活習慣病
lifestyle-related disease

生活習慣病とは，糖尿病，脂質異常症，高血圧症など，生活習慣が主な発症原因である疾患の総称である．これらの疾患は，虚血性心疾患や脳卒中などの原因となり，最悪の場合死に至る．その発症には，幼い頃からの食事や運動習慣，生活環境，ストレス，喫煙，飲酒などの生活習慣が深くかかわっており，一般に30〜40歳代以上の世代に発症しやすい．生活習慣病に肥満が複合した状態をメタボリックシンドロームと称する．

概略図-F　生活習慣病とメタボリックシンドローム

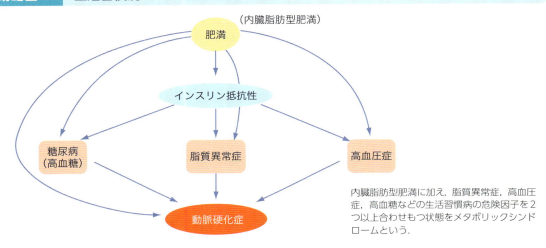

内臓脂肪型肥満に加え，脂質異常症，高血圧症，高血糖などの生活習慣病の危険因子を2つ以上合わせもつ状態をメタボリックシンドロームという．

I 糖尿病
diabetes mellitus

糖尿病は，糖代謝の異常によって血糖値が病的に高まり，さまざまな合併症をきたす危険性のある疾患である（表F-1）．高血糖では尿中にグルコースが漏出して尿が甘くなるため，糖尿病の名がつけられた．腎尿細管での再吸収障害による腎性糖尿は別の疾患である．

1型糖尿病
type 1 diabetes mellitus

血糖値を下げる作用をもつインスリンを産生する**膵臓のランゲルハンス島β細胞**が破壊され，インスリン量が絶対的に不足して起こる．子どもの頃に発症することが多く，以前は小児糖尿病やインスリン依存型糖尿病と呼ばれていた．

2型糖尿病
type 2 diabetes mellitus

インスリンの分泌不全または肝臓や筋肉の細胞のインスリン抵抗性[※1]によって起こる．遺伝的要因に加え，食事や運動などの生活習慣が関係している場合が多い．**わが国の糖尿病の95％以上はこのタイプ**である．

II 脂質異常症
hyperlipidemia

脂質異常症は，血中の中性脂肪（トリグリセリド），総コレステロール，LDLコレステロールなど

※1　インスリンが，標的とする細胞（肝臓，筋肉，脂肪）に十分作用しない状態，つまりインスリンの効き具合が悪い状態を意味しており，血糖値を下げるのに必要なインスリン量が多い場合には，インスリン抵抗性が高いと表現する．高いインスリン抵抗性は，重度の2型糖尿病の特徴でもある．

表F-1 ● 糖代謝異常の判定区分と判断基準

①早朝空腹時血糖値 126 mg/dL 以上
②75 g OGTT で2時間値 200 mg/dL 以上
③随時血糖値 200 mg/dL 以上
④HbA1c が 6.5% 以上

①〜④のいずれかが確認された場合は「**糖尿病型**」と判定する.

⑤早朝空腹時血糖値 110 mg/dL 未満
⑥75 g OGTT で2時間値 140 mg/dL 未満

⑤および⑥の血糖値が確認された場合には「**正常型**」と判定する.

● 上記の「糖尿病型」「正常型」いずれにも属さない場合は「**境界型**」と判定する.

OGTT : oral glucose tolerance（経口ブドウ糖負荷試験）
「糖尿病治療ガイド 2022-2023」（日本糖尿病学会／編著），p24，文光堂，2022より引用．

の脂質が異常に増加した状態（高トリグリセリド血症，高コレステロール血症，高LDLコレステロール血症），あるいはHDLコレステロールが不足している状態（低HDLコレステロール血症）をいう（表F-2, 3）．脂質異常症は，動脈硬化を引き起こし，心疾患や脳血管疾患などを発症する危険因子となる．また，血中に増加した中性脂肪が肝臓に蓄積すると脂肪肝となり，肝機能障害を引き起こす．

III 高血圧症
hypertension

血圧とは，心臓から送り出された血液が動脈の内壁を押す力のことである．動脈の血圧が心臓の収縮により最高に達したときの値が最高血圧または収縮期血圧，心臓の拡張により最低に達したときの値が最低血圧または拡張期血圧である．

高血圧は，血圧が高いという1つの症状である．繰り返しの測定で**最高血圧が140 mmHg以上，あるいは最低血圧が90 mmHg以上**であれば，高血圧症[※2]と診断される．

高血圧状態が長く続くと血管はいつも張りつめた状態におかれ，しだいに厚く，しかも硬くなる．これが高血圧による動脈硬化で，脳出血や脳梗塞，大動脈瘤，腎硬化症，心筋梗塞，眼底出血などの原因となる．また，心臓は高い血圧に耐えるために肥大し，心不全になることもある．

IV 動脈硬化症
atherosclerosis

動脈が強く弾力性に富んでいれば，心臓や脳をはじめすべての臓器や筋肉などの組織へ，必要な酸素や栄養は順調に供給される．しかし，動脈壁へのコ

> **Column** 飢餓時や糖尿病患者の血中に脂肪酸とケトン体が増加する理由
>
> 飢餓時や糖尿病患者のエネルギー代謝は，グルコースを用いた糖代謝（本章A参照）ではなく，脂肪組織から供給される脂肪酸を用いたβ-酸化（本章B参照）を中心に行われるため，血中脂肪酸量が増加する．糖代謝が円滑に行われない理由は，肝細胞内のグルコース濃度を維持するためにTCA回路の中間産物オキサロ酢酸が糖新生に使われ不足するからである．したがって，脂肪酸のβ-酸化の最終産物アセチルCoAはTCA回路に入ることができず，ケトン体生成系に進む．しかし，肝細胞はケトン体を利用することができないために血中に放出される．したがって，血中ケトン体量が増加する．

[※2] 過剰な塩分摂取，肥満，飲酒，精神的ストレス，喫煙などの生活習慣が関与している本態性高血圧症と，原因となる病気があって二次的に高血圧となる二次性高血圧症に分類される．日本人の90%は前者に該当する．

レステロールなどの脂質の蓄積（プラーク），酸素や栄養の不足，高血圧による動脈壁への負担過剰など，さまざまな要因が重なって新しい細胞がつくられなくなると，動脈は弾力性を失い固くもろくなる．このように，動脈が肥厚し硬化した状態を**動脈硬化**といい，これによって引き起こされるさまざまな病態を動脈硬化症という．

動脈硬化の種類にはアテローム性粥状動脈硬化，細動脈硬化，中膜硬化などがある．アテローム性粥状動脈硬化症は，脂質異常症，糖尿病，高血圧，喫煙などの危険因子によって起こり，最終的には動脈の血流が遮断されて脳梗塞や心筋梗塞などの原因となる．

V 虚血性心疾患
ischemic heart disease

虚血性心疾患とは，**冠動脈**[※3]**の閉塞や狭窄**などによって心筋への血流が阻害され，心臓に障害が起こる疾患の総称である．

狭心症
angina pectoris

心筋を養う冠動脈の内腔が狭くなり，心筋に十分な血液が流れなくなる状態で，胸が締め付けられるような痛みを感じる．冠動脈は閉塞していないので，心筋が壊死に陥ることはない．これが心筋梗塞との最大の違いである．

心筋梗塞
myocardial infarction

心筋を養っている冠動脈が閉塞し，心筋に栄養と酸素がいかなくなり壊死する状態である．急性心筋

表F-2 ● 血中脂質の基準値

総コレステロール（mg/dL）	160〜220
トリグリセリド（mg/dL）	40〜150
LDLコレステロール（mg/dL）	140以下
HDLコレステロール（mg/dL）	40〜60

表F-3 ● 脂質異常症の分類

	増加するリポタンパク質	血中コレステロール	血中トリグリセリド
Ⅰ型	キロミクロン	高値	1,000 mg/dL以上
Ⅱa型	LDL	高値	正常
Ⅱb型	VLDL，LDL	高値	高値
Ⅲ型	IDL	高値	高値
Ⅳ型	VLDL	正常	高値
Ⅴ型	キロミクロン，VLDL	高値	1,000 mg/dL以上

Column　脂肪肝になるメカニズム

食物として摂取した中性脂肪の大部分は，モノグリセリドと脂肪酸に加水分解されて小腸で吸収される．このうち，長鎖脂肪酸は小腸粘膜で脂肪に再合成され，アポタンパク質と結合してキロミクロンやVLDLとなってリンパ管を経て大動脈に入る．一方，中鎖脂肪酸や短鎖脂肪酸は直接門脈を経て肝臓へ行き脂肪に再合成されて，アポリポタンパク質と結合後，VLDLやLDLとなって末梢組織に運搬される．肝臓でのアポリポタンパク質合成量を上回るほど脂肪が肝臓に過剰に蓄積されたとき，脂肪肝になる．

※3 冠動脈：心筋に酸素と栄養を供給する動脈で，心臓を取り囲むように冠状に走行している．

梗塞は最も痛みが激しく，胸が締め付けられ，万力で絞められるような強い痛みを感じる．冠動脈の根元が閉塞し，多くの心筋が壊死に陥ると，心不全や心原性ショックと呼ばれる重篤な状態になる．

VI 脳血管疾患
cerebrovascular disease

脳血管疾患は，脳の血管がつまったり破れたりして起こり，脳梗塞，脳出血，くも膜下出血などに分類される．脳血管障害が急激に発症した場合は，脳血管発作または脳卒中と呼ばれる．

脳梗塞
cerebral infarction

脳の血管が血栓（血の塊）によってつまり，そこから先へ酸素や栄養が供給されなくなり，脳の組織が破壊される状態．脳の血管が動脈硬化を起こして細くなり，血流が途絶える場合を脳血栓といい，心臓や頸部の動脈にできた血栓がはがれて，脳の血管につまる場合を脳塞栓という．脳血栓は，主に高齢者に起こり，知覚・運動・意識障害などが徐々に進行する．脳塞栓では，半身の麻痺や痙攣が突然起こる．脳卒中死亡の60％以上を占める．

脳出血
brain hemorrhage

動脈硬化によってもろくなっている脳の血管が，血圧上昇にともなって急に破れ脳内で出血が起こる状態．多くの場合，突然意識を失って倒れ，深い昏睡に陥り半身麻痺になる．脳卒中死亡の約25％を占める．

くも膜下出血
subarachnoid hemorrhage

脳を覆う3層の膜（内側から，軟膜，くも膜，硬膜）のうち，くも膜と軟膜の間にある動脈瘤が破れ，膜と膜の間にあふれた血液が脳全体を圧迫する．突然激しい頭痛，嘔吐，痙攣を起こし，意識がなくなり急死することもある．脳卒中死亡の10％強を占める．

VII 肥満症
obesity

肥満とは，正常な状態に比べて体重が多い状況，あるいは体脂肪が過剰に蓄積した状況をいう．肥満の判定は，身長と体重から計算される[※4]という数値で行われる（表F-4）．肥満は，多くの生活習慣病の危険因子となるだけでなく，睡眠時無呼吸症候群[※5]や腰痛，関節痛などの発症にもかかわる．また，

表F-4 ● BMIからみた肥満症の判定

BMI	判定	WHO基準	疾病が発現する危険性
18.5未満	低体重（やせ）	低体重	低い[①]
18.5以上25未満	普通	体重正常	標準
25以上30未満	肥満（1度）	前肥満	増加
30以上35未満	肥満（2度）	Ⅰ度	中度
35以上40未満	肥満（3度）[②]	Ⅱ度	高度
40以上	肥満（4度）[②]	Ⅲ度	非常に高度

①肥満以外の臨床上の危険が高まる
②高度肥満（診断や治療の対象となる）

（日本肥満学会，2011）

※4　BMI (Body Mass Index) = 体重(kg)／〔身長(m)×身長(m)〕

※5　睡眠時無呼吸症候群：睡眠時に無呼吸状態になる疾患．無呼吸とは10秒以上の呼吸停止と定義され，これが1時間に5回以上または7時間の睡眠中に30回以上ある人は睡眠時無呼吸症候群と診断される．

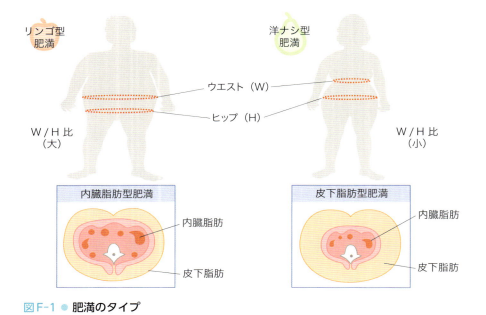

図F-1 ● 肥満のタイプ

肥満に関連する脂肪肝の1つで，酒を飲まない人に発症する**非アルコール性脂肪性肝炎（NASH）**は，内臓脂肪と関連が深く，放っておくと肝硬変や肝がんに進展する．胆道がん，大腸がん，乳がん，子宮内膜がんなどの悪性疾患と肥満との関連性も指摘されている．

1994年，脂肪細胞から分泌される**レプチン**※6と呼ばれるタンパク質が，視床下部の満腹中枢を刺激して食欲の抑制とエネルギー消費の増大を引き起こすことが発見され，脂肪組織は，単にエネルギー貯蔵の場ではなく，巨大な内分泌器官であると考えられるようになった．現在では，脂肪細胞が分泌する生理活性物質は**アディポサイトカイン（アディポカイン）**※6と総称され，メタボリックシンドロームの発症において中心的な役割を果たしている．

VIII メタボリックシンドローム
metabolic syndrome

内臓脂肪型肥満に加え，脂質異常症，高血圧，高血糖などの危険因子を2つ以上合わせもつ状態をメタボリックシンドローム，1つもつ状態をその予備群という（表F-5）．それぞれ単独でもリスクを高める要因であるが，これらが多数重積すると相乗的に動

Column　肥満には2つのタイプがある

下腹部，腰のまわり，太もも，おしりのまわりの皮下に脂肪が蓄積する皮下脂肪型肥満と，内臓のまわりに脂肪が蓄積する内臓脂肪型肥満とがあり，体形からそれぞれ洋ナシ型肥満，リンゴ型肥満と呼ばれる（図F-1）．ウエストサイズ（へそまわり径）が男性で85 cm以上，女性で90 cm以上あれば内臓脂肪型肥満が疑われる．あなたのウエストサイズは大丈夫？

※6　レプチンとアディポサイトカイン：生理活性の違いから善玉（アディポネクチン，レプチン）と悪玉〔腫瘍壊死因子α（TNF-α），プラスミノーゲンアクチベーターインヒビター（PAI-1），インターロイキン-6（IL-6）など〕の2つに分けられる．このなかでTNF-αは，肝臓や筋肉の細胞のインスリン抵抗性を惹起させて2型糖尿病を発症させること，また，血中のトリグリセリドやLDL値を上昇させて脂質異常症を誘発させることが指摘されている．

表 F-5 ● メタボリックシンドロームの診断基準

内臓脂肪（腹腔内脂肪）蓄積	ウエスト周囲（腹囲）径　男性：85 cm 以上　女性：90 cm 以上 〔内臓脂肪面積　100 cm² 以上に相当（男女とも）〕		
項目	血中脂質	血圧	血糖
基準	●中性脂肪値　150 mg/dL 以上 　（高トリグリセリド血症） ●HDL コレステロール値　40 mg/dL 未満 　（低 HDL コレステロール血症）	●収縮期（最大）血圧値　130 mmHg 以上 ●拡張期（最小）血圧値　85 mmHg 以上	●空腹時血糖値 　110 mg/dL 以上

(日本動脈硬化学会，日本糖尿病学会，日本高血圧学会，日本肥満学会，日本循環器学会，日本腎臓病学会，日本血栓止血学会，日本内科学会による基準，2005 年 4 月)

● 内臓脂肪（腹腔内脂肪）蓄積に加え，上記の 2 つ以上の項目に該当する場合，メタボリックシンドロームとみなす
※"項目に該当する"とは，上記の「基準」を満たしている場合，かつ／または「服薬」がある場合とする

脈硬化性疾患の発生頻度が高まる．日本人 40〜74 歳男性の約 50%，女性の約 20% が，メタボリックシンドロームが強く疑われる群またはその予備群に属する．

まとめ

- 生活習慣病は，わが国の近年の 3 大死因と密接に関連している．
- その発症には，日常の食生活や運動，ストレス，喫煙などの生活習慣がかかわっている．
- 内臓脂肪型肥満にともなう腹囲の増加は，メタボリックシンドロームが強く疑われる．

G 臓器と関連する血液検査
blood examination related to organ

血液には，各細胞に必要な酸素や栄養素を運ぶはたらきと，不要な代謝産物や老廃物を運び去るはたらきがある．つまり，血液中の成分を分析すれば全身の組織や臓器の状態がわかるため，病気の診断や治療の判定などに利用される．臓器が障害されて細胞が破壊されると，血液や尿中にその臓器特有の物質が流失する．血液検査でその物質を分析し，健常時の値（基準値）と比較すれば，各疾患の診断や治療効果の確認が可能となる．

概略図-G　血液の流れ（肺循環と体循環）

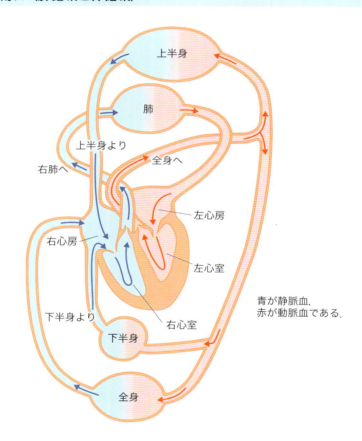

青が静脈血，赤が動脈血である．

I 肝・胆・膵機能検査にかかわる血液成分

肝臓，胆嚢，膵臓などの構造と位置関係については図G-1を参照．

総ビリルビン
total bilirubin

基準値0.4〜1.5 mg/dL[※1]．ビリルビンは，赤血球の分解産物（ヘモグロビン）の代謝によってできる（図G-2）．赤血球の寿命は約120日で，古くなった赤血球は破壊され，ヘモグロビンはヘムとグロビンに分解される．さらにグロビンはアミノ酸に，ヘムはビリルビンに分解される．このビリルビンは間接

[※1]「今日の臨床検査2023-2024」（矢冨裕，山田俊幸／監），南江堂，2023より引用．

ビリルビンと呼ばれ，アルブミンと結合して肝臓に運ばれ，酵素のはたらきで直接ビリルビンに変化する．直接ビリルビンの大部分は，胆汁の成分として十二指腸に送られ，便とともに排出され，一部は腎臓で濾過され尿として排泄される．尿が黄色いのはビリルビンの影響である．ビリルビンは黄色い色素なので，血液中の総ビリルビンが基準値より高くなると，皮膚や白目の部分が黄色くなり，黄疸と診断される．間接ビリルビンと直接ビリルビンを合わせたものを総ビリルビンという．

AST（GOT）とALT（GPT）
aspartate transaminase & alanine transaminase

基準値はAST（GOT）が13～30 U/L[*1]，ALT（GPT）が男性10～42 U/L[*1]，女性7～23 U/L[*1]．ASTはアスパラギン酸アミノトランスフェラーゼの略号で，GOT（グルタミン酸オキサロ酢酸トランスフェラーゼ）とも呼ばれる．一方，ALTはアラニンアミノトランスフェラーゼの略称で，GPT（グルタミン酸ピルビン酸トランスフェラーゼ）とも呼ばれ，細胞が障害（破壊）されると血液中のASTとALTは高値を示す．ALTは主に肝臓の細胞に，ASTは肝臓の他，心筋や骨格筋の細胞，赤血球などに広く存在する．ASTとALTがともに高値を示す場合あるいはALTが単独で高値を示す場合は肝障害が疑われる．一方，ASTが優位に高値を示す場合は心筋梗

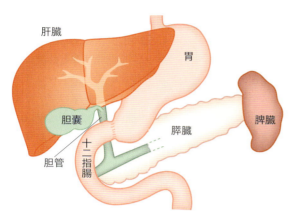

図G-1 ● 肝・胆・膵系の構造と位置関係

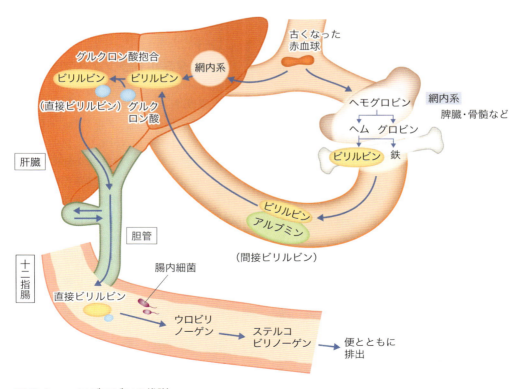

図G-2 ● ヘモグロビンの代謝

塞，筋疾患，溶血性貧血など肝臓以外の病態が疑われる．血中半減期はASTがALTより短いため，肝細胞が急激に崩壊する急性肝炎ではAST優位，慢性肝炎や肥満による脂肪肝ではALT優位となる．アルコール性肝障害ではAST優位で，AST/ALT比が2近くまで上昇する．

LD（乳酸脱水素酵素）
lactate dehydrogenase

基準値124～222 IU/L[※1]．LDは肝臓，腎臓，心筋，骨格筋の細胞，赤血球に多く含まれるため，これらの臓器や組織が障害されると血液中のLDが高値を示す．特に急性肝炎や肝臓がん，あるいは心筋梗塞では著しく増加する．また，慢性肝炎や肝硬変などの肝臓病，腎不全，悪性貧血などの血液病，筋ジストロフィーなどの骨格筋の病気，間質性肺炎，さまざまな臓器のがんでも増加するので，これらの病気を発見するスクリーニング検査として用いられる．異常値が出たら，どの臓器の病気かを知るためにアイソザイム検査が行われる．アイソザイムとは，同じはたらきをする分子構造が異なる酵素群のことで，LD1～5の5つのサブタイプがある．急性肝炎の初期や肝臓がん（特に転移性がん）ではLD5，心筋梗塞や溶血性貧血ではLD1が著しく増加する．筋ジストロフィーではLD2，大腸がんではLD3，肺梗塞と慢性骨髄性白血病ではLD2とLD3が増加する．

ALP（アルカリホスファターゼ）
alkaline phosphatase

基準値106～322 U/L[※1]．ALPは肝臓や骨，小腸，胎盤などに多く含まれ，多くの場合，肝臓や胆管，骨の異常により高値を示す．ALP検査で閉塞性黄疸や閉塞性胆道疾患の有無が調べられる．つまり，肝臓由来のALPは胆汁とともに胆管を経て十二指腸に流れるため，この経路に結石や腫瘍ができると胆汁が流れにくくなり血液中に漏れ出る．また，胆汁の流れが完全に止まると，黄疸の症状がでる．ALP値が著しく高値を示す場合には，そのアイソザイムを分析する．ALPには6種類（ALP1～6）のサブタイプがあり，閉塞性黄疸，限局性肝障害ではALP1，各種肝疾患，胆道系疾患ではALP2，骨の病気（健常小児に多い），副甲状腺機能亢進症ではALP3，悪性腫瘍の一部，妊娠後期ではALP4，肝硬変，慢性肝炎，慢性腎不全ではALP5，潰瘍性大腸炎ではALP6が増加する．一方，ALP値が基準値を下回る場合は，骨の形成不全や骨折，歯の早期脱落，腎障害などが疑われる．

ChE（コリンエステラーゼ）
cholinesterase

基準値 男性240～486 U/L[※1]，女性201～421 U/L[※1]．ChEはコリンエステルをコリンと酢酸に分解する酵素で，赤血球や神経組織のアセチルコリンエステラーゼ（真性ChE）と肝臓や膵臓のブチリルコリンエステラーゼ（偽性ChE）の2種類がある．検査で調べるのは後者の偽性ChEであり，血液中ChEの大部分は肝臓でつくられる偽性ChEであるため，肝機能検査として用いられる．ChE値が基準値を下回った場合は，急性・慢性肝炎，劇症肝炎などが疑われ，急激に減少した場合は肝硬変や転移性肝がんが疑われる．一方，急激に増加した場合はネフローゼ症候群，高値のときは甲状腺機能亢進症（バセドウ病），脂肪肝，糖尿病などが疑われる．

γ-GT（γグルタミルトランスペプチダーゼ）
γ-glutamyltransferase

基準値 男性13～64 U/L以下[※1]，女性9～32 U/L以下[※1]．γ-GTは，グルタチオンなどのγ-グルタミルペプチドを加水分解し，他のペプチドやアミノ酸などにγ-グルタミル基を転移する酵素である．この酵素は，主に肝臓の解毒作用に関与し，アルコールや薬剤などが肝細胞を破壊したり，結石やがんによって胆管がつまったときに血液中に増加する．また，肝臓の細胞が破壊される肝炎やアルコールの飲みすぎによる脂肪肝でも増加する．基準値を超えた場合には，ASTとALTの結果と合わせて検討することが重要で，それらがともに高値の場合は，肝臓病や閉塞性黄疸などが疑われる．一方，γ-GTだけが高いときには，アルコールが原因の肝障害または膵臓疾患（膵炎・膵臓がん）が疑われる．

TP（総タンパク）
total protein

基準値6.6〜8.1 g/dL[※1]．摂取したタンパク質はアミノ酸に消化後，小腸で吸収されて肝臓に運ばれ，その一部はアルブミンや他の必要なタンパク質に再合成されて各組織に運ばれる．残ったアミノ酸は肝臓以外の組織や臓器に送られ，抗体，ホルモン，酵素などに再合成される．血清中には100種類以上のタンパク質が7〜8％含まれ，その主成分はアルブミン（60％）とグロブリン（20％）である．TP値は，肝臓や腎臓の機能に異常が生じると変動する．その濃度が8.5 g/dL以上になると高タンパク血症と呼ばれ，9.0 g/dL以上になるとグロブリンの増加を引き起こす肝疾患（肝炎・肝硬変・悪性腫瘍）や自己免疫疾患（膠原病）の可能性が疑われる．一方，6.0 g/dL以下になると低タンパク血症と呼ばれ，栄養不足や感染症のほかタンパク質が体外に大量に漏出するネフローゼ症候群や急性腎炎が疑われる．

アルブミン
albumin

基準値4.1〜5.1 g/dL[※1]．アルブミンは血液中の脂肪酸，胆汁色素，薬剤と結合し，これらを運搬する．また，血清アルブミン値は，食事によるタンパク質の摂取量を敏感に反映するため栄養状態の指標にもなる．血清アルブミン値が顕著な低下を示すのは，肝硬変やネフローゼ症候群，悪液質，熱傷などで，急性感染症や慢性腎不全，甲状腺機能亢進症でも低下する．

γ-グロブリン
γ-globulin

基準値10.2〜20.4％[※1]．主に免疫を司るタンパク質で，各種の慢性疾患，炎症，肝障害，腎障害などで高値を示す．

A/G比
albumin/globulin ratio

基準値1.32〜2.23[※1]．総タンパクが基準範囲でも，アルブミン（A）の減少あるいはグロブリン（G）の増加により，何らかの異常が隠れている場合がある．このような場合，A/G比を求めることによって，異常の原因を探ることができる．アルブミンは肝臓で合成されるため，肝炎，肝硬変，肝がんなどの肝臓障害があると血液中のアルブミンが著しく減少し，A/G比も低下する．ネフローゼ症候群，糖尿病，栄養不良でもA/G比は低下する．一方，グロブリンの増加によりA/G比が低下した場合は，多発性骨髄腫やマクログロブリン血症が疑われる．また，炎症や悪性腫瘍でも，アルブミン減少とグロブリン増加が起こり，A/G比は著しく低下する．

アミラーゼ
amylase

基準値44〜132 U/L[※1]．血液中のアミラーゼは，膵臓由来40％，唾液腺由来60％の割合で含まれる．臓器から血液中に出たアミラーゼは2〜4時間で消失する．約1/3は腎臓から尿として排泄され，残りは肝臓や網内系で処理される．通常アミラーゼは血液中にわずかしか存在せず，急性膵炎，慢性膵炎，膵嚢胞，膵臓がんなどの膵臓疾患や耳下腺炎により膵臓や唾液腺が障害を受けると高値を示す．一方，慢性膵炎，糖尿病，肝硬変などでは低値を示す．通常アミラーゼを検査する際は，血清と尿の両方を検査することが多い．また，障害部位を推測する際には，アミラーゼアイソザイムを用いる．アミラーゼには膵臓由来のP型と唾液腺由来のS型の2つのサブタイプがあり，高値を示す型を調べて障害部位を推測する．

リパーゼ
lipase

基準値5〜55 U/L[※1]．脂肪を消化する酵素で，膵臓の細胞が障害を受けたり，破壊されると血液中のリパーゼの量が増える．リパーゼはアミラーゼと同じような変動を示すが，アミラーゼは唾液腺の異常でも上昇するため，膵臓疾患を検知するにはリパーゼの方がより高い特異性を示す．リパーゼが高値を示す場合は，急性膵炎，慢性膵炎，膵臓がんなどが，低値を示す場合は慢性膵炎などが疑われる．

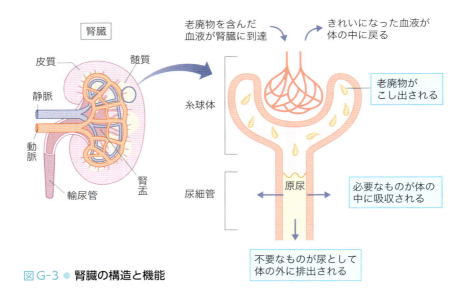

図 G-3 ● 腎臓の構造と機能

II 腎機能検査にかかわる血液成分

腎臓の最も代表的なはたらきは尿をつくることである．老廃物を含む血液は腎臓の糸球体で濾過され，老廃物をこし出す．こし出された老廃物と多量の水分は原尿と呼ばれる．その後，原尿が尿細管を通過するとき，その中に残っている必要な栄養分や水分が再吸収され，最後に残った老廃物が，尿として体外に出される（図 G-3）．

BUN（血中尿素窒素）
blood urea nitrogen

基準値 8〜20 mg/dL[※1]．BUN とは，尿素に含まれる窒素成分のことである．尿素は，アミノ酸代謝（脱アミノ反応）によって発生したアンモニアを無毒化するために，二酸化炭素が結合したものであり，通常は腎糸球体で濾過されて尿中へ排出されるが，腎機能が低下すると，濾過しきれない分が血液中に残る．つまり，BUN が高値の場合は，腎機能が低下していることを示し，腎炎，腎臓結石，腎硬化症，腎不全などの腎疾患が疑われる．一方，低値の場合は栄養不足，肝硬変，筋ジストロフィーなどが疑われる．

Cr（クレアチニン）
creatinine

基準値 男性 0.65〜1.07 mg/dL[※1]，女性 0.46〜0.79 mg/dL[※1]．クレアチニンは，筋肉運動のエネルギー源となるアミノ酸の一種クレアチンが代謝されてできた老廃物である．クレアチニンは腎糸球体で濾過されるが，BUN とは異なり尿細管ではほとんど再吸収されずに尿として体外へ排出される．血液中のクレアチニンが高値を示す場合は，腎炎，腎臓結石，腎硬化症，腎不全，腎臓がんなどの腎機能障害が疑われる．一方，クレアチニン量は筋肉量に比例するため，筋ジストロフィーなどの筋肉が萎縮する疾患の場合は低値を示す．

eGFR（推算糸球体濾過量）
estimated glomerular filtration rate

基準値 60 mL/60 分/1.73 m² 以上．eGFR 値は，腎糸球体が老廃物を濾過する能力を示す指標であり，血液中のクレアチニン値と年齢・性別から計算して求める．透析を要する腎不全の前段階である慢性腎臓病の診断や病態の把握時に用いられる．この値が低いほど腎機能が低下していることを示す．

ナトリウム
sodium

基準値138〜145 mmol/L[※1]．血液中のナトリウムは，体内の水分量や血圧を調整するために必要なため，主に腎臓の状態，脱水症や浮腫（顔や手足のむくみ）を調べる際に測定される．激しい下痢や嘔吐，過剰な発汗では，体内の水分が減少するためナトリウム濃度が高値になる．高血圧，糖尿病，腎臓疾患でも高値を示すことがある．一方，腎不全などで腎機能が低下すると尿量が減少し，体内に水分がたまり浮腫になりナトリウムが水分で薄められ，その濃度は低値になる．ネフローゼ症候群，肝硬変，腎不全，心不全，妊娠中毒症でも低値を示すことがある．

カリウム
potassium

基準値3.6〜4.8 mmol/L[※1]．体内のカリウムの大部分は細胞内に存在し，血液中など細胞外には2％程度しか存在しないが，この値が乱れると全身に重大な障害をもたらす．アシドーシス[※2]，腎硬化症，腎不全，副腎皮質機能不全では高値を示す．また，血液中のカリウム濃度が非常に高くなるとナトリウムとカリウムのバランスが崩れて細胞機能が低下する．一方，嘔吐や下痢の直後，代謝性アルカローシス，バセドウ病では低値を示す．また，慢性的にカリウムが不足すると，体全体に脱力感が起こり，イライラや不安を感じやすくなる

UA（尿酸）
uric acid

基準値 男性3.7〜7.8 mg/dL[※1]，女性2.6〜5.5 mg/dL[※1]．1日に排泄されるUAの3/4は尿中に排泄されるが，腎機能障害によってUAが排泄されない，あるいは何らかの原因でUAがつくられすぎると，体内にたまったUAが異常を引き起こす．その代表的疾患が痛風（p.212のコラム「プリン体と痛風」参照）である．また，腎臓にたまったUA結晶は腎炎を起こし，腎・尿路系において結石のもとになる．

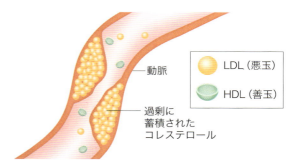

図G-4 ● 善玉と悪玉のコレステロール

III 心機能検査にかかわる血液成分

心疾患に陥る重要な要因として**動脈硬化**がある．動脈硬化とは，血管の弾力が失われて硬くなり，血管の内側の壁にさまざまな物質がたまって狭くなり，血液が流れにくくなる状態のことをいい，放置していると心筋梗塞や脳梗塞などを引き起こす危険性がある．ここでは，動脈硬化に関連する血液成分（コレステロール，中性脂肪）と，特に心不全の重症度を判定するために有用な血液成分（BNP）に絞って記述する．

LDL（悪玉）コレステロール
low-density lipoprotein cholesterol

基準値65〜163 mg/dL[※1]．LDLは，肝臓でつくられたコレステロールを各臓器に運ぶにはたらきをしている低比重リポタンパクであり，細胞内に取り込まれなかった余剰なコレステロールを血管内に放置し，動脈硬化を引き起こす原因となる（図G-4）．

HDL（善玉）コレステロール
high-density lipoprotein cholesterol

基準値 男性39〜90 mg/dL[※1]，女性48〜103 mg/dL[※1]．HDLは，血管内壁にへばりついて動脈硬化を引き起こす要因となるコレステロールを引き抜いて，肝臓まで運ぶはたらきをする高比重リポタンパクであり，動脈硬化を予防する作用がある（図G-4）．

※2　体液が正常よりも酸性（pH 7.35以下）に傾いた状態．

総コレステロール
total cholesterol

基準値142〜248 mg/dL[※1]．コレステロールは細胞膜の構成成分であるだけでなく，血管の強化や維持にも重要な役割を果たしている．また，副腎皮質ホルモンや性ホルモン，脂肪の消化を助ける胆汁酸の主成分である．総コレステロールとは，LDLコレステロールやHDLコレステロールなどを含めた血液中のすべてのコレステロールの総量である．

TG（トリグリセリド）
triglyceride

基準値 男性40〜234 mg/dL[※1]，女性30〜117 mg/dL[※1]．TGは，スクロースなどの糖質や動物性脂肪を主な原料として肝臓でつくられる．食事でこれらを過剰に摂取すると，皮下脂肪の主成分として蓄積される．ヒトのからだが活動するとき，エネルギー源としてまず消費されるのはグルコースであるが，不足してくると，貯蔵されていた脂肪が分解されて再び血液中に放出されてエネルギーとして使われる．血液中のTGの値が高い場合には動脈硬化の危険度が高くなり，低い場合には栄養障害が疑われる．

BNP（脳性ナトリウム利尿ペプチド）
brain natriuretic peptide

基準値18.4 pg/mL以下[※1]．BNPは心臓（主に心室）から分泌されるホルモンで，心臓に負荷がかかったり，心筋が肥大化すると増加する．BNPは，利尿作用，血管拡張作用，交感神経抑制，心肥大抑制などの心筋を保護する作用がある．

まとめ

- 血液検査によって全身の組織や臓器の状態がわかり，身体に隠れているさまざまな疾患を発見できる．
- 障害された臓器特有の物質を血液検査によって分析し，基準値と比較することによって，病気の診断や治療効果の確認が可能となる．
- 肝臓の機能を調べる際の主な血液検査項目は，血液中の総ビリルビン，AST（GOT），ALT（GPT），LD，ALP，ChE，γ-GT，A/G比などである．
- γ-GTPは，アルコールの過剰摂取による肝機能障害に敏感に反応する．
- 胆嚢や胆管などの機能を調べる際の主な血液検査項目は，総ビリルビン，AST（GOT），ALT（GPT），ALP，γ-GTPなどである．
- 膵臓の機能を調べる際の主な血液検査項目は，アミラーゼ，リパーゼなどである．
- 腎臓の機能を調べる際の主な血液検査項目は，BUN，クレアチニン，eGFR，UAなどである．
- 心臓や血管など循環器系の機能を調べる際の主な血液検査項目は，LDLコレステロール，HDLコレステロール，総コレステロール，TGなどである．

付　録

● SI接頭辞

本書の中では，長さ，濃度などを表す単位が使用されているが，これらは，国際単位系（SI）で定められた接頭語と組み合わされていることが多い．

SI接頭語は，10の累乗倍あるいは累乗分の1を示すもので，その一部を右に示す．

したがって，$10\,\mu m$ とは $10 \times 10^{-6}\,m$（1,000,000分の1 m）のことで，0.01 mmの長さを表す．また，$10^{-6}\,M$ という濃度は $1\,\mu M$ とも表現できる．なお，1 M は，1 L 中に 6.022×10^{23}（アボガドロ数）個の分子が存在する濃度である．

cm（センチメートル）や dL（デシリットル）などは，よく聞く単位であろう．本書の中では登場しないがMやGなどのSI接頭語は，ファイルのサイズやコンピューターのハードディスクの容量（byte）を示す単位との組み合せで馴染みがあろう．

表1

大きさ	呼称	表記記号
10^{9}	ギガ	G
10^{6}	メガ	M
10^{3}	キロ	k
10^{2}	ヘクト	h
10^{1}	デカ	da
10^{-1}	デシ	d
10^{-2}	センチ	c
10^{-3}	ミリ	m
10^{-6}	マイクロ	μ
10^{-9}	ナノ	n
10^{-12}	ピコ	p
10^{-15}	フェムト	f

● 基本アミノ酸（20種）

表2

中性アミノ酸						
脂肪族アミノ酸	略号 3文字（1文字）	等電点 (pI)	含硫アミノ酸		略号 3文字（1文字）	等電点 (pI)
グリシン（glycine）	Gly（G）	5.97	システイン（cysteine）		Cys（C）	5.07
アラニン（alanine）	Ala（A）	6.00	*メチオニン（methionine）		Met（M）	5.74
*バリン（valine）	Val（V）	5.96	芳香族アミノ酸			
*ロイシン（leucine）	Leu（L）	5.98	*フェニルアラニン（phenylalanine）		Phe（F）	5.48
*イソロイシン（isoleucine）	Ile（I）	6.02	チロシン（tyrosine）		Tyr（Y）	5.66
アスパラギン（asparagine）	Asn（N）	5.41	複素環アミノ酸			
グルタミン（glutamine）	Gln（Q）	5.65	*トリプトファン（tryptophan）		Trp（W）	5.89
オキシアミノ酸			複素環イミノ酸			
セリン（serine）	Ser（S）	5.68	プロリン（proline）		Pro（P）	6.30
*スレオニン（threonine）	Thr（T）	6.16				
酸性アミノ酸			塩基性アミノ酸			
アスパラギン酸（aspartic acid）	Asp（D）	2.77	脂肪族アミノ酸			
グルタミン酸（glutamic acid）	Glu（E）	3.22	*リシン（lysine）		Lys（K）	9.74
			アルギニン（arginine）		Arg（R）	10.76
			複素環アミノ酸			
			*ヒスチジン（histidine）		His（H）	7.59

＊必須アミノ酸　　＊幼児のみで不可欠な必須アミノ酸

基本アミノ酸（20種）の続き

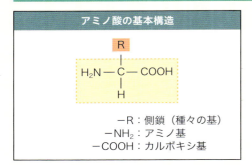

アミノ酸の基本構造

－R：側鎖（種々の基）
－NH₂：アミノ基
－COOH：カルボキシ基

表3

	名称	側鎖の構造		名称	側鎖の構造
脂肪族炭化水素をもつ	アラニン	$-CH_3$	負電荷をもつ	アスパラギン酸	$-CH_2-COO^-$
	ロイシン	$-CH_2-CH(CH_3)-CH_3$		グルタミン酸	$-CH_2-CH_2-COO^-$
	イソロイシン	$-CH(CH_3)-CH_2-CH_3$	正電荷をもつ	リシン	$-(CH_2)_4-NH_3^+$
	バリン	$-CH(CH_3)-CH_3$		アルギニン	$-(CH_2)_3-NH-C(=NH_2^+)-NH_2$
	プロリン*	HN−COOH（環状構造）		ヒスチジン	$-CH_2-$(イミダゾール環)
芳香族環をもつ	チロシン	$-CH_2-C_6H_4-OH$	アミド基をもつ	アスパラギン	$-CH_2-CO-NH_2$
	フェニルアラニン	$-CH_2-C_6H_5$		グルタミン	$-CH_2-CH_2-CO-NH_2$
	トリプトファン	$-CH_2-$(インドール環)	ヒドロキシ基をもつ	セリン	$-CH_2-OH$
硫黄を含む	メチオニン	$-CH_2-CH_2-S-CH_3$		スレオニン	$-CH(OH)-CH_3$
	システイン	$-CH_2-SH$	中性	グリシン	$-H$

＊プロリンは全構造を示す

索引
Index

*下線は主要頁を示す.

欧文索引

数字

Ⅰ型アレルギー	99
Ⅰ型コラーゲン	108
1型糖尿病	216
Ⅱ型コラーゲン	108
2型糖尿病	216
Ⅱ型ミオシン	83
3-ヒドロキシ酪酸	200
3′末端	114
5′-キャップ	131
5′末端	114

A～C

α-1,4グルコシド結合	188
α-1,6グルコシダーゼ	188
α-1,6グルコシド結合	188
α-ケトグルタル酸	194
α鎖	105
α-ヘリックス	56
α-ヘリックス構造	56
α-リポタンパク質	88
ADA欠損症	163
ADP	185
A/G比	225
AIDS	101
ALP	224
ALT	223
AST	223
ATP	21, 182, 185
ATPase活性	83
β-グリコシド結合	59
β構造	56
β-酸化	182
β-リポタンパク質	88
BMI	219
BNP	228
B細胞	97
Bリンパ球	97
Ca	50, 52
Ca^{2+}チャネル	84, 93
Ca^{2+}濃度	84
cAMP	93
Casタンパク質	175
CD4 T細胞	100
CD8	100
CD8 T細胞	100
cDNAライブラリー	170, 171
ChE	224
*cis*面	20
CRISPR/Cas	175
CRISPR/Cas9	175
crRNA	175
CYP450	214

D

DNA	59, 114, 120
DNA結合モチーフ	143
DNA修復ヌクレアーゼ	153
DNA診断	163
DNAデータベース	172
DNAの校正	153
DNAの修復	153
DNAの修復機構	40
DNAの増幅	169
DNAの二重らせん	115
DNAの複製	117
DNAの複製過誤と損傷	153
DNAの変性	168
DNA複製フォーク	118
DNAプライマーゼ	119
DNAヘリカーゼ	118
DNAポリメラーゼ	118, 153
DNAメチル化	147
DNAリガーゼ	119, 153

E～I

eGFR	226
ES細胞	43, 174
*ex vivo*法	163
Fasリガンド	41
Fe	52
Fischerの投影式	61
γ-GT	224
γグルタミルトランスペプチダーゼ	224
γ-グロブリン	225
GAG	106
GAG鎖	106
GLUT1トランスポーター	188
GLUT2トランスポーター	188
glycosaminoglycan	106
GOT	204, 223
GPT	205, 223
gRNA	175
Gタンパク質	93
Gタンパク質連結型受容体	93
Haworthの式	61
HDL	88, 190
HDL（善玉）コレステロール	227
HIV	101
hnRNA	131
IgA	99
IgD	99
IgE	99
IFN-γ	100
IgG	99
IgM	98, 99
IL	100
*in vivo*法	163
iPS細胞	46

K～N

K	50, 51
LD	224
LDL	88, 190
LDL（悪玉）コレステロール	227
lncRNA	135
L-グルタミン酸脱水素酵素	205
M-CSF	110
Mg	50, 52
MHCクラスⅠ	100
MHCクラスⅡ	100
MHC分子	100
miRNA	134
MMP	107
mRNA	60, 131
Na	50, 51
NADPH	197
Na^+-K^+ATPase	89
Na^+-K^+ポンプ	89
NASH	220
ncRNA	134
NK細胞	98
non-coding RNA	121
N-カルバモイルアスパラギン酸	211
N-グリコシル化	140
N末端	56

O～R

O-グリコシル化	140
OPG	110
*p53*遺伝子	160
p53タンパク質	36, 37, 160
PCD	39
PCR	169
piRNA	135
point mutation	154
RANKL	109
reading frame	137
Reevesの式	61
restriction enzyme	167
RGD配列	109
RNA	59, 60, 114
RNA干渉	134, 174
RNAシークエンシング	134
RNAスプライシング	132
RNAの装飾	131
RNAプライマー	119
RNAポリメラーゼ	130, 143, 144, 208
rRNA	60, 132

S, T

Schiff塩基形成	105
sIgA	99, 100
siRNA	134, 174

small RNA	134	
snoRNA	134	
snRNA	134	
SRP受容体タンパク質	139	
SSBタンパク質	118	
SUMO化	148	
TCA回路	193, 194, 196, 200	
TCR	100	
TG	228	
Th0	100	
Th1	100	
Th2	100	
thick filament	83	
thin filament	83	
TIMP	107	
TP	225	
*trans*面	20	
tRNA	60, 133	
T管系	85	
T細胞	97	
T細胞受容体	100	
Tリンパ球	97	

U〜Z

UA	227
UDPグルコース	197
VLDL	190
Xist RNA	135, 148
X染色体	123
X染色体不活化	148
Y染色体	123
Z帯	83

和文索引

あ

アイソザイム	224
悪性腫瘍	157
アクチベーター	143, 144, 146
アクチン	25, 83
アクチンフィラメント	25
アグレカン	106
足場依存性	34, 37
アシル（脂肪酸）CoA	200
アスパラギン酸	211
アセチルCoA	194, 200
アセチルCoAカルボキシラーゼ	202
アセチルコリン	85, 89
アセチルコリン受容体	93
アセト酢酸	179, 200
アセトン	200
アディポカイン	220
アディポサイトカイン	220
アデニル酸シクラーゼ	93
アデニン	114, 185
アデニンヌクレオチド	210
アデノシン	185
アデノシン1-リン酸	59
アデノシン2-リン酸	59, 185
アデノシン3-リン酸	22, 59, 182, 185
アテローム性粥状動脈硬化症	218
アドヘレンス結合	31
アドレナリン	189
アニーリング	169
アポ酵素	73
アポトーシス	38, 39
アポリポタンパク質	190
アミノアシルtRNA	60, 138, 208
アミノアシルtRNA合成酵素	133
アミノ基	54
アミノ基転移	180
アミノ基転移反応	204, 205
アミノ酸プール	184
アミノトランスフェラーゼ	204
アミノペプチダーゼ	190
アミノ末端	56
アミラーゼ	188, 225
アミン	205
アラキドン酸	65, 67, 201
アルカリホスファターゼ	109, 224
アルドース	61
アルドール縮合	105
アルブミン	87, 88, 190, 225
アレルギー	101
アロステリック	186
アロステリック酵素	202
アンカーリング	16
アンチコドン	133, 208
アンチセンスオリゴヌクレオチド	174
アンチセンス鎖	130

い

イオン結合	56
イオンチャネル	89
イオンチャネル型受容体	93
鋳型DNA	118
易感染性宿主	102
異染色質	121
一次構造	55
一次精母細胞	125
一次転写産物RNA	131
一次卵母細胞	125
一倍体	126
一本鎖DNA結合タンパク質	118
遺伝	124, 125
遺伝コード	137
遺伝コードの縮重	137
遺伝子	121, 129
遺伝子診断	163
遺伝子ターゲティング	174
遺伝子治療	163
遺伝子導入	173
遺伝子導入動物	173
遺伝子の重複	156
遺伝子ノックアウト	174
遺伝子発現	142
遺伝子ファミリー	156
遺伝情報	114
遺伝情報の翻訳	208
遺伝子ライブラリー	171
遺伝的な組換え	127, 155
遺伝病	161
イノシトール3-リン酸	93
インスリン	56, 76, 78, 188, 216
インスリン抵抗性	216
インターフェロン-γ	100
インターロイキン	100
インテグリン	32, 33, 107
イントロン	129, 131
インプリンティング	149

う・え

ウイルス感染の場合	98
ウイルス性がん遺伝子	158
ウエスタンブロッティング	168
ウラシル	114
運動終板	85, 89
運搬体タンパク質	88
エイコサノイド	67
エイブリー	114
エキソサイトーシス	90
エキソヌクレアーゼ	131
エキソン	129, 131
エキソンのシャッフリング	156
壊死	38
エナメル芽細胞	108
エナメル質	108
エナメルタンパク質	109
エネルギー代謝	191
エネルギーの通貨	185
エネルギー変換	186
エピジェネティック	147
エラスチン	104, 106
エレクトロポレーション法	173
塩基	59, 114
塩基配列	169
炎症	103
炎症反応	96
塩析	57
エンドサイトーシス	21
エンハンサー	146

お

オートファジー	22, 39
オートラジオグラフィー	168
岡崎フラグメント	118
オキサロ酢酸	194
オクルディン	30
オステオカルシン	108
オステオネクチン	107
オステオプロテゲリン	110
オステオポンチン	109
オプソニン化	99
オプソニン化作用	99
オペレーター	144
オルニチン回路	206

か

- 外呼吸 … 193
- 開始 tRNA … 137
- 開始因子 … 137
- 解糖 … 180
- 解糖系 … 180, 193, 196
- 外胚葉 … 105
- 化学エネルギー … 185
- 化学修飾 … 140
- 化学伝達物質 … 103
- 化学療法薬 … 215
- 核 … 17, 18
- 拡散 … 188
- 核酸 … 49, 58, 114
- 核質 … 18
- 核膜 … 18
- 核膜孔 … 18
- 過剰症 … 75
- 加水分解酵素 … 21
- カスパーゼ … 41
- 活性化エネルギー … 71
- 活性型ビタミン D … 52
- 活性型ビタミン D_3 … 111
- 活性酢酸 … 194
- 活性中心 … 72
- 滑走 … 83
- 滑面小胞体 … 19
- カドヘリン … 31, 33
- カリウム … 227
- 顆粒性白血球 … 97
- カルシトニン … 52, 110, 111
- カルバモイルリン酸 … 211
- カルボキシ基 … 54
- カルボキシペプチダーゼ … 190
- カルボキシ末端（C末端）… 56
- カルボニル基 … 61
- がん … 157
- がん遺伝子 … 158
- 環境ホルモン … 80
- がん原遺伝子 … 158
- 還元分裂 … 126
- 還元末端 … 63
- 幹細胞 … 13, 43
- がん腫 … 157
- 環状 AMP … 93
- 肝静脈 … 182
- 肝臓 … 181
- 冠動脈 … 218
- 肝動脈 … 182
- 冠動脈の閉塞や狭窄 … 218
- 官能基 … 55
- 間葉 … 105
- がん抑制遺伝子 … 160

き

- 起炎物質 … 103
- 飢餓時 … 217
- 器官 … 13
- 基質 … 72
- 基質特異性 … 72
- 偽足 … 25
- 拮抗 … 78
- キナーゼ活性 … 94
- キネシン … 27
- 機能タンパク質 … 70
- キメラ … 174
- キモトリプシン … 190
- 逆位 … 155
- 逆転写酵素 … 155
- ギャップ結合 … 31, 91, 109
- キャリア … 161
- 吸収 … 187
- 球状タンパク質 … 57
- 狭心症 … 218
- 局所免疫 … 99
- 極性 … 84
- 虚血性心疾患 … 218
- キラー T 細胞 … 97, 98
- キロミクロン … 190
- 筋原線維 … 83
- 筋細胞 … 82, 84
- 筋収縮 … 180
- 筋小胞体 … 20, 84
- 筋節 … 84
- 金属プロテアーゼ組織インヒビター … 107
- 筋組織 … 13
- 筋肉 … 180

く

- グアニン … 114
- クエン酸回路 … 194
- 組換え … 127
- 組換え価 … 127
- 組換え酵素 … 155
- くも膜下出血 … 219
- クラインフェルター症候群 … 161
- グリア線維酸性タンパク質 … 26
- グリコーゲン … 197
- グリコーゲン合成酵素 … 197
- グリコサミノグリカン … 106
- グリコシド結合 … 63, 185
- クリステ … 195
- グリセルアルデヒド 3-リン酸 … 193
- グリセロール … 65, 181
- グリセロール 3-リン酸 … 181
- グリセロールキナーゼ … 200
- グリセロリン脂質 … 200, 201, 202
- クリック … 115
- グリフィス … 114
- グルカゴン … 78, 189
- グルコース 1-リン酸 … 197
- グルコース 6-リン酸 … 180, 197
- クレアチニン … 226
- クレアチンリン酸 … 52
- クレブス回路 … 194
- クローディン … 30
- クローニング … 169
- クローン … 101, 125, 128
- クローン動物 … 128
- クロストーク … 95
- グロブリン … 87
- クロマチン … 121
- クロマチン線維 … 121

け

- 形質 … 114
- 形質細胞 … 97, 98
- 形態形成 … 39
- 血液 … 88, 184
- 血液凝固 … 184
- 血液検査 … 222
- 血管透過性因子 … 103
- 血管透過性亢進作用 … 99
- 結合 … 30
- 結合組織 … 13, 105
- 欠失 … 155
- 血漿 … 87
- 血漿タンパク質 … 87
- 血小板 … 184
- 血清 … 87
- 血清 Ca の調節 … 111
- 血中尿素窒素 … 226
- 決定 … 40
- 血糖値 … 181, 182
- 血糖値が下降 … 189
- 血糖値が上昇 … 188
- 血糖値調節 … 188
- 欠乏症 … 75
- 血友病 … 162
- ケトース … 61
- 解毒 … 181
- ケト原性アミノ酸 … 200
- ケトン体 … 179, 200, 217
- ゲノム … 120, 123, 125, 126, 142
- ゲノムインプリンティング … 149
- ゲノムプロジェクト … 172
- ゲノムライブラリー … 170, 171
- ケラチン … 26
- ゲル電気泳動 … 167
- 原核細胞 … 17, 121, 129, 131, 145, 146
- 原始生殖細胞 … 125
- 減数分裂 … 125
- 原尿 … 25, 182, 226
- 原発性免疫不全症 … 101

こ

- コアタンパク … 106
- 高エネルギーリン酸結合 … 185
- 好塩基球 … 97
- 光学異性体 … 55
- 抗がん剤 … 215
- 高血圧症 … 162, 217
- 抗血清 … 87
- 抗原 … 99
- 抗原抗体反応 … 99

抗原提示	100
抗原ペプチド	100
光合成	185
交叉	127
好酸球	97
甲状腺刺激ホルモン	189
構成性の分泌	20
抗生物質	138
酵素	71, 186
酵素-基質複合体	72
構造遺伝子	121
構造タンパク質	57, 70, 104
酵素連結型受容体	94
抗体	96, 97, 98, 99
抗体産生細胞	97
好中球	97
好中球走化作用	99
高密度リポタンパク	190
呼吸鎖	22, 195
呼吸色素	193
五大栄養素	187
五炭糖	59
五炭糖リン酸回路	197
骨 Gla タンパク質	108
骨格筋細胞	20
骨芽細胞	108, 109
骨基質の石灰化	109
骨吸収	109
骨細胞	108, 109
骨リモデリング	109
古典経路	99
コドン	133, 137, 208
コハク酸	194
固有結合組織	105
コラーゲン	57, 104, 105
コラーゲン線維	105
コラーゲン分子	105
コラゲナーゼ	107
コリンエステラーゼ	224
ゴルジ体	20
コルチゾール	189
コレステロール	14, 67
コレステロールの産物	201
コレステロールの生合成	202
コロニーハイブリダイゼーション	171

さ

細菌感染	98
サイクリック AMP	210
サイクリン	36
サイクリン依存性タンパク質キナーゼ	36
細隙結合	31
最適 pH	72
最適温度	72
サイトカイン	92, 96, 98, 99, 100, 109
細胞	12
細胞外液	51
細胞外酵素	73
細胞外マトリックス	105
細胞外マトリックス成分	105
細胞核内受容体	92
細胞が分裂	35
細胞間シグナル分子	76
細胞極性	16
細胞骨格	24
細胞質基質	193
細胞質内受容体	92
細胞周期	35
細胞小器官	17
細胞性がん遺伝子	159
細胞性免疫	100
細胞接着	29
細胞内液	51
細胞内酵素	73
細胞内受容体	92
細胞内情報伝達	95
細胞内の輸送	27
細胞内膜系	17
細胞の核	18
細胞の死	38
細胞皮層	25
細胞膜	14, 52, 66
細胞膜受容体	93
細胞膜の非対称性	15
細胞膜の流動性	16
細胞溶解作用	99
サイレンシング	134, 174
サイレント置換	154
サザンブロッティング	168
サブユニット	56, 57
酸化的脱アミノ反応	205
三次構造	56
酸素呼吸	193
酸素ヘモグロビン	193
三大栄養素	187

し

ジアシルグリセロール	93
シークエンシング	169
糸球体	182
軸索突起	27, 78
軸索輸送	27
シグナル識別粒子	139
シグナルペプチド	139
ジグリセリド	65
シクロペンタノヒドロフェナントロレン核	67
自己寛容	101
自己複製能	43
自己分泌	92
自己免疫疾患	101
脂質	49, 65, 199
脂質異常症	216
脂質合成の場	19
脂質二重層	14
歯髄	108
ジストロフィン	84
ジスルフィド結合	56, 140
ジデオキシリボヌクレオチド	169
シトクロム c オキシダーゼ	195
シトクロム P450	214
シトクロム類	195
シトシン	114
シナプス型分泌	78, 92
脂肪	65, 181
脂肪肝	218
脂肪酸	65, 180, 181, 217
脂肪酸アシル CoA	181
脂肪酸の β-酸化	200
脂肪組織	181
シャッフリング	156
シャルガフ (Chargaff) の法則	116
臭化エチジウム	168
終止コドン	137, 138
収縮	83
収縮環	26
収縮性タンパク質	70, 82
重症筋ジストロフィー	162
樹状細胞	97
出芽	20
腫瘍	157
受容体	15, 78, 92
受容体タンパク質	70, 91
消化	187
消化液中	73
脂溶性ビタミン	75
常染色体	123
焦点接着	32
上皮組織	13
小胞体	19
情報伝達	92, 95
情報伝達様式	92
初回通過効果	214
初期抗体	99
触媒	71
腎盂	182
進化	155
真核細胞	18, 121, 132
新規に (de novo) 合成	210
心筋梗塞	218
心筋細胞	20
神経-筋接合部	85
神経組織	13
神経伝達物質	78
神経内分泌	79, 92
神経分泌	79
浸潤	157
腎臓	182
伸長因子	138
伸長反応	137
シンポート (共輸送) 系	88
蕁麻疹	190

す

膵液アミラーゼ	188
推算糸球体濾過量	226

索 引

膵臓のランゲルハンス島α細胞 …… 189
膵臓のランゲルハンス島β細胞
　　　　　　　　　　　　……188, 216
水素結合 …………………………… 56
水素伝達系 ………………………… 195
睡眠時無呼吸症候群 ……………… 219
水溶性ビタミン …………………… 75
スクラーゼ ………………………… 188
ステロイド ………………………… 67
ステロイド核 ……………………… 67
ステロイドホルモン …………… 67, 201
ステロール ………………………… 67
ストロムライシン ………………… 107
スフィンゴ脂質 ……………… 201, 202
スフィンゴシン ……………… 66, 202
スフィンゴ糖脂質 ………………… 202
スフィンゴミエリナーゼ ………… 201
スフィンゴミエリン ………… 201, 202
スプライシング ………… 19, 131, 132
スプライソソーム ………………… 132
スベドベリ ………………………… 133

せ

性が決定 …………………………… 127
生活習慣病 ………………………… 216
制御性T細胞 ……………………… 97
制限酵素 …………………………… 167
精子 ………………………… 125, 126, 127
生殖細胞 ……………………… 125, 154
正染色質 …………………………… 121
性染色体 …………………………… 123
精祖細胞 …………………………… 125
生体触媒 …………………………… 71
生体防御 …………………………… 96
生体膜 ……………………………… 66
成長因子 ………………… 37, 109, 156
成長ホルモン ……………………… 189
精母細胞 …………………………… 127
セカンドメッセンジャー ……… 65, 93
赤血球 ………………………… 181, 184
接着 ………………………………… 30
接着性（糖）タンパク質 ………… 107
接着帯 …………………………… 26, 31
接着斑 ……………………………… 31
接着複合体 ………………………… 29
接着分子 ………………………… 30, 33
セメント芽細胞 …………………… 108
セメント質 ………………………… 108
ゼラチナーゼ ……………………… 107
セラミダーゼ ……………………… 201
セラミド ……………………… 66, 201
セルロース ………………………… 64
セロトニン ………………………… 206
セロビオース ……………………… 63
線維間マトリックス成分 ………… 106
線維状タンパク質 ………………… 57
線維性タンパク質 ………………… 105
線維素 ……………………………… 88
線維素原 …………………………… 88

染色質 ……………………………… 121
染色体 …………………………… 120, 122
染色体異常 ………………………… 161
染色体不分離 ……………………… 161
染色分体 …………………………… 126
センス鎖 …………………………… 130
先体 ………………………………… 126
選択的RNAスプライシング …… 132
セントラルドグマ ………………… 129
全能性 ………………………… 43, 174
選別シグナル ……………………… 140
線毛 ………………………………… 28

そ

臓器 ………………………………… 179
臓器移植 …………………………… 102
象牙芽細胞 ………………………… 108
象牙質 ……………………………… 108
造血組織 …………………………… 97
総コレステロール ………………… 228
双性イオン ………………………… 55
総タンパク ………………………… 225
相同染色体 …………… 122, 126, 155
相同染色体の対合 ………………… 126
相同染色体の分離 ………………… 127
相同的組換え ……………………… 174
相同的な組換え …………………… 155
総ビリルビン ……………………… 222
相補性 ……………………………… 115
相補的 ……………………………… 60
即時型アレルギー ………………… 101
促進拡散 …………………………… 188
続発性免疫不全症 ………………… 101
側方拡散 …………………………… 16
疎水性結合 ………………………… 56
粗面小胞体 ………………………… 19

た

ターナー症候群 …………………… 161
第1相 ……………………………… 214
第2経路 …………………………… 99
第2相 ……………………………… 214
体液性免疫 ………………………… 100
体細胞 ………………………… 125, 154
体細胞分裂 ………………………… 125
体脂肪 ……………………………… 201
タイチン …………………………… 84
タイト結合 ………………………… 30
ダイニン ………………………… 27, 28
胎盤通過性 ………………………… 99
対立遺伝子 ………………………… 161
多因子遺伝病 ……………………… 162
ダウン症候群 ……………………… 161
多細胞生物 ………………………… 13
脱アミノ反応 ……………………… 205
脱核 ………………………………… 18
脱水素酵素 ………………………… 193
脱炭酸酵素 …………………… 194, 205
脱炭酸反応 ………………………… 205

多能性 ……………………………… 43
多分化能 …………………………… 43
単球 ………………………………… 97
単細胞生物 ………………………… 13
胆汁 ………………………………… 181
胆汁酸 …………………………… 67, 201
単純拡散 …………………………… 188
単純タンパク質 …………………… 57
弾性線維 …………………………… 106
弾性板 ……………………………… 106
単糖類 ……………………………… 61
単能性 ……………………………… 43
タンパク質 ………………… 49, 54, 136
タンパク質キナーゼ ……………… 94
タンパク質合成 …………… 129, 137
タンパク質合成の場 ……………… 19
タンパク質の代謝 ………………… 204
タンパク質の変性 ………………… 57
単分子膜 …………………………… 16

ち

チェイス …………………………… 115
チェックポイント ………………… 36
遅延型アレルギー ………………… 101
置換骨 ……………………………… 109
チミン ……………………………… 114
チャネルタンパク質 …………… 88, 89
中間径フィラメント ……………… 26
中性脂肪 ……………………… 65, 181
中胚葉 ……………………………… 105
チューブリン ……………………… 26
中和抗体 …………………………… 98
長鎖ncRNA ……………………… 135
調節遺伝子 ………………………… 121
調節性の分泌 ……………………… 20
調節配列 …………………… 143, 145, 146
超低密度リポタンパク質 … 181, 182, 190
チロキシン ………………………… 189

て

低密度リポタンパク質 …………… 190
データベース ……………………… 172
デオキシリボース ……………… 61, 114
デオキシリボ核酸 ……………… 59, 114
デオキシリボヌクレオチド … 114, 211
デカルボキシラーゼ ……………… 194
デキストリン ……………………… 188
デスミン ………………………… 26, 83
デスモソーム …………………… 26, 31
テネイシン ………………………… 107
デヒドロキシラーゼ ……………… 193
テロメア ……………………… 45, 128
転移 ………………………………… 157
転移RNA ………………………… 60
転座 ………………………………… 155
電子伝達系 ……… 22, 193, 195, 196, 200
転写 ………………………………… 130
転写因子 …………………… 144, 145
転写調節 …………………………… 143

転写調節因子	143, 145, 146	
点変異	154	
伝令RNA	60	

と

糖鎖付加	140
糖脂質	14, 66, 199
糖質	49, 61
糖質コルチコイド	189
糖新生	180
糖新生系	180
糖タンパク質	104
動的な平衡	25, 27
等電点	54
糖尿病	162, 216
動脈硬化	227
動脈硬化症	217
毒素	98
突然変異	154
トランスクリプト	134
トランスクリプトーム	134
トランスジェニック動物	173
トランスファーRNA	60
トランスフェクション	169
トランスフェリン	88
トランスポゾン	155
ドリー	128
トリグリセリド	65, 181, 228
トリプシン	190
トリプトファン	133
トロポニン	84
トロポミオシン	84
トロンボキサン	67
トロンボスポンジン	107

な・に

内呼吸	193
内臓脂肪型肥満	220
内分泌	92
内分泌細胞	76
ナチュラルキラー細胞	98
ナトリウム	227
軟骨	108
軟骨細胞	109
軟骨内骨化	109
ナンセンス置換	154
肉腫	157
ニコチンアミド	59
二次構造	56
二重らせん構造	59
二重らせんモデル	115
ニック	153
二糖類	63
乳化	190
乳酸	180, 196
乳酸脱水素酵素	57, 194, 224
ニューロフィラメントタンパク質	26
尿管	182
尿細管	182
尿酸	227
尿素	181, 182, 206
尿素回路	206

ぬ〜の

ヌクレオシド	59, 114
ヌクレオソーム	121
ヌクレオチド	59, 114
ヌクレオチド鎖	59
ヌクレオチドの生合成	210
ヌクレオチドの代謝	210
ヌクレオチドの分解	212
ネガティブ選択	40
ネキサス	31
ネクローシス	38
ネクロプトーシス	39
粘膜免疫	100
脳	179
脳血管疾患	219
脳血栓	219
脳梗塞	219
脳出血	219
脳性ナトリウム利尿ペプチド	228
脳塞栓	219
能動輸送	88, 182, 188
能動輸送と受動輸送	90
ノーザンブロッティング	168
ノックイン	174
ノックダウン	174
ノンコーディングRNA	121

は

歯	108
ハーシー	115
バー小体	148
肺炎球菌	114
配偶子	125, 126, 155
胚性幹細胞	43, 174
ハイブリダイゼーション	168
ハウスキーピング遺伝子	142
破骨細胞	81, 108, 109
破骨細胞分化因子	109
発がん	157, 158
白血球	98, 184
白血球走化性因子	103
白血病	157
発現	129
発現ベクター	172
発熱	181
パラトルモン	81
バリア機能	30
伴性遺伝病	162
半接着斑	32
ハンチントン病	162
反応特異性	186
半保存的な複製	118

ひ

非アルコール性脂肪性肝炎	220
光エネルギー	185
非還元末端	63
非コラーゲン性タンパク質	108
微絨毛	25
微小管	26
ヒストン	121
ヒストン修飾	148
非対称性	16
ビタミン	75
ビタミンB群	73
ビタミンD	67, 201
必須アミノ酸	207
必須（不可欠）アミノ酸	54
必須（不可欠）脂肪酸	65
ヒトゲノムプロジェクト	172
ヒドロキシアパタイト	108
ヒドロキシプロリン	105
ヒドロキシリシン	106
ヒドロキシル化	140
ビトロネクチン	107
非必須アミノ酸	207
肥満細胞	99
肥満症	219
ビメンチン	26
標的遺伝子導入	174
標的細胞	78
日和見感染症	102
ピリドキサルリン酸	204, 205
ピリミジン塩基	210
ピリミジンヌクレオチド	211
ピルビン酸	180, 193
ピルビン酸カルボキシラーゼ	196

ふ

ファージ	115, 169
フィードバック	36
フィードバック阻害	72, 210
部位特異的な組換え	155
フィブリリン	106, 141
フィブロネクチン	107
フィラメント	83
フェニルケトン尿症	161
フェリチン	52
フェンス効果	16, 30
フォーカルアドヒージョン	32
複合脂質	199
副甲状腺ホルモン	52, 111
複合タンパク質	57
副腎髄質	189
副腎皮質刺激ホルモン	189
複製	118
不斉炭素原子	55
普遍的な組換え	155
不飽和脂肪酸	65
フマル酸	194
プライマー	119
プラスミド	169
フラビン酵素	195
プリン	210

索引

プリンヌクレオチド	210
プログラム細胞死	39
プロスタグランジン	67, 201
プロセシング	131
プロテオグリカン	104, 106
プロトン	109
プロビタミンD_3	201
プロモーター	130, 143, 144, 146
分化	40
分子病	161
分子標的薬	215
分泌型IgA	99, 100
分泌小胞	20

へ

平滑筋細胞	20
ヘキソース	61
ベクター	169, 171
ヘテロクロマチン	121
ヘテロ多糖	63
ヘパリン	107
ペプシン	189
ペプチド結合	54, 55, 138
ペプチドホルモン	56, 70
ヘミアセタール	62
ヘミケタール	62
ヘミデスモソーム	32
ヘモグロビン	57, 184, 193
ヘモグロビン鉄	52
ヘリックス・ターン・ヘリックス型	143
ヘルパーT細胞	97
変異	152, 154
変化	152, 155
ペントース	61
ペントースリン酸回路	197
鞭毛	28

ほ

防御タンパク質	70
膀胱	182
抱合反応	214
紡錘糸	27
傍分泌	92
飽和脂肪酸	65
ボーマン嚢	182
補酵素	52, 59, 73
ホスファチジルイノシトール	202
ホスファチジルエタノールアミン	202
ホスファチジルコリン	202
ホスファチジルセリン	202
ホスホエノールピルビン酸	196
ホスホエノールピルビン酸カルボキシラーゼ	196
ホスホコリン	201
ホスホジエステル結合	114
ホスホリパーゼ	201
ホスホリパーゼA_2	67, 201
ホスホリパーゼC	93
ホスホリラーゼ	197
補体	98, 99
骨	108
骨の吸収	109
骨の形成	109
骨のリモデリング（骨改造）	111
ホメオティック遺伝子	143
ホメオドメイン	143
ホモ多糖	63
ポリA尾部	131
ポリソーム	138
ポリペプチド	55
ポリメラーゼ連鎖反応	169
ポルフィリン	209
ホルモン	76
ホロ酵素	73
翻訳	136
翻訳後修飾	140

ま・み

マイクロインジェクション	173
膜性骨	109
膜タンパク質	14, 15, 20
膜内骨化	109
膜の裏打ち	25
マクロファージ	97, 98
マクロファージコロニー刺激因子	110
マトリックス金属プロテアーゼ	107
マトリックス成分の分解	107
マルターゼ	188
マルトース	63
ミーシャ	113
ミオグロビン鉄	52
ミオシン	26, 83
水	49
ミスセンス置換	154
ミセル化	190
密着結合	30
ミトコンドリア	21, 22
ミトコンドリアの内膜	195
未分化間葉細胞	109

む～も

無機質	49, 50
無限増殖能	43
メタボリックシンドローム	220
メッセンジャーRNA	60
メバロン酸	202
免疫	96
免疫グロブリン	97, 99
免疫担当細胞	97
免疫反応	96
免疫不全症	101
免疫抑制剤	102
メンデルの法則	114
網膜芽細胞腫	160
モノグリセリド	65
門脈	182

や～よ

薬物代謝	213
ユークロマチン	121
有酸素運動	201
優性遺伝病	162
遊離因子	138
輸送タンパク質	70, 86, 88
四次構造	56
読み枠	137

ら

ライアン現象	149
ラギング（lagging）鎖	118
ラクターゼ	188
ラクトース	63
ラクトースオペロン	144
ラミニン	107
ランゲルハンス島	76, 80
卵子	125, 126, 127
卵祖細胞	125
卵白アルブミン	99

り～ろ・わ

リーディング（leading）鎖	118
リーディングフレーム	137
リガーゼ	167
リガンド	92
リガンド依存性イオンチャネル	93
リソソーム	20
律速酵素	202
リノール酸	65
リノレン酸	65
リパーゼ	181, 190
リプレッサー	143, 144, 146
リボース	61, 114, 185
リボース5-リン酸	197, 210
リボ核酸	59, 114
リボソーム	121, 132, 137
リボソームRNA	60
リポタンパク質	65
リボヌクレオチド	114, 131
流動性	16
流動モザイクモデル	16
両性電解質	55
リンクタンパク	106
リンゴ酸	194
リン酸	59
リン酸化	37
リン酸化カスケード	95
リン脂質	14, 66, 67, 199
リンパ球	97
リンホカイン	100
劣性遺伝病	161
レトロウイルス	155
レトロトランスポゾン	155
レプチン	220
ロイコトリエン	67
ワクチン	96
ワトソン	115

● 著者プロフィール

前野 正夫（まえの まさお）　　　　　　　　　　　　　　　　　　　　　　　　日本大学歯学部衛生学講座

　1952年熊本県山鹿市生まれ．'77年日本大学歯学部卒業．'81年日本大学大学院歯学研究科（生化学専攻）修了．歯学博士．'81年4月より日本大学助手として歯学部生化学講座に勤務し，'82年4月より日本大学講師（専任扱）．'85〜'87年トロント大学歯学部に留学．'93年6月より日本大学専任講師．'96年11月より日本大学助教授．2003年7月より日本大学教授．'03年から'17年まで歯学部衛生学講座の主任教授として，健康科学・口腔健康学の授業を担当する傍ら，疫学と細胞生物学の両面から歯周病と全身との関連性を解明する一連の研究を行っている．'14年〜'17年日本大学歯学部長・日本大学大学院歯学研究科長を歴任．'17年日本大学を退職後，日本大学特任教授，学校法人日本大学常任監事を経て，'23年より日本大学名誉教授．
　共著として，「口腔衛生学2024（一世出版）」，「スタンダード生化学・口腔生化学 第3版（学健書院）」などがある．

磯川 桂太郎（いそかわ けいたろう）　　　　　　　　　　　　　　　　　　　　日本大学歯学部解剖学第Ⅱ講座

　1959年東京都大田区生まれ．'84年日本大学歯学部卒業．歯学博士．'84〜'86年東京大学医学部解剖学教室．'89〜'92年Wisconsin医科大学細胞生物学教室．'89年6月より日本大学講師，2005年4月より日本大学教授．'05年から歯学部解剖学第Ⅱ講座の主任教授として，組織学・発生学などの授業を担当する傍ら，鶏胚や魚類を材料に，形態形成や組織構築における細胞外線維の役割に関する研究を行っている．
　共著として，「カラーアトラス口腔組織発生学 第4版（わかば出版）」，「組織学・口腔組織学 第5版［附 初期と顎顔面の発生］（わかば出版）」，「歯のかたち（永末書店）」，また，その他の領域では，「街中でアウトドア（三交社）」，「21世紀 コンピュータ教育事典（旬報社）」，「魚類学の百科事典（丸善出版）」などがある．

※ 本書は『はじめの一歩のイラスト生化学・分子生物学』（第2版）を改版・改訂したものです．
※ 本書発行後の更新・追加情報，正誤表を，弊社ホームページにてご覧いただけます．
　羊土社ホームページ：正誤表・更新情報　www.yodosha.co.jp/yodobook/correction.html

はじめの一歩の生化学・分子生物学　第3版

『はじめの一歩のイラスト生化学・分子生物学』として
1999年 4月30日　第1版　第 1 刷発行
2007年 2月15日　　　　　第14刷発行
2008年 3月10日　第2版　第 1 刷発行
2016年 2月15日　　　　　第10刷発行
『はじめの一歩の生化学・分子生物学』へ改題
2016年12月 1日　第3版　第 1 刷発行
2025年 2月 1日　　　　　第 5 刷発行

著　者　　前野 正夫，磯川 桂太郎
発行人　　一戸 裕子
発行所　　株式会社　羊　土　社
　　　　　〒101-0052
　　　　　東京都千代田区神田小川町2-5-1
　　　　　TEL　　03（5282）1211
　　　　　FAX　　03（5282）1212
　　　　　E-mail　eigyo@yodosha.co.jp
　　　　　URL　　www.yodosha.co.jp/
表紙イラスト　エンド譲
印刷所　　株式会社 加藤文明社

© YODOSHA CO., LTD. 2016
Printed in Japan

ISBN978-4-7581-2072-2

本書に掲載する著作物の複製権，上映権，譲渡権，公衆送信権（送信可能化権を含む）は（株）羊土社が保有します．
本書を無断で複製する行為（コピー，スキャン，デジタルデータ化など）は，著作権法上での限られた例外（「私的使用のための複製」など）を除き禁じられています．研究活動，診療を含み業務上使用する目的で上記の行為を行うことは大学，病院，企業などにおける内部的な利用であっても，私的使用には該当せず，違法です．また私的使用のためであっても，代行業者等の第三者に依頼して上記の行為を行うことは違法となります．

[JCOPY] ＜（社）出版者著作権管理機構　委託出版物＞
本書の無断複写は著作権法上での例外を除き禁じられています．複写される場合は，そのつど事前に，（社）出版者著作権管理機構（TEL 03-5244-5088, FAX 03-5244-5089, e-mail：info@jcopy.or.jp）の許諾を得てください．

乱丁，落丁，印刷の不具合はお取り替えいたします．小社までご連絡ください．

羊土社　発行書籍

大学で学ぶ　身近な生物学

吉村成弘／著
定価 3,080 円（本体 2,800 円＋税10%）　B5 判　255 頁　ISBN 978-4-7581-2060-9

大学生物学と「生活のつながり」を強調した入門テキスト．身近な話題から生物学の基本まで掘り下げるアプローチを採用．親しみやすさにこだわったイラスト，理解を深める章末問題，節ごとのまとめでしっかり学べる．

身近な生化学　分子から生命と疾患を理解する

畠山　大／著
定価 3,080 円（本体 2,800 円＋税10%）　B5 判　295 頁　ISBN 978-4-7581-2170-5

生化学反応を日常生活にある身近な生命現象と関連づけながら，実際の講義で話しているような語り口で解説することにより，学生さんが親しみをもって学べるテキストとなっています．好評書『身近な生物学』の姉妹編．

やさしい基礎生物学　第2版

南雲　保／編著，今井一志，大島海一，鈴木秀和，田中次郎／著
定価 3,190 円（本体 2,900 円＋税10%）　B5 判　221 頁　ISBN 978-4-7581-2051-7

豊富なカラーイラストと厳選されたスリムな解説で大好評，多くの大学での採用実績をもつ教科書の第2版．自主学習に役立つ章末問題も掲載され，生命の基本が楽しく学べる．大学1～2年生の基礎固めに最適な一冊．

基礎からしっかり学ぶ生化学

山口雄輝／編著，成田　央／著
定価 3,190 円（本体 2,900 円＋税10%）　B5 判　245 頁　ISBN 978-4-7581-2050-0

理工系ではじめて学ぶ生化学として最適な入門教科書．翻訳教科書に準じたスタンダードな章構成で，生化学の基礎を丁寧に解説．暗記ではない，生化学の知識・考え方がしっかり身につく．理解が深まる章末問題も収録．

基礎から学ぶ遺伝子工学　第3版

田村隆明／著
定価 3,960 円（本体 3,600 円＋税10%）　B5 判　304 頁　ISBN 978-4-7581-2124-8

カラーイラストで遺伝子工学のしくみを解説した定番テキスト．使用頻度が減った実験手法は簡略化し，代わりにゲノム編集や NGS，医療応用面を強化．実験で手を動かす前に押さえておきたい知識が無理なく身につく．

現代生命科学　第3版

東京大学生命科学教科書編集委員会／編
定価 3,080 円（本体 2,800 円＋税10%）　B5 判　198 頁　ISBN 978-4-7581-2103-3

東大発，トピックを軸に教養としての生命科学が学べる決定版テキストが改訂！高大接続を重視し，日本学術会議の報告書「高等学校の生物教育における重要用語の選定について（改訂）」を参考に用語を更新！

羊土社　発行書籍

感染制御の基本がわかる微生物学・免疫学

増澤俊幸／著
定価 3,080 円（本体 2,800 円＋税 10%）　B5 判　254 頁　ISBN 978-4-7581-0975-8

微生物の基礎知識から院内感染対策，手指消毒やマスクの脱着方法まで，将来医療に従事する学生にとって必要な知識をコンパクトにまとめた教科書．看護師国家試験に頻出の内容も網羅．臓器・組織別感染症の章も必見

はじめの一歩の病理学　第 2 版

深山正久／編
定価 3,190 円（本体 2,900 円＋税 10%）　B5 判　279 頁　ISBN 978-4-7581-2084-5

病理学の「総論」に重点をおいた内容構成だから，病気の種類や成り立ちの全体像がしっかり掴める．改訂により，近年重要視されている代謝障害や老年症候群の記述を強化．看護など医療系学生の教科書として最適．

よくわかるゲノム医学　改訂第 2 版　ヒトゲノムの基本から個別化医療まで

服部成介，水島-菅野純子／著，菅野純夫／監
定価 4,070 円（本体 3,700 円＋税 10%）　B5 判　230 頁　ISBN 978-4-7581-2066-1

ゲノム創薬・バイオ医薬品などが当たり前になりつつある時代に知っておくべき知識を凝縮．これからの医療従事者に必要な内容が効率よく学べる．次世代シークエンサーやゲノム編集技術による新たな潮流も加筆．

診療・研究にダイレクトにつながる　遺伝医学

渡邉　淳／著
定価 4,730 円（本体 4,300 円＋税 10%）　B5 判　246 頁　ISBN 978-4-7581-2062-3

重要性の増す「遺伝情報に基づく医療」，その研究・検査・臨床に関わるすべての専門職に向けてミニマム・エッセンシャルな知識をやさしく解説します．医療系大学の講義にもお使いいただきやすい内容です．

基礎から学ぶ遺伝看護学　「継承性」と「多様性」の看護学

中込さと子／監　西垣昌和，渡邉　淳／編
定価 2,640 円（本体 2,400 円＋税 10%）　B5 判　178 頁　ISBN 978-4-7581-0973-4

遺伝学を基礎から学べ，周産期・母性・小児・成人・がん…と様々な領域での看護実践にダイレクトにつながる．卒前・卒後教育用の教科書．遺伝医療・ゲノム医療の普及が進むこれからの時代の看護に必携の一冊．

ていねいな保健統計学　第 2 版

白戸亮吉，鈴木研太／著
定価 2,420 円（本体 2,200 円＋税 10%）　B5 判　199 頁　ISBN 978-4-7581-0976-5

看護師・保健師国試対応！難しい数式なしで基本的な考え方をていねいに解説しているから，平均も標準偏差も検定もこれで納得！はじめの一冊に最適です．第 2 版では統計データを更新．国試過去問入りの練習問題付き．